21世纪高职高专新概念规划教材

微型计算机原理与汇编语言程序设计
（第二版）

主　编　杨　立

副主编　荆淑霞　曲凤娟

内容提要

本书以目前流行的微型计算机为对象，系统介绍微型计算机组成结构、基本工作原理、指令系统和汇编语言程序设计等知识，主要内容包括微型计算机概述、计算机中的数据表示、80X86 微处理器及体系结构、8086 指令系统、汇编语言基本表达及其运行、汇编语言程序设计、中断调用程序设计、高级汇编技术、汇编语言与高级语言的连接等。

本书融入作者多年的教学和实践经验，内容由浅入深、循序渐进、重点突出、应用性强。每章均有学习目标并附有习题，此外还配有《微型计算机原理与汇编语言程序设计（第二版）——习题解答、实验指导和实训》，为读者的学习提供帮助。

本书可作为高职高专学生的教材，也可作为成人教育、在职人员培训、高等教育自学人员和从事微型计算机硬件与软件开发的工程技术人员学习和应用的参考书。

本书提供免费电子教案和应用案例，读者可以从中国水利水电出版社网站和万水书苑上下载，网址为：http://www.waterpub.com.cn/softdown/和 http://www.wsbookshow.com。

图书在版编目（ＣＩＰ）数据

微型计算机原理与汇编语言程序设计 / 杨立主编
. -- 2版. -- 北京 : 中国水利水电出版社, 2014.3
21世纪高职高专新概念规划教材
ISBN 978-7-5170-1767-7

Ⅰ. ①微… Ⅱ. ①杨… Ⅲ. ①微型计算机－高等职业教育－教材②汇编语言－程序设计－高等职业教育－教材 Ⅳ. ①TP36②TP313

中国版本图书馆CIP数据核字(2014)第038523号

策划编辑：雷顺加　　责任编辑：张玉玲　　加工编辑：史永生　　封面设计：李　佳

书　名	21 世纪高职高专新概念规划教材 微型计算机原理与汇编语言程序设计（第二版）
作　者	主　编　杨　立 副主编　荆淑霞　曲凤娟
出版发行	中国水利水电出版社 （北京市海淀区玉渊潭南路 1 号 D 座　100038） 网址：www.waterpub.com.cn E-mail：mchannel@263.net（万水） sales@waterpub.com.cn 电话：（010）68367658（发行部）、82562819（万水）
经　售	北京科水图书销售中心（零售） 电话：（010）88383994、63202643、68545874 全国各地新华书店和相关出版物销售网点
排　版	北京万水电子信息有限公司
印　刷	三河市铭浩彩色印装有限公司
规　格	184mm×260mm　16 开本　16.25 印张　398 千字
版　次	2003 年 2 月第 1 版　2003 年 2 月第 1 次印刷 2014 年 3 月第 2 版　2014 年 3 月第 1 次印刷
印　数	0001—4000 册
定　价	30.00 元

凡购买我社图书，如有缺页、倒页、脱页的，本社发行部负责调换

再版前言

《微型计算机原理与汇编语言程序设计》自2003年2月出版以来，受到广大读者的欢迎和好评。该教材注重对高职高专层面学生专业技能和实用技术的培养，内容层次清晰、脉络分明，阐述问题由浅入深、循序渐进，各章知识重点突出、通俗易懂，对计算机应用技术类专业学生的学习切实起到积极的推动作用。

随着教育教学改革的不断深化，以及高职高专层面对课程教学内容提出的新要求，结合在教材使用中读者提出的一些宝贵意见，我们对该书进行了改版。目的是为了达到教育部对计算机基础教学的基本要求，按照国家高职高专院校的教育教学特点组织教学，反映出教学内容和课程体系的改革成果。在本课程的讲授中，强调以应用技术为主线，注重学生专业技能和实用技术的培养，紧密结合当前计算机技术的发展，以讲授基础知识和培养应用能力为目标，体现出知识结构合理、由浅入深、循序渐进、通俗易懂、案例丰富、实用性强的特点，努力为高职高专院校计算机应用类专业学生及计算机实用技术培训类的教学提供良好的服务。

本版教材保留第一版的组织结构，在此基础上进行修改和扩充，删去一些比较浅显和累赘的内容，补充部分应用实例，同时引入一些实用知识。例如，将第1章中与计算机发展、特点、分类以及基本结构和工作原理等有关的内容进行压缩，突出微处理器相关知识的介绍；去掉第2章中的汉字编码内容；将原书的第10章Pentium系列微型计算机简介的有关内容融入到第3章中，强化8086中断系统的相关知识，对Pentium微处理器和双核微处理器作了相应介绍；在原书的第7章中增加了输入输出程序设计实例分析，去掉磁盘文件管理的内容；在第8章高级汇编技术中补充了条件汇编等内容；在第9章中以C语言程序与汇编语言的连接为主体进行分析讨论；书中补充了一些比较实际的例子对相关知识点进行说明；对各章的思考题和习题进行了调整和完善，采用填空题、选择题、判断题、计算题、分析题、设计题等形式，以利于学习和训练。这样处理以后，使教材各章节内容既相对独立又相互衔接，形成层次化和模块化的知识体系，便于教学的取舍。

本教材共9章，第1章介绍微型计算机的发展、基本结构、工作原理和相关概念，分析微机系统的整体构成和应用特点；第2章介绍计算机中的数制及其转换、带符号数的表示、字符编码等相关知识；第3章介绍80X86CPU内部结构、存储器和I/O组织、总线操作和工作方式、8086中断系统、Pentium系列微型计算机等；第4章介绍8086指令系统和寻址方式；第5章介绍汇编语言源程序的书写格式、伪指令、汇编语言程序的上机操作和运行过程；第6章介绍汇编语言程序设计的基本方法，包括顺序结构、分支结构、循环结构、子程序等的设计，并给出实际应用；第7章介绍DOS及BIOS中断功能调用，并采用相关实例对输入输出应用程序设计进行分析；第8章介绍宏汇编、重复汇编和条件汇编；第9章介绍汇编语言与高级语言的连接。书中的附录汇总了8086指令系统、DOS和BIOS功能调用、中断向量表等，供读者使用时查询。

本教材的教学参考学时为60～70学时（包括实训），各校可按照实际教学情况进行教学内容上的调整。

本书由杨立任主编，荆淑霞、曲凤娟任副主编。具体编写分工如下：杨立编写第1～3章及附录，曲凤娟编写第4～6章，荆淑霞编写第7～9章。参加本书大纲讨论和部分内容编写的还有金永涛、邹澎涛、李楠、王振夺、朱蓬华等。全书由杨立负责组织和统稿。

由于编者水平有限，书中不足之处在所难免，敬请广大读者批评指正。

编　者

2014年1月

目录

再版前言

第 1 章　微型计算机概述……1

本章学习目标……1

1.1　微型计算机的发展及应用……1

1.1.1　计算机的发展历史……1

1.1.2　微处理器的产生和发展……3

1.1.3　微型计算机的应用……4

1.2　微型计算机的特点与性能指标……6

1.2.1　微型计算机的特点……6

1.2.2　微型计算机常用术语和性能指标……7

1.3　微型计算机的硬件结构及其功能……8

1.3.1　微型计算机硬件结构及其信息交换……8

1.3.2　微型计算机硬件模块功能分析……9

1.4　微型计算机系统组成……14

1.4.1　微型计算机系统的基本组成示意……14

1.4.2　微型计算机的常用软件……15

1.4.3　软硬件之间的相互关系……18

本章小结……19

习题 1……20

第 2 章　计算机中的数据表示……22

本章学习目标……22

2.1　计算机中的数制及其转换……22

2.1.1　数制的基本概念……22

2.1.2　数制之间的转换……24

2.2　计算机中数值数据的表示……27

2.2.1　基本概念……27

2.2.2　带符号数的原码、反码、补码表示……29

2.2.3　带符号数的加减运算与数据溢出判断……31

2.3　字符编码……32

2.3.1　美国信息交换标准代码（ASCII 码）32

2.3.2　二—十进制编码——BCD 码……34

本章小结……35

习题 2……36

第 3 章　典型微处理器及其体系结构……38

本章学习目标……38

3.1　8086 微处理器的内外部结构……38

3.1.1　8086 微处理器的内部结构……38

3.1.2　8086 微处理器的寄存器结构……41

3.1.3　8086 微处理器的外部引脚特性……45

3.2　8086 微处理器的存储器和 I/O 组织……47

3.2.1　存储器的组织……48

3.2.2　I/O 端口的组织……53

3.3　8086 微处理器的总线周期和操作时序……54

3.3.1　8284A 时钟信号发生器……54

3.3.2　8086 微处理器的总线周期……54

3.3.3　8086 微处理器的最小/最大工作方式……56

3.3.4　8086 微处理器的操作时序……59

3.4　8086 中断系统……64

3.4.1　8086 中断系统的结构……64

3.4.2　中断类型与中断向量表……65

3.4.3　中断响应……67

3.4.4　中断处理过程……67

3.5　高档微处理器简介……69

3.5.1　Intel 80X86 微处理器……69

3.5.2　Pentium 系列微处理器……74

3.5.3　双核微处理器……76

本章小结……77

习题 3……78

第 4 章　8086 指令系统……80

本章学习目标……80

4.1　指令的基本概念和寻址……80

4.1.1　指令系统与指令格式……80

4.1.2　寻址的概念及操作数的类别……81

4.2　寻址方式及其应用……81

4.2.1　立即数寻址……81

4.2.2　寄存器寻址……82

4.2.3 存储器寻址 ······ 82
4.2.4 I/O 端口寻址 ······ 85
4.3 8086 指令系统及其应用 ······ 86
4.3.1 数据传送类指令 ······ 86
4.3.2 算术运算类指令 ······ 90
4.3.3 逻辑运算与移位类指令 ······ 97
4.3.4 串操作类指令 ······ 99
4.3.5 控制转移类指令 ······ 101
4.3.6 处理器控制类指令 ······ 104
4.4 中断调用指令 ······ 105
4.5 系统功能调用 ······ 106
4.5.1 DOS 功能调用 ······ 106
4.5.2 BIOS 中断调用 ······ 109
本章小结 ······ 109
习题 4 ······ 110
第 5 章 汇编语言的基本表达及其运行 ······ 113
本章学习目标 ······ 113
5.1 汇编语言和汇编程序的基本概念 ······ 113
5.1.1 汇编语言 ······ 113
5.1.2 汇编程序 ······ 114
5.2 汇编语言源程序书写格式 ······ 114
5.2.1 汇编语言源程序的分段结构 ······ 114
5.2.2 汇编语言源程序的语句类型和语句格式 ······ 116
5.3 8086 汇编语言中的表达式和运算符 ······ 118
5.4 伪指令语句 ······ 124
5.4.1 数据定义伪指令 ······ 124
5.4.2 符号定义伪指令 ······ 126
5.4.3 段定义伪指令 ······ 127
5.4.4 过程定义伪指令 ······ 129
5.4.5 结构定义伪指令 ······ 129
5.4.6 模块定义与连接伪指令 ······ 131
5.4.7 程序计数器$和 ORG 伪指令 ······ 132
5.5 汇编语言程序上机过程 ······ 132
5.5.1 汇编语言的工作环境及上机步骤 ······ 132
5.5.2 汇编语言源程序的建立 ······ 134
5.5.3 将源程序文件汇编成目标程序文件 ······ 135
5.5.4 用连接程序生成可执行程序文件 ······ 136
5.5.5 程序的执行 ······ 137
5.5.6 程序的调试与运行 ······ 138
本章小结 ······ 140
习题 5 ······ 140
第 6 章 汇编语言程序设计 ······ 143
本章学习目标 ······ 143
6.1 汇编语言程序设计基本步骤和典型结构 ······ 143
6.1.1 汇编语言程序设计的基本步骤 ······ 143
6.1.2 结构化程序的概念 ······ 146
6.1.3 流程图画法规定 ······ 147
6.2 顺序结构及程序设计 ······ 148
6.2.1 顺序程序的结构特点 ······ 148
6.2.2 顺序结构的程序设计 ······ 148
6.3 分支结构及程序设计 ······ 152
6.3.1 分支程序的结构形式 ······ 152
6.3.2 分支结构的程序设计 ······ 153
6.4 循环结构及程序设计 ······ 162
6.4.1 循环程序的结构形式 ······ 162
6.4.2 循环程序的设计 ······ 166
6.5 子程序结构及程序设计 ······ 172
6.5.1 子程序基本概念 ······ 172
6.5.2 子程序结构形式 ······ 172
6.5.3 子程序定义和参数传递 ······ 173
6.5.4 子程序设计举例 ······ 178
本章小结 ······ 185
习题 6 ······ 185
第 7 章 中断调用程序设计 ······ 187
本章学习目标 ······ 187
7.1 概述 ······ 187
7.1.1 DOS 系统功能调用和 BIOS 中断 ······ 187
7.1.2 DOS 和 BIOS 中断的使用方法 ······ 188
7.2 键盘输入中断调用 ······ 188
7.2.1 ASCII 码与扫描码 ······ 188
7.2.2 BIOS 键盘中断 ······ 189
7.2.3 DOS 键盘中断 ······ 191
7.3 显示器输出中断调用 ······ 191
7.3.1 显示器基本概念 ······ 191
7.3.2 BIOS 显示中断 ······ 192
7.3.3 DOS 显示中断 ······ 197
7.4 输入输出应用程序设计 ······ 197

本章小结……205
习题 7……206
第 8 章　高级汇编技术……207
本章学习目标……207
8.1　宏汇编……207
8.1.1　宏定义、宏调用和宏展开……207
8.1.2　形参和实参……211
8.1.3　伪指令 PURGE……214
8.1.4　伪指令 LOCAL……214
8.2　重复汇编……215
8.2.1　定重复伪指令 REPT……215
8.2.2　不定重复伪指令 IRP……216
8.2.3　不定重复字符伪指令 IRPC……217
8.3　条件汇编……217
8.3.1　条件汇编指令格式……218
8.3.2　条件汇编指令的应用……219
本章小结……220
习题 8……221
第 9 章　汇编语言与高级语言的连接……222
本章学习目标……222
9.1　连接程序及连接对程序设计的要求……222
9.1.1　连接程序的主要功能……222
9.1.2　连接对程序设计的要求……223
9.2　汇编语言程序与高级语言程序的连接……230
9.2.1　概述……230
9.2.2　C 语言程序与汇编语言程序的连接……230
9.2.3　C 语言程序与汇编接口的实例分析……234
本章小结……235
习题 9……236
附录 A　8086 指令系统……238
附录 B　DOS 系统功能调用（INT 21H）……242
附录 C　BIOS 功能调用……248
附录 D　80X86 中断向量……252
参考文献……254

第 1 章　微型计算机概述

本章从微型计算机的发展及应用着手，引入到微型计算机的特点与性能指标、微型计算机基本结构及系统的组成等基础知识。要求熟悉和掌握微型计算机的发展、工作特点及性能指标、软硬件系统组成等相关知识，为后续内容的学习打下良好的基础。

通过本章的学习，应重点理解和掌握以下内容：

- 微型计算机的发展过程和应用特点
- 微型计算机的特点及性能指标
- 微型计算机的硬件结构及功能
- 微型计算机系统组成

1.1　微型计算机的发展及应用

电子计算机是 20 世纪人类最伟大的发明之一。随着计算机的广泛应用，人类社会生活的各个方面都发生了巨大的变化。特别是微型计算机技术和网络技术的高速发展，为计算机的应用开拓了极其广阔的前景，它已渗透到国民经济的各个领域和人民生活的各个方面，掌握计算机的基本知识和应用技术已经成为人们的迫切需要和参与社会竞争的必备条件，计算机的应用能力已成为当今衡量个人素质高低的重要标志。

1.1.1　计算机的发展历史

1. 第一台电子计算机

1946 年 2 月，在美国的宾夕法尼亚大学诞生了世界上第一台电子数字计算机 ENIAC（Electronic Numerical Integrator and Calculator，电子数字积分计算机），它是一个重量达 30 吨，占地 170 平方米，每小时耗电 150 千瓦，价值约 40 万美元的庞然大物。它采用了 18000 只电子管，70000 个电阻，10000 只电容，研制时间近三年，运算速度为每秒 5000 次加减法运算。

ENIAC 存在许多不足和明显的弱点，它存储容量小，不能存储程序，利用 ENIAC 进行计算时，必须根据问题的计算步骤预先编好一条条指令，再按指令连接外部线路，然后让计算机自动运行并输出结果，当所要计算的题目发生变化时，就要重新连接外部线路，因此 ENIAC 的使用对象很受限制。另外，由于 ENIAC 使用的电子管太多，容易出现故障，它的可靠性也较差。虽然如此，在当时它毕竟是第一台正式投入运行的电子计算机，开创了计算机的新纪元。

2. 冯 · 诺依曼结构计算机

由于 ENIAC 在存储程序方面存在致命的弱点，1946 年 6 月，美籍匈牙利科学家冯 • 诺依曼（Johe Von Neumman）提出了“存储程序”和“程序控制”的计算机设计方案。

其主要特点是：

- 采用二进制数的形式表示数据和计算机指令。
- 把指令和数据存储在计算机内部的存储器中，且能自动依次执行指令。
- 由运算器、控制器、存储器、输入设备、输出设备等组成计算机硬件。

图 1-1 所示为冯 • 诺依曼型计算机基本结构。

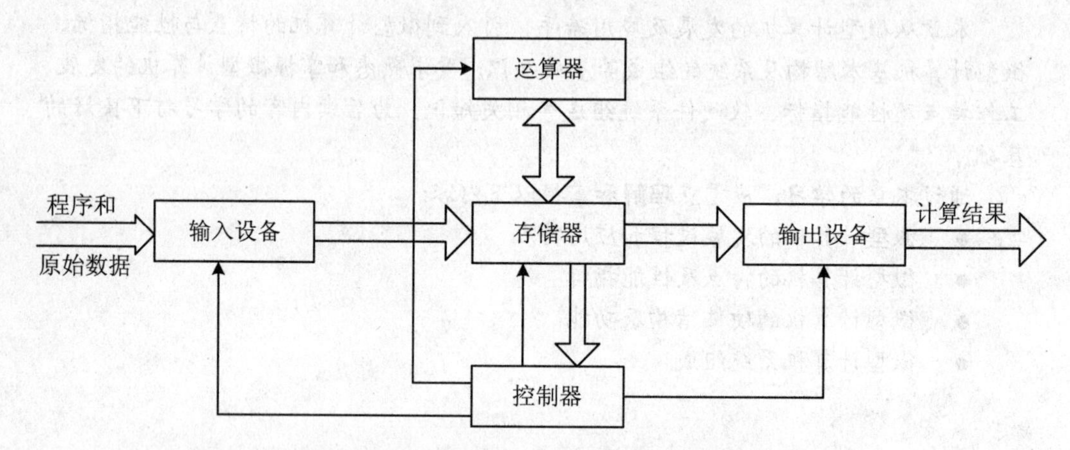

图 1-1　冯 • 诺依曼型计算机基本结构框图

下面简单介绍一下图 1-1 中各部件的主要功能。

（1）输入设备：输入包括数据、字符和控制符等原始信息以及各类处理程序。常用的输入设备有键盘、鼠标和扫描仪等。

（2）输出设备：输出计算机的处理结果及程序清单。常用的输出设备有显示器和打印机等。

（3）运算器：对信息及数据进行处理和计算。常见的运算是算术运算和逻辑运算，运算器的核心是算术逻辑部件 ALU（Arithmetic and Logic Unit）。

（4）控制器：是整个计算机的指挥中心，它取出程序中的控制信息，经分析后按要求发出操作控制信号，用来指挥各部件的操作，使各部分协调一致地工作。

（5）存储器：存放程序和数据，在控制器的控制下与输入设备、输出设备、运算器、控制器等交换信息，是计算机中各种信息存储和交流的中心。

上述五大部件中，运算器和控制器是计算机的核心，称为中央处理器 CPU（Central Processing Unit）。

从图 1-1 中可以看出，计算机内部有两类信息在流动，一类是采用双线表示的数据信息流，它包括原始数据、中间结果、计算结果和程序中的指令；另一类是采用单线表示的控制信息流，它是控制器发出的各种操作命令。

冯 • 诺依曼提出的计算机体系结构为后人普遍接受，人们把按照这一原理设计的计算机称为冯 • 诺依曼型计算机。该体系结构奠定了现代计算机结构理论的基础，被誉为计算机发展史上的里程碑。

3. 计算机的发展

从第一台电子计算机面世到现在，计算机技术的发展突飞猛进。其主要电子器件相继使用了电子管、晶体管、中小规模集成电路、大规模和超大规模集成电路，引起计算机的几次更新换代。每一次更新换代都使计算机体积和耗电量大大减小，功能大大增强，应用领域进一步拓宽。

大规模集成电路的出现使计算机发生了巨大的变化，半导体存储器的集成度越来越高。特别是进入20世纪70年代以后，美国Intel公司研制并推出了微处理器，诞生了微型计算机，使计算机在存储容量、运算速度、可靠性、性能价格比等方面都有了较大的突破。在系统结构方面发展了并行处理技术、多处理机系统、分布式计算机系统和计算机网络；在软件方面，推出了各种系统软件、支撑软件、应用软件，发展了分布式操作系统和软件工程标准化，并逐渐形成了软件产业。计算机的应用领域进入了以多媒体计算机和计算机网络为特点的信息社会时代，计算机成为人类社会活动中不可缺少的工具。

冯·诺依曼计算机的基本结构特征是“共享数据和串行执行”的计算机模型。这种结构将程序和数据放在共享存储器内，CPU取出指令和数据进行相应的计算，因此CPU与共享存储器间的信息通路成为影响系统性能的“瓶颈”。多年来，并行计算机结构及处理的研究已经取得了很多成果，如阵列机、流水机、向量机等，使计算速度有了很大提高，但本质上仍无法克服冯·诺依曼机结构上的缺陷。

随着科学技术的进步和计算机的发展，人们除了继续对命令式语言进行改进外，还提出了若干非冯·诺依曼型的程序设计语言，并探索了适合于这类语言的新型计算机系统结构，大胆地脱离了冯·诺依曼原有的计算机模式，寻求有利于开发高度并行功能的新型计算机模型，如光子计算机、神经网络计算机、生物计算机、量子计算机等。

1.1.2 微处理器的产生和发展

微型计算机与其他大、中、小型计算机的区别主要在于其中央处理器采用了大规模和超大规模集成电路技术。

20世纪70年代初诞生了第一片微处理器（Microprocessor），它将运算器和控制器等部件集成在一块大规模集成电路芯片上作为中央处理部件。以微处理器为核心，配置相应的存储器、I/O接口电路和系统总线等就构成了微型计算机。

由于科学技术的迅猛发展及新材料、新工艺的不断更新，在短短的40多年时间里，微处理器大约每两年其集成度就提高1倍，每隔3～5年就会更新换代一次，根据微处理器的集成规模和处理能力形成了不同的发展阶段。

1. 第一代微处理器（1971年至1973年）

美国Intel公司在1971年研制成功字长4位的Intel 4004微处理器，该芯片集成了2300多个晶体管，时钟频率108kHz；随后又研制出字长8位的微处理器Intel 8008，该芯片集成度3500晶体管/片，基本指令48条，时钟频率500kHz。

这类机器的系统结构和指令系统均比较简单，运算速度较慢，主要以机器语言或简单的汇编语言为主。典型产品是MCS-4和MCS-8微型计算机，主要用于家用电器和简单的控制场合。

2. 第二代微处理器（1974 年至 1977 年）

为字长 8 位的中高档微处理器，集成度有了较大的提高。典型产品有 Intel 公司的 8080、Motorola 公司的 6800 和 Zilog 公司的 Z80 等处理器芯片。Intel 8080 芯片集成度为 6000 晶体管/片，时钟频率 2MHz，指令系统比较完善，寻址能力增强，运算速度提高了一个数量级，集成度比第一代提高 4 倍左右。典型产品是 Intel 公司的 8080/8085、Motorola 公司的 MC 6800 和 Zilog 公司的 Z80 等微处理器以及各种 8 位的单片机。采用机器语言、汇编语言或高级语言，后期配有操作系统。

3. 第三代微处理器（1978 年至 1984 年）

为字长 16 位的微处理器，其性能比第二代提高近 10 倍，典型产品是 Intel 公司的 8086/8088、Motorola 公司的 MC 68000 和 Zilog 公司的 Z8000 等微处理器。1978 年推出的 Intel 8086 芯片集成度为 29000 晶体管/片，时钟频率 5MHz/8MHz/10MHz，寻址空间 1MB。1982 年推出的 Intel 80286 芯片集成度达到 13.4 万晶体管/片，时钟频率 20MHz。

用 16 位微处理器生产出的微型计算机支持多种应用，如数据处理和科学计算等。其指令系统更加丰富、完善，采用多级中断系统、多种寻址方式、段式存储器结构、硬件乘除部件等，并配有强有力的软件系统，时钟频率为 5～10MHz，平均指令执行时间为 1μs。

4. 第四代微处理器（1985 年至 1992 年）

为字长 32 位的微处理器，1985 年推出的 Intel 80386 集成 27.5 万个晶体管，时钟频率可达 33MHz，具有 4GB 的物理寻址能力，芯片集成了分段存储和分页存储管理部件，可管理 64TB 的虚拟存储空间。

1989 年推出的 Intel 80486 集成 120 万个晶体管，包含浮点运算部件和 8KB 的一级高速缓冲存储器 Cache。32 位微处理器的强大运算能力也使 PC 机的应用领域得到巨大扩展，商业办公、科学计算、工程设计、多媒体处理等应用得到迅速发展。

5. 第五代微处理器（1993 年至 1999 年）

随着半导体技术工艺的发展，集成电路的集成度越来越高，众多的 32 位高档微处理器被研制出来，典型产品有 Intel 公司的 Pentium、Pentium Pro、Pentium MMX、Pentium II、Pentium III、Pentium 4 等；AMD 公司的 AMD K6、AMD K6-2 等；Cyrix 公司的 6X86 等。用 32 位微处理器生产的微型计算机性能可与 20 世纪 70 年代的大中型计算机相媲美。

6. 第六代微处理器（2000 年至今）

为 64 位微处理器，用于装备高端计算机系统。如 AMD 64 位技术在原 32 位 X86 指令集上扩展了 64 位指令，Intel EM64T 技术是 IA-32 架构的扩展，EM64T 处理器可工作在传统 IA-32 模式和扩展 IA-32e 模式，而 IA-64 体系结构的开放式 64 位处理器产品是采用长指令字、指令预测、分支消除、推理装入和其他一些先进技术的全新结构微处理器。

1.1.3 微型计算机的应用

由微处理器组成的微型计算机已经大量进入办公室和家庭，体积更小、更轻便、易于携带的便携式和掌上型微型计算机等正在不断涌现并迅速普及。微型计算机的应用已渗透到社会各行各业，正改变着人们传统的工作、学习和生活方式，推动着人类社会的进步和发展。

下面简述其主要应用领域。

1. 科学计算

现代科学技术工作中存在大量复杂的科学计算问题，利用计算机的高速、大容量和连续运算的能力可实现人工无法解决的各种科学计算问题，如高能物理、工程设计、地震预测、气象预报、航空航天技术等。

2. 数据处理

数据处理是指利用微型计算机对各种数据进行收集、存储、整理、分类、统计、加工、利用、传播等一系列活动。这类工作量很大，涉及面也很宽，决定了微型计算机应用的主导方向。

目前，数据处理已广泛应用于办公自动化、企事业计算机辅助管理与决策、情报检索、图书管理、动画设计、会计电算化等各行各业。

3. 计算机辅助技术

计算机辅助技术包括 CAD、CAM 和 CAI 等。

（1）计算机辅助设计（Computer Aided Design，CAD）。

指利用计算机系统辅助设计人员进行工程或产品设计，以提高设计工作的自动化程度，节省人力和物力，实现最佳设计效果。CAD 广泛应用于飞机、汽车、机械、电子、土木建筑、服装设计等领域。如电子产品设计可利用 CAD 技术进行体系结构模拟、逻辑模拟、插件划分、自动布线等；建筑设计可利用 CAD 技术进行力学计算、结构计算、绘制建筑图纸等，不但提高了设计速度，而且可大大提高设计质量。

（2）计算机辅助制造（Computer Aided Manufacturing，CAM）。

指利用计算机进行生产设备的管理、控制与操作，从而提高产品质量、降低生产成本、缩短生产周期、提高生产率和改善劳动条件。如产品制造过程中用计算机控制机器的运行，处理生产过程中所需的数据，控制和处理材料的流动及对产品进行检测等。

将 CAD 和 CAM 技术集成可实现设计生产自动化，称为计算机集成制造系统 CIMS。

（3）计算机辅助教学（Computer Aided Instruction，CAI）。

指利用计算机帮助教师讲授和学生学习的自动化系统，它能引导学生循序渐进地学习，轻松自如地学到所需知识。CAI 的主要特色是交互教育、个别指导和因人施教。

4. 过程检测与控制

过程检测是指利用计算机对工业生产过程中的某些信号自动进行检测，并把检测到的数据存入计算机，再根据需要对这些数据进行处理。过程控制是利用计算机现场采集检测数据，按最优值迅速对控制对象进行自动调节或自动控制。

计算机过程检测与控制已在机械、冶金、石油、化工、纺织、水电、航天等部门得到广泛应用。如汽车工业中利用计算机控制机床控制整个装配流水线，不仅可实现精度要求高、形状复杂的零件加工自动化，而且可使整个车间或工厂实现自动化。

5. 人工智能

人工智能（Artificial Intelligence）指采用计算机模拟人类的智能活动，如感知、判断、理解、学习、问题求解和图像识别等。如能模拟高水平医学专家进行疾病诊疗的专家系统、具有一定思维能力的智能机器人等都是人工智能的实际应用。

人工智能是一门涉及计算机科学、控制论、信息论、仿生学、神经心理学和心理学等多学科交叉的边缘学科，目前的研究方向有模式识别、自然语言理解、自动定理证明、自动程序设计、知识表示、机器学习、专家系统、机器人等。

6. 计算机网络应用

计算机网络是计算机技术与现代通信技术相结合的产物，它是将地理位置不同的具有独立功能的多台计算机及其外部设备通过通信线路连接起来，在网络操作系统、网络管理软件及网络通信协议的管理和协调下，实现资源共享和信息传递的计算机系统。

计算机网络的建立，不仅解决了一个单位、一个地区、一个国家中计算机与计算机之间的通讯，各种软硬件资源的共享，也大大促进了国际间的文字、图像、视频和声音等各类信息的传输与处理。

计算机网络应用的主要领域体现在：

（1）企业信息网络。专门用于企业内部信息管理，覆盖企业生产经营管理各个部门，在整个企业范围内提供硬件、软件和信息资源共享。

（2）联机事务处理。利用计算机网络，将分布于不同地理位置的业务处理计算机设备或网络与业务管理中心网络连接，便于在任何一个网络节点上进行统一、实时的业务处理活动或客户服务，如金融、证券、期货、信息服务等系统。

（3）电子邮件系统。是在计算机及计算机网络的数据处理、存储和传输等功能基础上构造的一种非实时通信系统。

（4）电子数据交换系统（Electronic Data Interchange，EDI）。是以电子邮件系统为基础扩展而来的一种专门用于贸易业务管理的系统，它将商贸业务中贸易、运输、金融、海关和保险等相关业务信息用国际公认的标准格式通过计算机网络按照协议在贸易合作者的计算机系统之间快速传递，完成以贸易为中心的业务处理过程。

1.2 微型计算机的特点与性能指标

1.2.1 微型计算机的特点

微型计算机具有一般计算机的运算速度快、计算精度高、具有记忆和逻辑判断能力、可自动连续工作等基本特点，此外还体现出以下几方面的明显特点：

（1）功能强，可靠性高。

由于有高档次的硬件和各类软件的密切配合，使得微型计算机的功能大大增强，适合各种不同领域的实际应用；采用超大规模集成电路技术以后，微处理器及其配套系列芯片上可集成上百万个元器件，减少了系统内使用的器件数量，减少了大量焊点、连线、接插件等不可靠因素，大大提高了系统的可靠性。

（2）价格低廉，结构灵活，适应性强。

由于微处理器及其配套系列芯片集成度高，适合工厂大批量生产，因此产品造价十分低廉，有利于微型计算机的推广和普及应用。

在微型计算机系统中可方便地进行硬件扩展，且系统软件很容易根据需求而改变。在相同系统配置下，只要对硬件和软件作某些变动就可适应不同用户的要求。制造厂家还生产各种与微处理器芯片配套的支持芯片和相关软件，为根据实际需求组成微型计算机应用系统创造了十分有利的条件。

（3）体积小，重量轻，使用维护方便。

由于微处理器芯片采用超大规模集成电路技术，从而使构成微型计算机所需的器件和部件数量大为减少，其体积大大缩小，重量减轻，功耗也随之降低，方便携带和使用。

当系统出现故障时，还可采用系统自检、诊断及测试软件来及时发现并排除故障。

1.2.2　微型计算机常用术语和性能指标

在描述微型计算机性能的时候，通常要用到以下计算机术语及性能指标：

（1）位（Bit）。

这是计算机中所表示的最基本、最小的数据单元，它是一个二进制位（bit），由 0 和 1 两种状态构成。若干个二进制位的组合可以表示各种数据、字符等信息。

（2）字节（Byte）。

字节（Byte）是计算机中通用的基本单元，它由 8 个二进制位组成。即 8 位二进制数组成一个字节。

（3）字（Word）。

这是计算机内部进行数据处理的基本单位。对于一个 16 位微型计算机，它由两个字节组成，每个字节长度为 8 位，分别称为高位字节和低位字节，组合后称为一个字。对于 32 位的微型计算机，它由 4 个字节组成，组合后称为双字。

（4）字长。

字长是计算机在交换、加工和存放信息时其信息位的最基本的长度，决定了系统一次传送的二进制数的位数。各种类型的微型计算机字长是不相同的，字长越长的计算机，处理数据的精度和速度就越高。因此，字长是微型计算机中最重要的指标之一。

（5）主频。

计算机的主频也称为时钟频率，通常是指计算机中时钟脉冲发生器所产生的时钟信号的频率，单位为 MHz（兆赫），它决定了计算机的处理速度，主频越高计算机处理速度就越快。

（6）访存空间。

访存空间是衡量微型计算机处理数据能力的一个重要指标，是该微处理器构成的系统所能访问的存储单元数。访存空间越大说明处理信息的能力越强，它是由传送地址信息的地址总线的条数决定的。

通常，访存空间采用字节数来表示其容量。对于有 16 条地址总线的微处理器，其编码方式为 2^{16}=65536 个存储单元，即 64K 单元；有 20 条地址总线的微处理器，访存空间为 2^{20}=1024K，即 1M 存储单元。

（7）指令数。

计算机完成某种操作的命令被称为指令。一台微型计算机可有上百条指令，计算机完成的操作种类越多，即指令数越多，表示该类微机系统的功能越强。

（8）基本指令执行时间。

计算机完成一件具体的操作所需的一组指令称为程序。执行程序所花的时间就是完成该任务的时间指标，时间越短，速度越快。

由于各种微处理器的指令其执行时间是不一样的，为了衡量微型计算机的速度，通常选用 CPU 中的加法指令作为基本指令，它的执行时间就作为基本指令执行时间。基本指令执行时间越短，表示微型计算机的工作速度越快。

（9）可靠性。

可靠性是指在规定的时间和工作条件下，计算机正常工作不发生故障的概率。其故障率越低，说明计算机系统的可靠性越高。

（10）兼容性。

兼容性是指计算机的硬件设备和软件程序可用于其他多种系统的性能。主要体现在数据处理、I/O 接口、指令系统等的可兼容性。

（11）性能价格比。

这是衡量计算机产品优劣的综合性指标，它包括计算机的硬件和软件性能与售价的关系，通常希望以最小的成本获取最大的功能。

1.3 微型计算机的硬件结构及其功能

计算机硬件系统是由电子部件和机电装置等组成的计算机实体，包括主机和外围硬件设备。硬件的基本功能是接受计算机程序，并在程序的控制下完成各类信息和数据的输入、处理及输出结果等任务。

1.3.1 微型计算机硬件结构及其信息交换

通用微型计算机硬件结构如图 1-2 所示。一般由微处理器、主存储器、辅助存储器、系统总线、I/O 接口电路、输入/输出设备等部件组成。

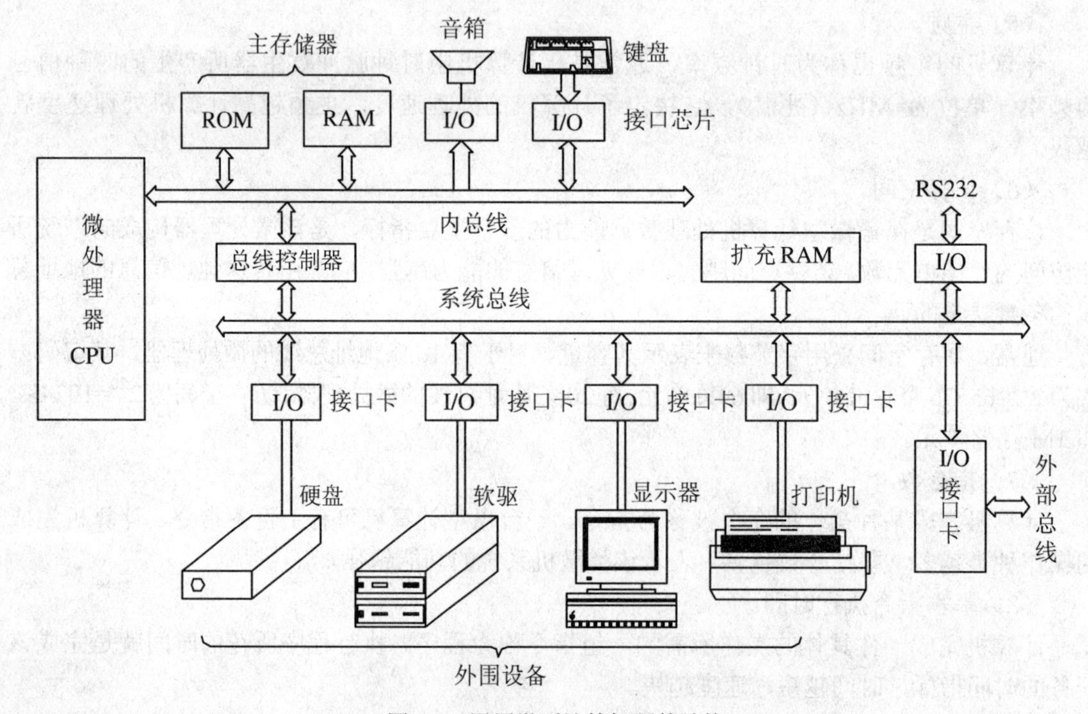

图 1-2 通用微型计算机硬件结构

图 1-2 中各部件在计算机内部的信息交换和处理均通过总线实现。

总线是计算机系统中各部件共享的信息通道，是一条在部件与部件之间、设备与设备之间、系统与系统之间传送信息的公共通路，在物理上是一组信号线的集合。微型计算机的各种操作就是计算机内部定向的信息流和数据流在总线中流动的结果。

根据传送内容的不同，可分成以下 3 种总线：

（1）数据总线（Data Bus，DB）。

传送数据，主要实现 CPU 与内存储器或 I/O 设备之间、内存储器与 I/O 设备或外存储器之间的数据传送。数据总线一般为双向总线，总线宽度等于计算机字长。

（2）地址总线（Address Bus，AB）。

传送地址，主要实现从 CPU 送地址至内存储器和 I/O 设备，或从外存储器传送地址至内存储器等。存储器、输入/输出设备等都有各自的地址，通过给定地址进行访问。地址总线的宽度决定 CPU 的寻址能力。

（3）控制总线（Control Bus，CB）。

传送控制信息、时序和状态信息等，控制信号通过控制总线送往计算机的各个设备，使这些设备完成指定的操作。

根据总线在微型计算机中所处的位置及功能，可分成以下 4 种总线：

（1）芯片级总线。

是位于 CPU 芯片内部各单元电路之间的总线，作为这些单元电路之间的信息通路。如 CPU 内部的 ALU、寄存器组、控制器等部件之间的总线。芯片级总线把芯片连结成具备特定功能的模块。

（2）系统总线。

是连接计算机内部各模块的一条主干线，也是连接芯片级总线、局部总线和外部设备总线的纽带。它把微型计算机系统各插件板与主板连在一起，符合某一总线标准，具有通用性，是计算机模块化结构的基础。系统总线经缓冲器驱动，负载能力较强。

（3）局部总线。

是计算机高速外设（如图形卡、网络适配器、硬盘控制器等）与 CPU 总线的传输通道，插在系统总线和 CPU 总线之间，使高速外设能按照 CPU 的速度运行。

（4）扩展总线。

又称通信总线或外部设备总线，是微型计算机系统与系统之间、微型计算机系统与其他仪表或设备之间的信息通路。总线信息传送方式可以是并行的，也可以是串行的，因此有并行总线（如打印机的并行传输）和串行总线（如 RS232 串行传输）之分。

各类总线之间的相互关系如图 1-3 所示，图中 SCSI 为小型计算机系统专用接口，Modem 为调制解调器。

1.3.2 微型计算机硬件模块功能分析

1. 微处理器

微处理器也称为中央处理器，是微机的核心部件，由运算器、控制器、寄存器组、总线接口部件等组成，负责统一协调、管理和控制微机系统各部件有序地工作。

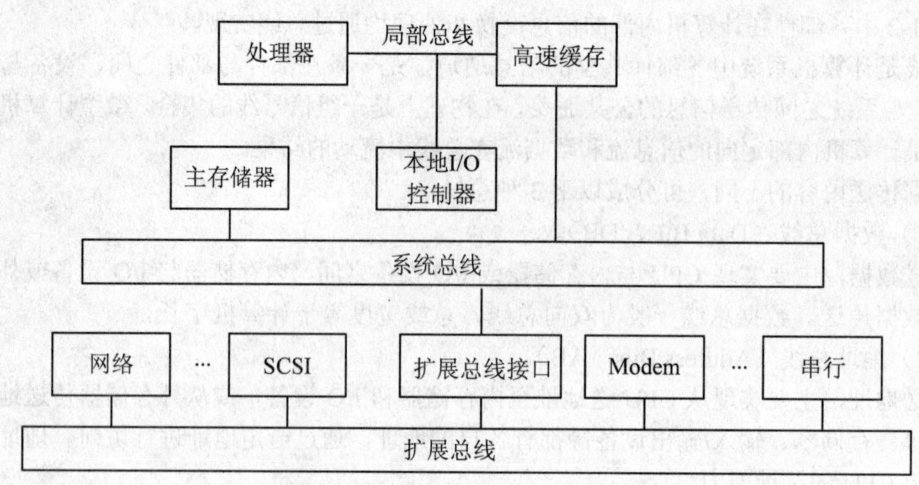

图 1-3　各类总线之间的关系示意图

（1）运算器（Arithmetic Logic Unit，ALU）。

也称算术逻辑单元，可实现加、减、乘、除等算术运算以及与、或、非、比较等逻辑运算，是计算机中负责数据加工和信息处理的主要部件。

（2）控制器（Control Unit）。

是硬件系统的控制部件，能自动从内存储器中取出指令，将指令翻译成控制信号，并按时间顺序和节拍发往其他部件，指挥各部件有条不紊地协同工作。

（3）寄存器组。

用于数据准备、调度和缓冲，包括一组通用寄存器和专用寄存器，可存放数据或地址，访问内存储器时可形成各种寻址方式或特定的操作。

2. 主存储器

主存储器也称内存储器，用来存放计算机工作中需要操作的数据和程序。CPU 可对主存进行读/写操作，“读”是将指定主存单元的内容取入 CPU，原存储单元内容不改变；“写”是 CPU 将信息放入指定主存单元，原主存单元内容被覆盖。

计算机要预先把程序和数据存放于主存储器，处理时由主存储器向控制器提供指令代码，根据处理需要随时向运算器提供数据，同时把运算结果存储起来，从而保证计算机能按照程序自动地进行工作。

按照主存储器的功能和性能，可分为随机存储器（Random Access Memory，RAM）和只读存储器（Read Only Memory，ROM）。

（1）RAM 用于存放当前参与运行的程序和数据，其信息可读可写，存取方便，但信息不能长期保留，断电后会丢失。

（2）ROM 用于存放各种固定的程序和数据，如计算机开机检测程序、系统初始化程序、引导程序、监控程序等，其信息只能读出，不能重写。

3. I/O 接口电路

I/O（Input /Output）接口电路的功能是完成微机与外部设备之间的信息交换，一般由寄存器组、专用存储器和控制电路等组成。

计算机的控制指令、通信数据及外部设备状态信息等分别存放在专用存储器或寄存器组中。微机外部设备通过各自接口电路连接到系统总线上，可采用并行通信和串行通信两种方式，前者是将指定数据的各位同时传送；后者是将指定数据一位一位地顺序传送。

4. 主机板

微型计算机是由 CPU、RAM、ROM、I/O 接口电路及系统总线组成的计算机装置，简称“主机”。主机加上外部设备就构成微型计算机的“硬件系统”，硬件系统安装软件系统以后就称为“微型计算机系统”。

主机的主体是主机板，也称为系统主板或简称主板。主板上集中了微机的主要电路部件和接口电路，CPU、内存条、鼠标、键盘、软硬盘和各种扩充卡等都直接或通过扩充槽安装、接插在主板上。

典型主板结构如图 1-4 所示，主要由 CPU 插座、芯片组、内存插槽、系统 BIOS、CMOS、总线扩展槽、串/并行接口、各种跳线和一些辅助电路等硬件组成。

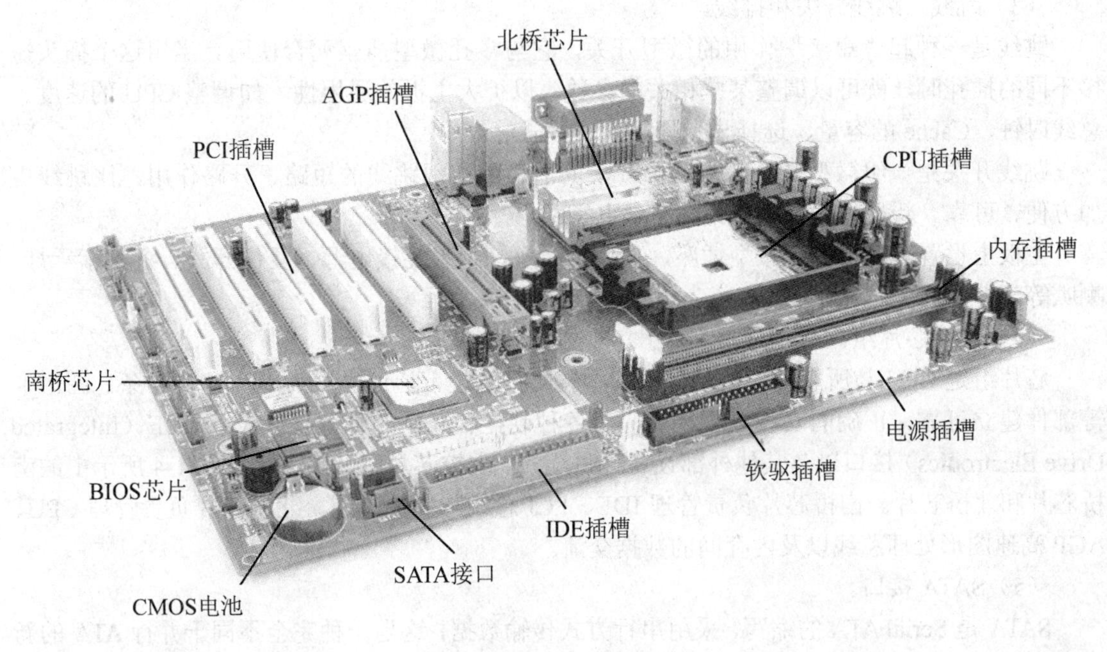

图 1-4 典型微机主板结构

（1）内存插槽（Bank）。

内存插槽用来插入内存条。一个内存条上安装有多个 RAM 芯片。目前微型计算机的 RAM 都采用这种内存条结构，以节省主板空间并加强配置的灵活性。现在使用的内存条有 1GB、2GB、4GB、8GB 等规格。所选择内存条的读写速度要与 CPU 的工作速度相匹配。

（2）扩展槽。

扩展槽用来插入各种外部设备的适配卡。选择主板时要注意它的扩展槽数量和总线标准。前者反映计算机的扩展能力，后者表达对 CPU 的支持程度以及对适配卡的要求。

总线标准先后推出过 ISA、MCA、EISA、VESA、PCI 等，这些标准涉及的主要技术参数有数据总线宽度、最高工作频率、数据传输率等，如表 1.1 所示。

表 1.1　总线标准及其参数

总线标准	ISA	MCA	EISA	VESA	PCI
推出时间	1985	1987	1988	1992	1993
最高频率（MB）	8	10	8	33	33
传输率（MB/S）	8	40	33	132	132
总线宽度（位）	16	32	32	32	32/64
并行处理能力	×	×	×	√	√
扩展槽数目	8	8	6	3	10
多媒体功能	×		×	√	√

PCI 总线标准具有并行处理能力、支持自动配置、I/O 过程不依赖 CPU、充分满足多媒体要求等特点，从而使得 Pentium 系列 CPU 的优点得以充分发挥。

（3）跳线、跳线开关和排线。

跳线是一种起“短接”作用的微型开关，它与多孔微型插座配合使用。当用这个插头短接不同的插孔时，就可以调整某些相关的参数，以扩大主板的通用性。如调整 CPU 的速度、总线时钟、Cache 的容量、选择显示器的工作模式等。

跳线开关是一组微型开关。它利用开关的通、断实现跳线的短路、开路作用，比跳线更加方便、可靠。新型的主板大多使用跳线开关。

主板上设置有若干多孔微型插座，称为排线座，用来连接电源、复位开关、各种指示灯、喇叭等部件的插头。

（4）主控芯片组。

芯片组是 CPU 与所有部件的硬件接口，按照技术规范通过主板为 CPU、内存条、图形卡等部件建立可靠、正确的安装运行环境，为各种硬盘和光驱的外部存储设备 IDE（Integrated Drive Electronics）接口以及其他外部设备提供连接。主控芯片组一般分为如图 1-4 所示中的南桥芯片和北桥芯片。南桥芯片负责管理 IDE、PCI 总线与硬件监控，北桥芯片负责管理 CPU、AGP 高速图形处理总线以及内存间的数据交流。

（5）SATA 接口。

SATA 是 Serial ATA 的缩写，采用串行方式传输数据，这是一种完全不同于并行 ATA 的新型硬盘接口类型。SATA总线使用嵌入式时钟信号，具备了更强的纠错能力，与以往相比其最大的区别在于能对传输指令（不仅仅是数据）进行检查，如发现错误会自动矫正，这在很大程度上提高了数据传输的可靠性。串行接口还具有结构简单、支持热插拔的优点。

（6）CMOS 电路。

在 CMOS 中保存有存储器和外部设备的种类、规格、当前日期、时间等大量参数，以便为系统的正常运行提供所需数据。如果这些数据记载错误或者因故丢失，将造成机器无法正常工作，甚至不能启动运行。当 CMOS 中的数据出现问题或需要重新设置时，可以在系统启动阶段按照提示按 Del 键启动 SETUP 程序，进入修改状态。开机时 CMOS 电路由系统电源供电，关机以后则由电池供电。

（7）ROM BIOS 芯片。

BIOS（Basic Input Output System）是指在 ROM 中固化的“基本输入输出系统”程序。

BIOS 程序的性能对主板影响较大，好的 BIOS 程序能够充分发挥主板各种部件的功能，以提高效率，并能在不同的硬件环境下方便地兼容运行多种应用软件。因此，BIOS 为系统提供了一个便于操作的软硬件接口。

5. 辅助存储器

由于主存储器的容量不大，且保存的信息易丢失，所以大量的数据和信息就采用辅助存储器（也称外存储器）来保存。目前使用较多的辅助存储器是磁带存储器、磁盘存储器、光盘存储器等。

存储器是计算机实现“存储程序控制”的基础，规模较大的存储器可分成若干级，形成计算机存储系统。常见的存储系统结构如图 1-5 所示。

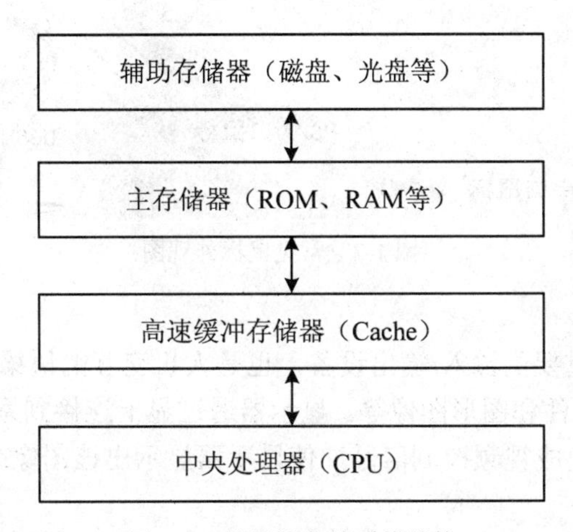

图 1-5 常见的存储系统结构

图 1-5 中，主存储器的存取速度快但容量较小，主要存放当前正在执行的程序和数据，CPU 可直接访问；为了解决主存储器与高速 CPU 的速度匹配问题，通常在主存储器和 CPU 之间增设高速缓冲存储器 Cache。Cache 的存取速度比主存更快，但容量更小，一般存放当前最急需处理的程序和数据；辅助存储器设置在主机外部，其存储容量大、价格低、存取速度较慢，主要存放暂时不参与运算的程序和数据。

6. 输入/输入设备

输入/输出设备是微机系统与外部进行通信联系的主要装置。目前微机中常用的输入/输出设备有键盘、鼠标、显示器、打印机和扫描仪等。

（1）键盘。

键盘是微机中最主要的输入设备，可用于输入数据、文本、程序和命令。常用键盘外形如图 1-6 所示。

（2）鼠标。

鼠标是一种屏幕标定装置。常用鼠标有机械式和光电式两种，机械式鼠标利用其下面滚动的小球在桌面上移动，使屏幕上的光标随着移动，价格便宜，但易沾灰尘，影响移动速度；光电式鼠标通过接收其下面光源发出的反射光并转换为移动信号送入计算机，使屏幕光标随着移动。光电式鼠标功能要优于机械式鼠标。除此之外还有无线鼠标，其应用更加灵活。

图 1-7 所示为使用串口、PS/2 口、USB 接口的鼠标。

多媒体键盘

无线键盘

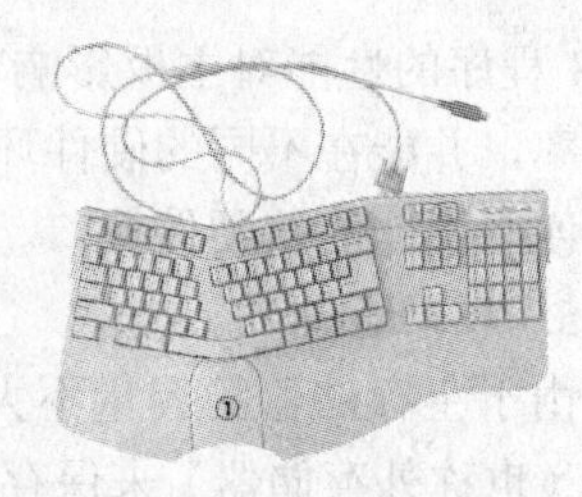

人体工程学键盘

图 1-6 微机键盘外观图

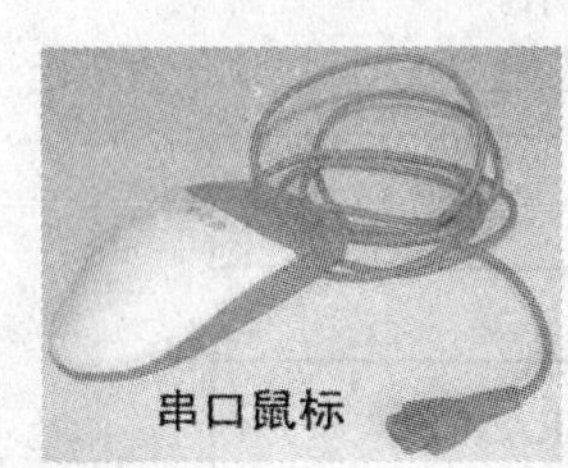

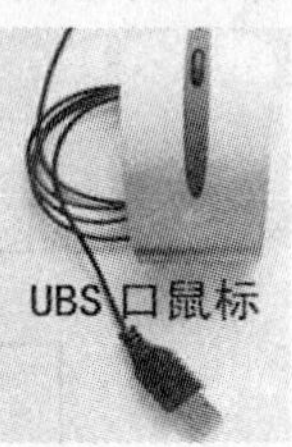

图 1-7 常见鼠标外观图

（3）显示器。

显示器是微机中最重要的输入/输出设备，也是人机交互的桥梁。可显示各种状态和运行结果，编辑各种程序、文件和图形图像等。显示器通过显卡连接到系统总线上，显卡负责把需要显示的图像或数据转换成视频控制信号，使显示器显示出该图像或数据。

（4）打印机。

打印机是微机常用的输出设备。打印机可将计算机运行结果和各类信息等打印在纸上输出。常用的有针式打印机、喷墨打印机和激光打印机等。

（5）扫描仪。

扫描仪是微机输入图片使用的主要设备。它内部有一套光电转换系统，可把各种图片信息转换成计算机图像数据传送给计算机，再由计算机进行图像处理、编辑、存储、打印输出或传送给其他设备。扫描仪按色彩类别可分成单色和彩色两种；按操作方式可分为手持式和台式两种。

1.4 微型计算机系统组成

完整的微型计算机系统由硬件和软件两大部分组成。软件相对于硬件而言，包括计算机运行所需的各种程序和文档等资源。

1.4.1 微型计算机系统的基本组成示意

在硬件基础上需要配置相关的软件才能使微型计算机发挥出应有的作用。软件系统为运行、管理和维护计算机提供服务，是用户与硬件之间的接口界面，它可以保证计算机硬件的功能得以充分发挥，完成规定的工作内容和工作流程，实现各项任务之间的调度和协调。

微型计算机系统的基本组成如图 1-8 所示。

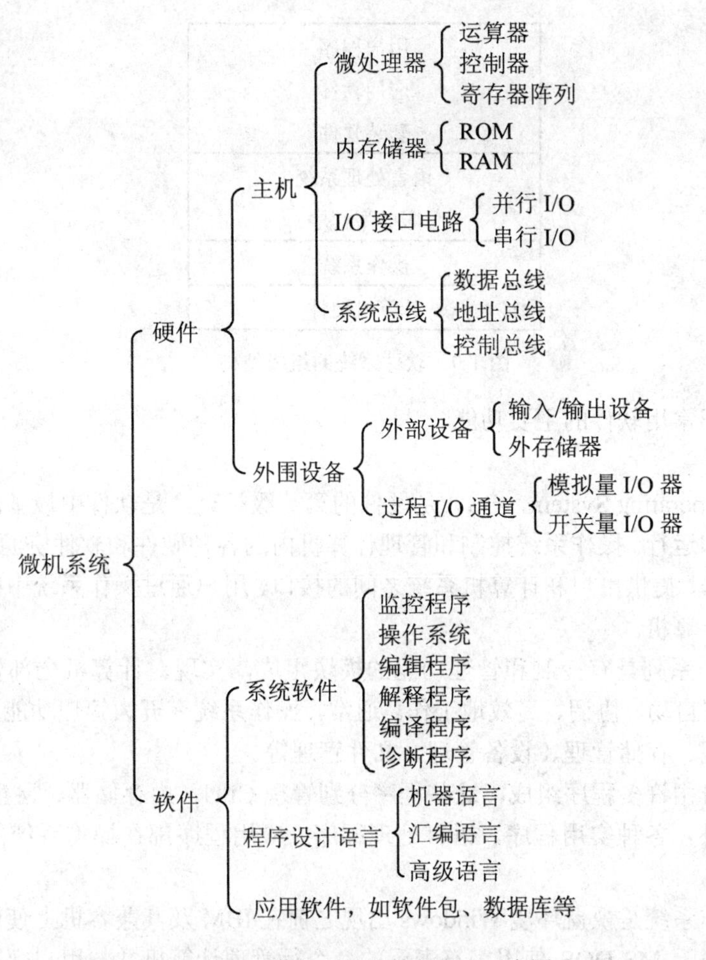

图 1-8　微机系统的框架组成示意图

1.4.2　微型计算机的常用软件

没有软件的计算机硬件系统称为“裸机”，它不能做任何工作，只有在配备了完善的软件系统之后才具有实际的使用价值。因此，软件是计算机与用户之间的一座桥梁，是计算机中不可缺少的部分。随着计算机硬件技术的发展，计算机软件也在不断完善。

计算机软件包括系统运行所需的各种程序、数据、文件、手册和有关资料，可分为系统软件和应用软件。系统软件用来支持应用软件的开发与运行，如操作系统、实用程序和程序设计语言；应用软件用来为用户解决某种应用问题。

软件系统由系统软件、程序设计语言、应用软件等组成，它们形成层次关系。这里的层次关系是指处在内层的软件要向外层软件提供服务，外层软件必须在内层软件支持下才能运行。

软件系统的组成结构如图 1-9 所示。

系统软件的主要功能是简化计算机操作，充分发挥硬件功能，支持应用软件的运行并提供服务。系统软件有两个主要特点：一是通用性，其算法和功能不依赖于特定的用户，无论哪个应用领域都可以使用；二是基础性，其他软件都是在系统软件的支持下进行开发和运行的。

用户程序 应用软件 套装软件
语言处理系统 服务型程序
操作系统
计算机硬件

图 1-9　软件系统的组成结构

下面简单介绍常用软件的主要功能。

1. 操作系统

操作系统（Operating System，OS）是硬件的第一级扩充，是软件中最基础的部分，支持其他软件的开发和运行。操作系统控制和管理计算机内的各种硬件和软件资源，合理有效地组织计算机系统工作，提供用户和计算机系统之间的接口，用户通过操作系统中的各种命令调用有关程序来使用计算机。

操作系统由一系列具有控制和管理功能的模块组成，实现对计算机全部资源的管理和控制，使计算机能够自动、协调、高效地工作。通常，操作系统有五大管理功能，即进程与处理机调度、作业管理、存储管理、设备管理、文件管理等。

操作系统本身由许多程序组成，这些程序分别管理 CPU、内存储器、磁盘、输入/输出、中断处理等。此外，各种实用程序、语言处理程序、应用程序都在操作系统的管理和控制下运行。

MS-DOS 操作系统是视窗环境 Windows 出现之前在 IBM 及其兼容机上使用十分广泛的单用户操作系统。由于 MS-DOS 使用字符表示的命令行管理计算机并与用户交换信息，用户必须要记住诸多指令，在使用上有一定的难度。随着 Windows 操作系统的出现，MS-DOS 逐步让位于 Windows 操作系统。

目前常用的操作系统是微软的 Windows 系列，如 Windows 95、Windows 98、Windows Me 和 Windows 2000、Windows XP、Windows NT 等版本。它为用户提供了良好的图形界面，便于操作，在安装硬件时具有“即插即用”功能，另外，它还提供了方便的网络环境，支持多任务操作等。由于 Windows 的诸多优点，使得 Windows 操作系统在个人电脑领域占据了霸主地位。Windows NT 是跨平台的多功能网络操作系统，它适用于高级工作站，能满足使用者的安全需要并更适于支持网络系统。

此外，还有 Linux 操作系统和 UNIX 操作系统等。UNIX 是一个可以应用于小型机、大型机和个人计算机的多任务操作系统。由于 UNIX 对多用户系统比较理想，因此它在联机工作站或小型机系统中应用十分广泛。Linux 是一个与 UNIX 相容的操作系统，它具备多人多工及跨平台的能力。

2. 程序设计语言

无论是操作系统还是应用软件，都需要使用相应的程序设计语言编写程序。程序设计是指编写一系列能为计算机所识别并执行的指令，这些指令用程序设计语言编写。程序设计语言是一组专门设计的用来生成一系列可被计算机处理和执行的指令的符号集合，人们将需要计算机完成的各种工作编成程序告诉计算机。

程序设计语言经历了从机器语言到汇编语言、高级语言、Web 开发语言和数据库开发工具等的发展历程。

（1）机器语言。

计算机编程最先使用的就是机器语言。由于计算机只能识别二进制“0”和“1”代表的电子数字信号，机器语言使用的就是由“0”和“1”组成的二进制代码编写程序，它不需要任何翻译就能被计算机硬件理解和执行，所以程序执行的效率高。但是用二进制代码表示的机器语言编写程序十分困难，容易出错，而且编写出来的程序也难以阅读。另外，由于机器语言只能为特定的计算机所识别，因此对于不同的计算机编程，就要使用不同的二进制编码，不利于推广应用。

（2）汇编语言。

为使编程人员从烦琐的、难以理解的机器语言中解放出来，人们研制了用字母、数字和符号组成的汇编语言来表示“0”和“1”组成的机器语言。由于计算机只能识别二进制编码指令，因此用汇编语言编写的源程序不能直接被计算机所识别，必须由翻译程序将其编译成机器语言的目标程序才能被计算机识别。

汇编语言与机器语言一样，都是面向机器的语言，它与机器语言的指令是一一对应的，因此，用汇编语言编写的程序执行速度快，占用内存小，运行效率也较高，所以经常用汇编语言编写系统软件、实时控制程序、外部设备或端口数据的输入输出程序。

用汇编语言编写程序与用机器语言编写程序一样，都需要了解 CPU 结构，依赖于具体的机器，都是面向机器的低级语言，用它们编写程序的工作量较大而且无通用性。

（3）高级语言。

为提高编程效率，使程序设计语言独立于机器，人们又采用了接近人的思维习惯、易于人们理解和描述解题方法的高级程序设计语言。

高级语言采用类似英语单词的字符来表达指令，它能够将几条机器语言指令合并为一条高级指令，并与具体的计算机指令系统无关。使用高级语言的好处是无需了解计算机的内部结构。用高级语言编写程序不仅可以提高工作效率，而且易于移植。

高级语言的最大优点是它“面向问题”而不是“面向机器”。这不仅使问题的表述更加容易，简化了程序的编写和调试，能够大大提高编程效率；同时还因为这种程序与具体机器无关，所以有很强的通用性和可移植性。

经过不断地完善和发展，高级语言已经有两百多种，其中影响较大、使用较普遍的有 C、C++、VB、VC、Java、Delphi 等多种语言。

用高级语言编写的程序也不能直接在机器上运行，必须使用编译程序，将用它编写的源程序编译成目标程序后才能使用。由于高级语言独立于机器，因此用高级语言编写程序比较容易，而且通用性也较好，只是用它编制的程序运行效率差一些。

（4）Web 开发语言和工具。

第一个用来生成或创作 Web 网页的程序设计语言称为超文本标志语言 HTML。HTML 语言允许用户对整个网页进行设计，包括设计网页的背景、框架、图标、按钮、文本和字体、图形、小应用程序和与其他站点的超文本链接。目前 PHP、JavaScript 和 JSP 是网站编程较流行的开发语言。

有许多工具可以用来制作 Web 网页和网站。例如 Word 中已经集成了 HTML 工具，可以直接在 Word 中创建 Web 网页。FrontPage 2003 也是一种非常方便的网页设计程序。它提供了各种各样的工具帮助新手和专业网络设计者创建或管理 Web 站点。使用 FrontPage 编辑器无需了解 HTML 便可编写网页。另外，Flash、Dreamweaver、ASP 和 Fireworks 也是很好的 Web 网页设计开发工具。

（5）数据库开发工具。

随着计算机对数据信息管理的比重越来越大，数据库的管理也越来越重要。为此，人们研究了用于不同数据库类型的数据库开发工具。适用于 Windows 平台的数据库开发工具主要有 C#、PHP、Delphi、Orcale、PowerBuilder、SQL Server、PowerDesigner 等。

3. *应用软件*

应用软件是指使用者、电脑制造商或软件公司为了解决某些特定问题而设计的程序，例如文字处理、图像处理、财务处理、办公自动化、人事档案管理软件等。目前市场上已经有各种各样的商品化应用软件包，可供用户合理选择使用，避免了软件编制的重复劳动。

文字处理软件有 Word、WPS 和方正软件。这些软件可帮助用户撰写带有文字、图像和表格在内的书信、论文、报告等，并且能够编辑排版出具有报刊杂志样式的文稿。电子表格 Excel 软件可帮助用户管理账目、统计数字、排序、制作图表等。数据库软件 Access 是一种关系型数据库管理系统，可用于诸如人事管理一类的小型数据库管理。PowerPoint 软件是目前较流行的制作演示文稿的软件，它为用户演讲、演示产品、制作推销产品的简报提供了方便。Outlook 是用来管理一些个人工作和生活等事务的软件，它可非常方便地用于安排会议日程、收发邮件、记事本、排事历等。Photoshop、PhotoDRAW 和 Premiere 是在影像处理中应用较广的软件。

另外，应用软件还包括 3D MAX、CorelDRAW、FreeHand、Maya、Poser、Rhino、Pro Enginer CAD、AutoCAD 等，这些是绘制三维图形、矢量图或机械制图的流行软件。排版软件包括 PageMaker、Adobe InDesign、QuarkXPress 和 Publisher 等。Map Info、Map Basic 是地理信息管理软件；SPSS、SAS 是统计分析软件；Project 是项目管理软件；Mathematic、Super SAP、MathCAD 是数学计算软件。

1.4.3 软硬件之间的相互关系

通常，人们把不装备任何软件的微型计算机称为裸机。裸机只能运行机器语言程序，它的功能显然得不到充分而有效的发挥。在裸机上配置若干软件后构成微机系统，就把一台实实在在的物理机器变成一台具有抽象概念的逻辑机器，从而使人们不必更多地了解机器本身就可以使用微机，软件在微型计算机和使用者之间架起了桥梁。

当然，硬件是支撑软件工作的基础，没有足够的硬件支持，软件也无法正常地工作。实际上，在计算机技术的发展过程中，软件随硬件技术的迅速发展而发展，反过来，软件的不断发展与完善又促进了硬件的新发展，两者的发展密切地交织在一起，缺一不可。

硬件和软件是微型计算机系统互相依存的两大部分，其关系主要体现在以下几个方面：

（1）硬件和软件相互依存。

硬件是软件赖以工作的物质基础，软件的正常工作是硬件发挥作用的唯一途径。计算机系统只有配备了完善的软件系统才能正常工作，才能充分发挥硬件的各种功能。

（2）硬件和软件无严格界线。

随着技术的不断进步，硬件和软件在相互渗透、相互融合，硬件与软件之间的界限变得越来越模糊。原来一些由硬件实现的操作改由软件实现，增强了系统的功能和适应性，称之为硬件的软化；原来由软件实现的操作改由硬件完成，显著降低了时间上的运行开销，称之为软件的硬化。

对于程序设计人员来说，硬件和软件在逻辑上等价，一项功能的实现究竟采用何种方式，可从系统效率、价格、速度、存储容量、可靠性和资源状况等诸多方面综合考虑，最终确定哪些功能由硬件实现，哪些功能由软件实现。用发展的眼光来看，今天的软件可能是明天的硬件，今天的硬件也可能是明天的软件。因此，硬件与软件在一定意义上说没有绝对严格的界线。

（3）硬件和软件协同发展。

计算机软件随着硬件技术的迅速发展而发展，而软件的不断发展与完善又促进了硬件的更新，两者密切地交织发展，缺一不可。

（4）固件（Firmware）的概念。

固件是指那些存储在能永久保存信息的器件（如 ROM）中的程序，是具有软件功能的硬件。固件的性能指标介于硬件与软件之间，并吸收了硬、软件各自的优点，其执行速度快于软件，灵活性优于硬件，可以说是软、硬件结合的产物。计算机功能的固件化将成为计算机发展中的一个趋势。

（5）关于软件的兼容性。

随着元器件制造技术和生产工艺的迅猛发展，新的高性能计算机在不断地研制和生产出来。作为用户，希望在新的计算机系统推出后，原先已开发的软件仍能继续在升级换代后的新型号计算机上使用，这就要求软件具有可兼容性。

通常，由一个厂家生产、有相同的系统结构但具有不同组成和实现的一系列不同型号的计算机称为系列机。从程序设计者的角度看，系列机具有相同的系统结构，主要体现在计算机的指令系统、数据格式、字符编码、中断系统、控制方式和输入/输出操作方式等多个方面保持一致，从而保证软件的兼容性。

本章小结

随着微处理器的发展和典型芯片的更新换代，使得微型计算机的功能越来越强，应用范围越来越广，对人们的工作、学习、生活等诸方面产生了深刻影响，学习、掌握和应用微型计算机已成为人们不可或缺的技能。

一般来讲，微型计算机系统包括硬件和软件。硬件主要由 CPU、存储器、系统总线、接口电路及 I/O 设备等部件组成。软件由各种程序和数据组成。在硬件基础上的系统软件是对硬件功能的扩充与完善，操作系统是配置在硬件上的第一层软件，所有系统实用程序及更上层的应用程序都在操作系统上运行，受操作系统的统一管理和控制。

本章从微处理器的发展和应用开始，对微型计算机的基本概念、硬件结构、工作原理、系统组成、应用特点等各类知识作了相应的概述。通过本章的学习，要了解微型计算机的发展历史和应用场合，关注当前微型计算机的发展动向，尤其是微处理器芯片的更新换代以及相关软件的应用。要熟悉微型计算机系统组成以及工作原理，理解微型计算机硬件和软件各主要模块的功能和在系统中所处的地位，为后续内容的学习打下一个良好的基础。

目前市场 Pentium 系列微机作为主流机型占据了重要位置。用户衡量一台微型计算机性能的好坏应该综合考虑 CPU 芯片、系统主板、内外存容量和速度、I/O 接口和外设、配置的系统软件和应用软件以及系统的可靠性与可扩展性等因素，实现最佳的性价比。

习题 1

一、选择题

1．冯·诺依曼计算机体系结构的基本特点是（　　）。

A．运算速度快　　B．存储程序控制

C．节约元器件　　D．采用堆栈操作

2．一台完整的微型计算机系统应包括（　　）。

A．硬件和软件　　B．运算器、控制器和存储器

C．主机和外部设备　　D．主机和实用程序

3．微型计算机硬件中最核心的部件是（　　）。

A．运算器　　B．主存储器

C．CPU　　D．输入输出设备

4．CPU 中应包括的主要部件是（　　）。

A．运算器和存储器　　B．运算器和控制器

C．控制器和存储器　　D．运算器、控制器、寄存器

5．微型计算机的性能主要取决于（　　）。

A．CPU　　B．主存储器

C．硬盘　　D．显示器

6．用于连接计算机系统各部件的总线是（　　）。

A．芯片级总线　　B．系统总线

C．局部总线　　D．扩展总线

7．以下不属于操作系统控制和管理功能的是（　　）。

A．作业管理　　B．设备管理

C．存储管理　　D．输入输出管理

二、填空题

1．冯·诺依曼计算机体系结构的核心思想是__________，其特点表现在__________。

2．微型计算机的硬件主要包括__________、__________、__________、__________和__________。

3．微型计算机系统软件主要包括__________、__________和__________。

4．字长是指__________；字长越长，计算机处理数据的__________就越高。

5．主存储器用来存放__________；按照主存储器的功能和性能可分为__________和__________。

三、判断题

(　　) 1．由于物理器件的性能，决定了计算机中的所有信息仍以二进制方式表示。

(　　) 2．计算机的字长与计算机的运算速度有关。

(　　) 3．计算机数据总线的宽度决定了内存容量的大小。

(　　) 4．计算机内部的信息处理可分为数据信息流和控制信息流两类。

(　　) 5．微型计算机的硬件和软件之间无严格界线，可相互渗透、相互融合。

四、简答题

1．常见的微机硬件结构由哪些部分组成？各部分的主要功能和特点是什么？

2．微型计算机中的 CPU 由哪些部件组成？简述各部分的功能。

3．什么是微型计算机的总线？定性说明各类总线的作用。

4．微型计算机系统主要由哪些部分组成？各部分的主要功能和特点是什么？

5．微型计算机系统软件的主要特点是什么？它包括哪些内容？

第 2 章　计算机中的数据表示

本章介绍计算机中数据的表示方法，重点处理计算机中常用的数制及其转换、带符号数的表示、字符编码的基本知识。

通过本章的学习，应重点理解和掌握以下内容：

- 计算机中数制的基本概念及其表示
- 不同数制之间的相互转换
- 无符号数和带符号数的表示方法
- ASCII 码和 BCD 码的相关概念及其应用

2.1　计算机中的数制及其转换

数据是一种特殊的信息表达形式，不仅可由人来进行加工处理，而且更适合计算机进行高效率的加工处理、传递及转换。计算机中的数据包括了能够处理的各种数字、文字、图画、声音和图像等。

在计算机内，不论是指令还是数据，都采用了二进制编码形式，包括图形和声音等信息，也必须转换成二进制数的形式才能存入计算机中。

由于计算机的处理对象是各种各样的数据，在使用上，我们把计算机中的数据分为数值型数据和非数值型数据两类，前者指日常生活中接触到的数字类数据，可用来表示数量的多少并进行计算处理；后者指常用的字符型数据以及图画、声音和活动图像等。

2.1.1　数制的基本概念

1. 数的表示

人们在日常生活当中最熟悉、最常用的数是十进制数，它采用 0～9 共 10 个数字符号及其进位来表示数的大小。其相关概念如下：

- 0～9 这些数字符号称为“数码”。
- 全部数码的个数称为“基数”，十进制数的基数为 10。
- 用“逢基数进位”的原则进行计数，称为进位计数制。十进制数的基数是 10，所以其计数原则是“逢十进一”。
- 进位以后的数字，按其所在位置的前后将代表不同的数值，表示各位有不同的“位权”。

例如：十进制数个位的“1”代表 1，即个位的位权是 1；

　　　十进制数十位的“1”代表10，即十位的位权是10；

十进制数百位的“1”代表100，即百位的位权是100；依此类推。

● 位权与基数的关系是：位权的值等于基数的若干次幂。

例如：十进制数 2518.234 可以展开为下面的多项式：

$2518.234=2\times10^{3}+5\times10^{2}+1\times10^{1}+8\times10^{0}+2\times10^{-1}+3\times10^{-2}+4\times10^{-3}$

式中：10^{3}、10^{2}、10^{1}、10^{0}、10^{-1}、10^{-2}、10^{-3} 等即为该位的位权，每一位上的数码与该位权的乘积就是该位的数值。

● 任何一种数制表示的数都可以写成按位权展开的多项式之和，其一般形式为：

$$N=d_{n-1}b^{n-1}+d_{n-2}b^{n-2}+d_{n-3}b^{n-3}+\cdots+d_{-m}b^{-m}$$

式中：

n——整数的总位数。

m——小数的总位数。

$d_{\text{下标}}$——表示该位的数码。

b——表示进位制的基数。

$b^{\text{上标}}$——表示该位的位权。

2．计算机中常用的进位计数制

计算机内部的电子部件有两种工作状态，即电流的“通”与“断”（或电压的“高”与“低”），因此计算机能够直接识别的只是二进制数，这就使得它所处理的数字、字符、图像、声音等信息都是以 1 和 0 组成的二进制数的某种编码。

由于二进制在表达一个数字时，位数太长，不易识别，且容易出错，因此在书写计算机程序时，经常将它们写成对应的十六进制数或人们熟悉的十进制数表示。

在计算机内部可以根据实际情况的需要分别采用二进制数、十进制数和十六进制数。

表 2.1 给出了计算机中常用计数制的基数和数码以及进位借位关系。

表 2.1 计算机中常用计数制的基数和数码以及进位借位关系

计数制形式	基数	采用的数码	进位及借位关系
二进制	2	0、1	逢二进一、借一当二
十进制	10	0、1、2、3、4、5、6、7、8、9	逢十进一、借一当十
十六进制	16	0、1、2、3、4、5、6、7、8、9 A、B、C、D、E、F	逢十六进一、借一当十六

表 2.2 给出了计算机中常用计数制数据的对应关系。

表 2.2 计算机中常用计数制数据的对应关系

十进制数	二进制数	十六进制数	十进制数	二进制数	十六进制数
0	0000	0	8	1000	8
1	0001	1	9	1001	9
2	0010	2	10	1010	A
3	0011	3	11	1011	B
4	0100	4	12	1100	C

续表

十进制数	二进制数	十六进制数	十进制数	二进制数	十六进制数
5	0101	5	13	1101	D
6	0110	6	14	1110	E
7	0111	7	15	1111	F

3. 计数制的书写规则

为了区分各种计数制的数据，经常采用如下的方法进行书写表达。

（1）在数字后面加写相应的英文字母作为标识。

B（Binary）：表示二进制数，二进制数的 100 可写成 100B。

D（Decimal）：表示十进制数，十进制数的 100 可写成 100D，通常其后缀 D 可省略。

H（Hexadecimal）：表示十六进制数，十六进制数 100 可写成 100H。

（2）在括号外面加数字下标。

$(1011)_2$：表示二进制数的 1011。

$(2468)_{10}$：表示十进制数的 2468。

$(2DF2)_{16}$：表示十六进制数的 2DF2。

2.1.2 数制之间的转换

1. 十进制数转换为二进制数

一个十进制数通常由整数部分和小数部分组成，这两部分的转换规则是不相同的，在实际应用当中，整数部分与小数部分要分别进行转换。

（1）十进制整数转换为二进制整数。

十进制整数转换为二进制整数的方法：用基数 2 连续去除该十进制整数，直至商等于“0”为止，然后逆序排列余数，可得到与该十进制整数相应的二进制整数各位的系数值。

【例 2.1】将十进制整数 105 转换为二进制整数。

采用“除 2 倒取余”的方法，过程如下：

```
2 | 105
   2 | 52        余数为1
    2 | 26       余数为0
     2 | 13      余数为0
      2 | 6      余数为1
       2 | 3     余数为0
        2 | 1    余数为1
            0    余数为1
```

所以，$105=(1101001)_2$。

（2）十进制小数转化为二进制小数。

十进制小数转换为二进制小数的方法：用基数 2 连续去乘以该十进制小数，直至乘积的小数部分等于“0”，然后顺序排列每次乘积的整数部分，可得到与该十进制小数相应的二进制小数各位的系数。

【例 2.2】将十进制小数 0.8125 转换为二进制小数。

采用“乘 2 顺取整”的方法，过程如下：

0.8125×2=1.625	取整数位 1
0.625×2=1.25	取整数位 1
0.25×2=0.5	取整数位 0
0.5×2=1.0	取整数位 1

所以，$0.8125=(0.1101)_2$。

如果出现乘积的小数部分一直不为“0”，则可以根据精度的要求截取一定的位数。

2. 十进制数转换为十六进制数

同理，十进制数转换为十六进制数时，可参照十进制数转换为二进制数的对应方法来处理。

（1）十进制整数转换为十六进制整数。

十进制整数转换为十六进制整数的方法：采用基数 16 连续去除该十进制整数，直至商等于“0”为止，然后逆序排列所得到的余数，可得到与该十进制整数相应的十六进制整数各位的系数。

【例 2.3】将十进制整数 2347 转换为十六进制整数。

采用“除 16 倒取余”的方法，过程如下：

16 ⌊ 2347	
16 ⌊ 146	余数为11（十六进制数为B）
16 ⌊ 9	余数为2
0	余数为9

所以，$2347=(92B)_{16}$。

（2）十进制小数转换为十六进制小数。

十进制小数转换为十六进制小数的方法：连续用基数 16 去乘以该十进制小数，直至乘积的小数部分等于“0”，然后顺序排列每次乘积的整数部分，可得到与该十进制小数相应的十六进制小数各位的系数。

【例 2.4】将十进制小数 0.5432 转换为十六进制小数。

采用“乘 16 顺取整”的方法，过程如下：

0.5432×16=8.6912	取整数位 8
0.6912×16=11.0592	取整数位 11（十六进制数为 B）
0.0592×16=0.9472	取整数位 0
0.9472×16=15.1552	取整数位 15（十六进制数为 F）

取数据的计算精度为小数点后 4 位数。

所以，$0.5432=(0.8B0F)_{16}$。

3. 二进制数、十六进制数转换为十进制数

二进制数、十六进制数转换为十进制数的时候，按照“位权展开求和”的方法可得到其结果。

（1）二进制数转换为十进制数。

二进制数转换为十进制数时，用其各位所对应的系数 1（系数为 0 时可以不必计算）来乘

以基数为 2 的相应位权，可得到与二进制数相应的十进制数。

【例 2.5】将二进制数$(1011001.101)_2$ 转换为十进制数。

按“位权展开求和”，过程如下：

$$
\begin{aligned}
(1011001.101)_2 &= 1\times2^6+1\times2^4+1\times2^3+1\times2^0+1\times2^{-1}+1\times2^{-3} \\
&= 64+16+8+1+0.5+0.125 \\
&= 89.625
\end{aligned}
$$

（2）十六进制数转换为十进制数。

十六进制数转换为十进制数时，用其各位所对应的系数来乘以基数为 16 的相应位权，可得到与十六进制数相应的十进制数。

【例 2.6】将十六进制数$(2D7.A)_{16}$ 转换为十进制数。

按“位权展开求和”，过程如下：

$$
\begin{aligned}
(2D7.A)_{16} &= 2\times16^2+13\times16^1+7\times16^0+10\times16^{-1} \\
&= 512+208+7+0.625 \\
&= 727.625
\end{aligned}
$$

4. 二进制数与十六进制数之间的转换

因为 $16=2^4$，所以 1 位十六进制数相当于 4 位二进制数。从十六进制数转换为二进制数时，只要将每位十六进制数用 4 位二进制数表示即可；而从二进制数转换为十六进制数时，先要从小数点开始分别向左或向右将每 4 位二进制数分成一组，不足 4 位的要补 0，然后将每 4 位二进制数用一位十六进制数表示即可。

（1）十六进制数转换为二进制数的方法是“一分为四”。

【例 2.7】将十六进制数$(32A8.C69)_{16}$ 转换为二进制数。

将每一位十六进制数用 4 位二进制数表示，过程如下：

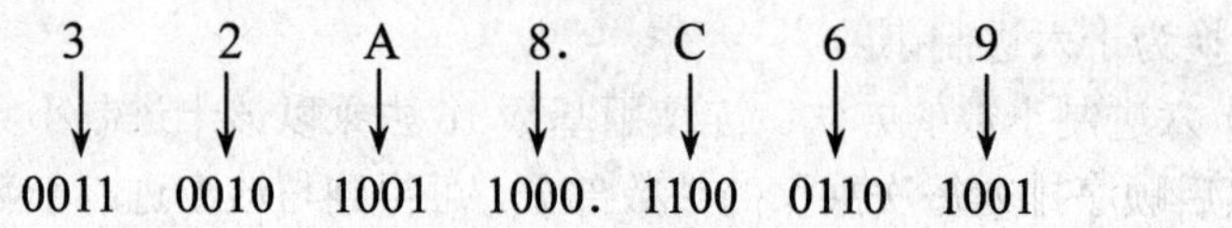

所以，$(31A8.C69)_{16}$=$(11001010011000.110001101001)_2$。

（2）二进制数转化为十六进制数的方法是“四合一”。

【例 2.8】将二进制数$(1110110010110.010101101)_2$ 转换为十六进制数。

从小数点开始分别向左或向右将每 4 位二进制数分成一组，过程如下：

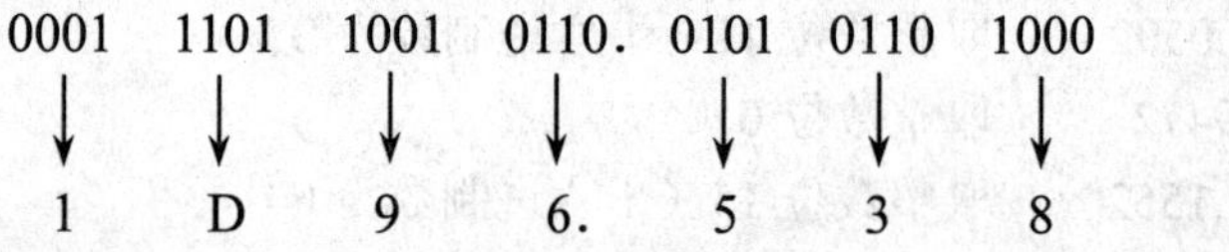

所以，$(1110110010110.010101101)_2$=$(1D96.538)_8$。

为方便大家的理解和使用，我们将计数制之间的转换方法总结如表 2.3 所示。

表 2.3 计数制之间的转换方法

转换要求	转换方法
十进制整数转换为二进制和十六进制整数	分别用基数 2、16 连续除该十进制整数，至商等于“0”为止，然后逆序排列所得余数

续表

转换要求	转换方法
十进制小数转化为二进制和十六进制小数	连续用基数 2、16 乘该十进制小数，至乘积小数部分等于“0”，然后顺序排列所得乘积整数
二进制、十六进制数转换为十进制数	用各位所对应的系数和基数按“位权求和”的方法可得转换结果
二进制数转换为十六进制数	从小数点开始分别向左或向右将每 4 位二进制数分成 1 组，不足位数补 0，每组用 1 位十六进制数表示
十六进制数转换为二进制数	从小数点开始分别向左或向右将每位十六进制数用 4 位二进制数表示

2.2　计算机中数值数据的表示

2.2.1　基本概念

在计算机内部表示二进制数的方法通常称为数值编码。把一个数及其符号在机器中的表示加以数值化，这样的数称为机器数。机器数所代表的数称为该机器数的真值。

要全面完整地表示一个机器数，应考虑以下 3 个因素：

- 机器数的范围
- 机器数的符号
- 机器数中小数点的位置

1. 机器数的范围

通常机器数的范围由计算机的硬件决定。

当使用 8 位寄存器时，字长为 8 位，所以一个无符号整数的最大值是：

11111111B=255，此时机器数的范围是 0～255。

当使用 16 位寄存器时，字长为 16 位，所以一个无符号整数的最大值是：

1111111111111111B=FFFFH=65535，此时机器数的范围是 0～65535。

2. 机器数的符号

在算术运算中，数据是有正有负的，这类数据称为带符号数。

为了在计算机中正确地表示带符号数，通常规定每个字长的最高位为符号位，并用“0”表示正数，用“1”表示负数。

字长为 8 位二进制数时，D_7 为符号位；字长为 16 位二进制数时，D_{15} 为符号位。

例如，在一个 8 位字长的计算机中，带符号数据的格式如下：

D_7	D_6	D_5	D_4	D_3	D_2	D_1	D_0
0							

正数

D_7	D_6	D_5	D_4	D_3	D_2	D_1	D_0
1							

负数

其中，最高位 D_7 是符号位，其余 D_6～D_0 为数值位，这样把符号数字化并和数值位一起编码的方法很好地解决了带符号数的表示及其计算问题。

这类编码方法常用的有原码、反码、补码 3 种。

3. 机器数中小数点的位置

在机器中，小数点的位置通常有定点和浮点两种表示方法。

（1）定点表示。

若规定计算机中的数其小数点位置固定不变时，该表示方法称为数的定点表示，该数称为“定点数”。

任何一个二进制数 N 都可以表示为：$N=\pm 2^{\pm P}\times S$。

式中 S 为数 N 的尾数，表示该数的全部有效数字；2 为计数制底数，2 前面的±号是尾数符号；P 为数 N 的阶码，指明小数点实际位置，2 的右上方的±号是阶码的符号。若阶码 P 固定不变，则小数点位置是固定的。

定点数有两种约定：

- 取阶码 P=0，把小数点固定在尾数的最高位之前，称为定点小数，格式如图 2-1（a）所示。
- 取阶码 P=n（n 为二进制尾数的位数），把小数点约定在尾数最末位之后，称为定点整数，格式如图 2-1（b）所示。

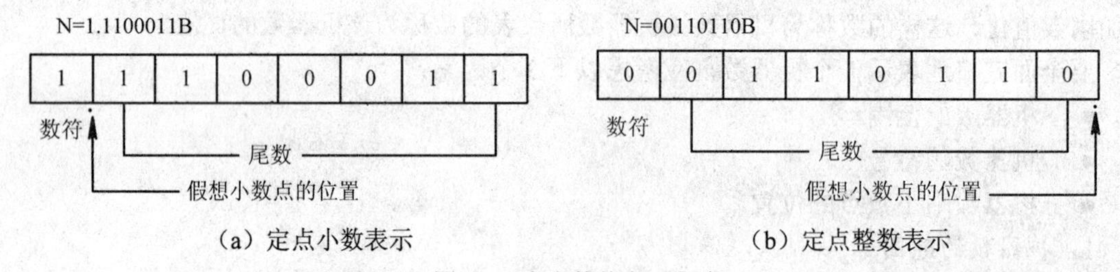

（a）定点小数表示　　（b）定点整数表示

图 2-1　定点数的表示方法

计算机中小数点的位置是假想位置，厂家在机器设计时将数的表示形式约定好，计算机中各种部件及运算线路均按约定的形式进行设计。机器数的字长确定后，其数值的表示范围即可确定。

（2）浮点表示。

将十进制数用指数形式表示如下：

$$562.98=0.56298\times 10^{3}-0.000034=-0.34\times 10^{-4}$$

可以看出：在原数字中无论小数点前后各有几位数，它们都可以用一个纯小数与 10 的整数次幂的乘积来表示，这就是浮点数的表示方法。

对于一个二进制数，当其阶码 P 不固定时，数的小数点实际位置将根据阶码值相对浮动，该数称为“浮点数”。

浮点数在机器中的编码排列如下：

阶符	阶码 P	尾符	尾数 S

阶码 P 表示数的实际小数点相对机器中约定小数点位置的浮动方向，如阶符为负，则实际小数点在约定小数点的左边，反之在右边，其位置由阶码值来确定，而尾数符号则代表了浮

点数的符号。

浮点数中的阶符和阶码指明了小数点的位置，小数点随着阶码 P 的符号和大小而浮动。可见，浮点数可以表示的数值范围要比定点数大，这也是它的主要可取之处。

2.2.2 带符号数的原码、反码、补码表示

1. *原码*

正数的符号位为“0”，负数的符号位为“1”，其他位按照一般的方法来表示数的绝对值，用这样的表示方法得到的就是该数的原码。

【例 2.9】当机器字长为 8 位二进制数时：

X=＋1011011　　　　$[X]_{原码}$=01011011

Y=＋1011011　　　　$[Y]_{原码}$=11011011

$[+1]_{原码}$=00000001　　　　$[-1]_{原码}$=10000001

$[+127]_{原码}$=01111111　　　　$[-127]_{原码}$=11111111

在二进制数的原码表示中，“0”的表示有正负之分：

$[+0]_{原码}$=00000000　　　　$[-0]_{原码}$=10000000

原码表示的整数范围是$-(2^{n-1}-1)\sim+(2^{n-1}-1)$，其中 n 为机器字长。

则：8 位二进制原码表示的整数范围是－127～＋127；

16 位二进制原码表示的整数范围是－32767～＋32767。

两个符号相异但绝对值相同的数的原码，除了符号位以外，其他位的表示都是一样的。数的原码表示简单直观，而且与其真值转换方便。

但是，如果有两个符号相异的数要进行相加或两个同符号数相减，就要做减法运算。做减法运算会产生借位的问题，很不方便。为了将加法运算和减法运算统一起来，以加快运算速度，就引进了数的反码和补码表示。

2. *反码*

对于一个带符号的数来说，正数的反码与其原码相同，负数的反码为其原码除符号位以外的各位按位取反。

【例 2.10】当机器字长为 8 位二进制数时：

X=＋1011011　　$[X]_{原码}$=01011011　　$[X]_{反码}$=01011011

Y=－1011011　　$[Y]_{原码}$=11011011　　$[Y]_{反码}$=10100100

$[+1]_{反码}$=00000001　　　　$[-1]_{反码}$=11111110

$[+127]_{反码}$=01111111　　　　$[-127]_{反码}$=10000000

可以看出，负数的反码与负数的原码有很大的区别，反码通常用作求补码过程中的中间形式。

反码表示的整数范围与原码相同。

数据“0”在二进制数的反码表示中有以下形式：

$[+0]_{反码}$=$[+0]_{原码}$=00000000　　　　$[-0]_{反码}$=11111111

3. *补码*

正数的补码与其原码相同，负数的补码为其反码在最低位加 1。

【例 2.11】X=＋1011011　　$[X]_{原码}$=01011011　　$[X]_{补码}$=01011011

Y=－1011011　[Y]$_{原码}$=11011011　[Y]$_{反码}$=10100100　[Y]$_{补码}$=10100101

[＋1]$_{补码}$=00000001　[－1]$_{补码}$=11111111

[＋127]$_{补码}$=01111111　[－127]$_{补码}$=10000001

在二进制数的补码表示中，“0”的表示是唯一的。

即：[＋0]$_{补码}$=[－0]$_{补码}$=00000000

采用补码的目的是为使符号位作为数参加运算，解决将减法转换为加法运算的问题，并简化计算机控制线路，提高运算速度。在很多计算机系统中都采用补码来表示带符号的数。

由于计算机中存储数据的字节数是有限制的，所以能存储的带符号数也有一定的范围。

补码表示的整数范围是$-2^{n-1}\sim+(2^{n-1}-1)$，其中 n 为机器字长。

则：8 位二进制补码表示的整数范围是－128～＋127；

16位二进制补码表示的整数范围是－32768～＋32767。

当运算结果超出这个范围时，就不能正确表示数了，此时称为溢出。

对于 8 位字长的二进制数，其原码、反码、补码的对应关系如表 2.4 所示。

表 2.4　8 位二进制数原码、反码、补码的对应关系

二进制数	无符号数	带符号数		
		原码	反码	补码
00000000	0	＋0	＋0	＋0
00000001	1	＋1	＋1	＋1
…	…	…	…	…
01111111	127	＋127	＋127	＋127
10000000	128	－0	－127	－128
…	…	…	…	…
11111110	254	－126	－1	－2
11111111	255	－127	－0	－1

4. 补码与真值之间的转换

已知某机器数的真值可通过补码的定义将其转换为补码。已知正数的补码，其真值等于补码本身；已知负数的补码，可除符号位以外将补码的有效值按位求反后在末位加 1，即可得该负数补码对应的真值。

【例 2.12】 已知 X=－43，采用 8 位二进制表示出 X 的原码、反码和补码。

解：给定数据为负数，将其转换为二进制数为 X=－101011B

按照相关转换方法可得 X 的 8 位原码、反码和补码表示：

[X]$_{原码}$=10101011B

[X]$_{反码}$=11010100B

[X]$_{补码}$=[X]$_{反码}$＋1

=11010101B

【例 2.13】给定[X]$_{补码}$=01011001B，求其真值 X。

解：由于给定[X]$_{补码}$的符号位是“0”，代表该数是正数，则其真值为：

$X=+1011001B$

$=+(1\times2^6+1\times2^4+1\times2^3+1\times2^0)$

$=+(64+16+8+1)$

$=+89$

【例 2.14】给定$[X]_{补码}$=11011001B，求其真值X。

解：由于给定$[X]_{补码}$的符号位是“1”，代表该数是负数，则其真值为：

$X=-([1011001]_{求反}+1)B$

$=-(0100110+1)B$

$=-0100111B$

$=-(1\times2^5+1\times2^2+1\times2^1+1\times2^0)$

$=-(32+4+2+1)$

$=-39$

2.2.3 带符号数的加减运算与数据溢出判断

1. 带符号数的加减运算

由于补码运算比较简单，而且负数用相应补码表示后，可以将减法运算转换为加法运算。所以，一般计算机中只设置加法器，减法运算是通过适当求补处理后再进行相加来实现。

给定两个带符号数X、Y：

进行补码加法运算时：$[X+Y]_{补码}=[X]_{补码}+[Y]_{补码}$

进行补码减法运算时：$[X-Y]_{补码}=[X]_{补码}-[Y]_{补码}=[X]_{补码}+[-Y]_{补码}$

【例 2.15】已知X=－110011B，Y=＋10101B，求X＋Y=?

解：给定数据中X为负数，Y为正数，根据补码运算规则有：

$[X]_{原码}$=10110011B，$[X]_{补码}=[X]_{反码}+1$=11001101B

$[Y]_{补码}=[Y]_{原码}$=00010101B

所以，$[X+Y]_{补码}=[X]_{补码}+[Y]_{补码}$

=11001101B＋00010101B

=11100010B

可见，X＋Y的补码为11101010B，其中符号位为“1”表示该题的结果为负数，即X＋Y=－30，这是由于X=－51，Y=＋21，两者相加结果为负数，这与十进制的运算结果相同。

2. 数据溢出判断

运算后得到的结果若超过计算机所能表示的数值范围称为数据溢出。如8位带符号数取值范围是－128～＋127，当X±Y＜－128 或 X±Y＞127时产生溢出，将导致错误结果。

可通过参加运算的两数和运算结果的符号位来判断是否产生溢出，如果两个正数相加得到的结果为负数或者两个负数相加得到的结果为正数，则产生溢出。

【例 2.16】 已知两个带符号数X=01001001B，Y=01101010B，用补码运算求X＋Y的结果，并判断其是否会产生溢出。

解：给定为两个正数，按照补码运算规则可得：

$[X]_{补码}$=01001001B，$[Y]_{补码}$=01010101B

$[X+Y]_{补码}=[X]_{补码}+[Y]_{补码}$=01001001B＋01101010B=10110011B

运算结果 10110011B 的符号位为 1，表示 X＋Y 的值为负数。两个正数相加得到负数显然是错误的，出错的原因是由于 X＋Y=73＋106=179>127，超出 8 位带符号数的取值范围，产生溢出。

当两数异号时，相加的结果只会变小，所以不会产生溢出。运算结果产生溢出时，计算机会自动进行判断，为使用户知道带符号数算术运算的结果是否产生了溢出，专门在 CPU 的标志寄存器中设置了溢出标志 OF。当 OF=“1”时表示运算结果产生了溢出，OF=“0”时表示运算结果未溢出。

2.3 字符编码

计算机除了用于数值计算之外，还要进行大量的文字信息处理，也就是要对表达各种文字信息的符号进行加工。例如，计算机和外设的键盘、显示器、打印机之间的通信都是采用字符方式输入/输出的。

字符在机器里也必须用二进制数来表示，但是这种二进制数是按照特定规则编码表示的。计算机为了识别和区分这些符号，采用了以下方法：

- 使用由若干位组成的二进制数去代表一个符号。
- 一个二进制数只能与一个符号唯一对应，即符号集内所有的二进制数不能相同。

这样，二进制数的位数自然取决于符号集的规模。

例如：128 个符号的符号集，需要 7 位二进制数；

256 个符号的符号集，需要 8 位的二进制数。

这就是所谓的字符编码，由此可以看出：计算机解决任何问题都是建立在编码技术上的。目前最通用的两种字符编码分别是美国信息交换标准代码（ASCII 码）和二—十进制编码（BCD 码）。

2.3.1 美国信息交换标准代码（ASCII 码）

ASCII（American Standard Code for Information Interchange）码是美国信息交换标准代码的简称，用于给西文字符编码，包括英文字母的大小写、数字、专用字符、控制字符等。

这种编码由 7 位二进制数组合而成，可以表示 128 种字符，目前在国际上广泛流行。

ASCII 码的编码内容如表 2.5 所示。

表 2.5 7 位 ASCII 码编码表

低 4 位代码		高 3 位代码							
		0	1	2	3	4	5	6	7
		000	001	010	011	100	101	110	111
0	0000	NUL	DLE	SP	0	@	P	、	p
1	0001	SOH	DC1	!	1	A	Q	a	q
2	0010	STX	DC2	“	2	B	R	b	r
3	0011	ETX	DC3	#	3	C	S	c	s

续表

低4位代码		高3位代码							
		0	1	2	3	4	5	6	7
		000	001	010	011	100	101	110	111
4	0100	EOT	DC4	$	4	D	T	d	t
5	0101	ENQ	NAK	%	5	E	U	e	u
6	0110	ACK	SYN	&	6	F	V	f	v
7	0111	BEL	ETB	’	7	G	W	g	w
8	1000	BS	CAN	(	8	H	X	h	x
9	1001	HT	EM	)	9	I	Y	i	y
A	1010	LF	SUB	*	:	J	Z	j	z
B	1011	VT	ESC	+	;	K	[	k	{
C	1100	FF	FS	,	<	L	\	l	|
D	1101	CR	GS	－	=	M	]	m	}
E	1110	SO	RS	.	>	N	↑	n	～
F	1111	SI	US	/	?	O	←	o	DEL

ASCII 码的特点分析如下：

（1）每个字符的 7 位以高 3 位和低 4 位二进制数组合而成 ASCII 码，采用十六进制数来表示。

如换行“LF”的 ASCII 码是 0AH，回车“CR”的 ASCII 码是 0DH。

数码 0～9 的 ASCII 码是 30H～39H（可见去掉高 4 位，即减去 30H 就是 BCD 码的表示）。

大写字母 A～Z 的 ASCII 码是 41H～5AH，小写字母 a～z 的 ASCII 码是 61H～7AH（可见大小写字母之间 ASCII 码值相差 20H，两者之间的转换容易实现）。

（2）128 个字符的功能可分为 94 个信息码和 34 个功能码。

信息码包括 10 个阿拉伯数字、52 个英文大小写字母、32 个专用符号等，可供书写程序和描述命令之用，能够显示和打印出来。

功能码在计算机系统中起各种控制作用，可提供传输控制、格式控制、设备控制、信息分隔控制及其他控制等，这些控制符只表示某种特定操作，不能显示和打印。

功能码的含义如表 2.6 所示。

表 2.6 ASCII 编码表中功能码的含义

字符	操作功能	字符	操作功能	字符	操作功能
NUL	空	FF	走纸控制	CAN	作废
SOH	标题开始	CR	回车	EM	纸尽
STX	正文结束	SO	移位输出	SUB	减

续表

字符	操作功能	字符	操作功能	字符	操作功能
ETX	本文结束	SI	移位输入	ESC	换码
EOT	传输结束	DLE	数据链换码	FS	文字分隔符
ENQ	询问	DC1	设备控制 1	GS	组分隔符
ACK	承认	DC2	设备控制 2	RS	记录分隔符
BEL	报警符	DC3	设备控制 3	US	单元分隔符
BS	退格	DC4	设备控制 4	SP	空格
HT	横向列表	NAK	否定	DEL	删除
LF	换行	SYN	空转同步		
VT	垂直制表	ETB	信息组传输结束		

34 个功能码可分成以下 5 种处理功能：

- 传输控制类字符，如 SOH、STX、ETX 等。
- 格式控制类字符，如 BS、LF、CR 等。
- 设备控制类字符，如 DC1、DC2、DC3 等。
- 信息分隔类控制字符，如 FS、RS、US 等。
- 其他控制字符，如 NUL、BEL、ESC 等。

（3）由于微型计算机基本存储单元是一个字节（byte），即 8 位二进制数，表达 ASCII 码时也采用 8 位，最高位 D_7 通常作为“0”。进行数据通信时，最高位 D_7 通常作为奇偶校验位，用来检验代码在存储和传送过程中是否发生错误。

奇校验含义：包括校验位在内的 8 位二进制码中所有“1”的个数为奇数。如字符“A”的 ASCII 码是 41H（1000001B），加奇校验位时“A”的 ASCII 码为 C1H（11000001B）。

偶校验含义：包括校验位在内的 8 位二进制码中所有“1”的个数为偶数。如字符“A”加偶校验时 ASCII 码依然是 41H（01000001B）。

随着信息技术的发展，为了扩大计算机处理信息的范围，IBM 公司又将 ASCII 码的位数增加了一位，由原来的 7 位变为用 8 位二进制数构成一个字符编码，共有 256 个符号。扩展后的 ASCII 码除原有的 128 个字符外，又增加了一些常用的科学符号和表格线条等。

2.3.2 二—十进制编码——BCD 码

将一个十进制数在计算机中采用二进制编码来表示，称为 BCD（Binary-Coded Decimal）码，即“二—十进制编码”。

常用的 BCD 码是 8421-BCD 编码，采用 4 位二进制数来表示一位十进制数，自左至右每一个二进制位对应的位权是 8、4、2、1。

应该指出的是，4 位二进制数有 0000～1111 共 16 种状态，而十进制数 0～9 只取 0000～1001 的 10 种状态，其余 6 种不用。

8421-BCD 编码如表 2.7 所示。

表 2.7 8421-BCD 编码表

十进制数	8421-BCD 编码	十进制数	8421-BCD 编码
0	0000	8	1000
1	0001	9	1001
2	0010	10	0001 0000
3	0011	11	0001 0001
4	0100	12	0001 0010
5	0101	13	0001 0011
6	0110	14	0001 0100
7	0111	15	0001 0101

通常，BCD 码有两种形式，即压缩 BCD 码和非压缩 BCD 码。

1. 压缩 BCD 码

表 2.7 所示的 BCD 码为压缩 BCD 码（或称组合 BCD 码），其特点是采用 4 位二进制数来表示一位十进制数，即一个字节表示两位十进制数。如十进制数 57 的压缩 BCD 码为 01010111B。

压缩 BCD 码的每一位数采用 4 位二进制数来表示，即一个字节表示两位十进制数。

例如，二进制数 10001001B，采用压缩 BCD 码表示为十进制数 89。

2. 非压缩 BCD 码

非压缩 BCD 码（或称非组合 BCD 码）表示特点是采用 8 位二进制数来表示一位十进制数，即一个字节表示 1 位十进制数，而且只用每个字节的低 4 位来表示 0～9，高 4 位设定为 0。例如，十进制数 89D，采用非压缩 BCD 码表示为二进制数是 00001000 00001001B。

BCD 码与十进制数之间转换很容易实现，如压缩 BCD 码为 1001 0101 0011.0010 0111，其十进制数值为 953.27。

BCD 码可直观地表达十进制数，也容易实现与 ASCII 码的相互转换，便于数据的输入和输出。

计算机中的各种信息均表示为二进制数据。但是二进制数据书写比较冗长、容易出错，实际使用中，人们多采用十进制和十六进制来表示数据。各类数制之间的相互转换有特定的规律可循。

计算机内部将一个数及其符号数值化表示的方法称为机器数。表示一个完整的机器数需要考虑数的范围、符号和小数点的位置。带符号数在计算机中有原码、反码和补码三种表示方法。引入补码的目的是为了使数字化后的符号位能作为数参加运算，并将减法运算转换为加法运算，简化了机器数的运算。如果机器数中的小数点位置固定不变称为“定点数”，小数点位置可以浮动时称为“浮点数”。计算机中参加运算的数若超过计算机所能表示的数值范围称为溢出。可根据两数的符号位或运算结果标志位来判断结果是否产生溢出。

描述特定字符和信息等也需要用二进制进行编码，目前普遍采用的是美国信息交换标准代码（ASCII 码）和二—十进制编码（BCD 码）。ASCII 码用一个字节中的 7 位对字符进行编码，可表示 128 种字符，最高位是奇偶校验位，用以判别数码传送是否正确。BCD 码专门解决用二进制数表示十进制数的问题。

本章着重介绍了计算机中数据的表示方法，分析了二、十、十六进制数的相关概念及各类数制间相互转换的方法、无符号数和带符号数的机器内部表示、字符编码等。通过学习，要掌握计算机内部的信息处理方法和特点，熟悉各类数制之间的相互转换，理解无符号数和带符号数的表示方法，掌握字符的 ASCII 码和 BCD 码及其应用。

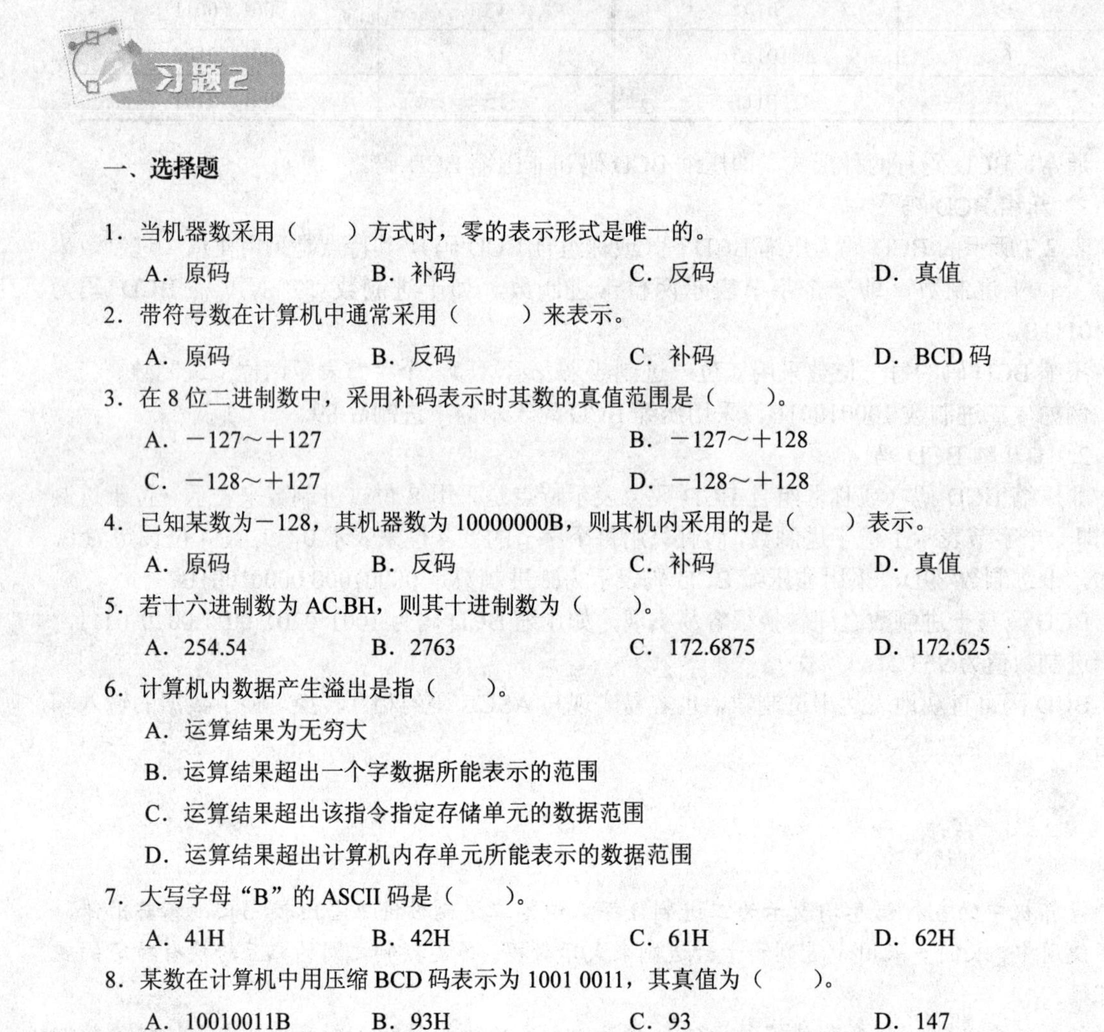

习题 2

一、选择题

1．当机器数采用（　　）方式时，零的表示形式是唯一的。

A．原码　　B．补码　　C．反码　　D．真值

2．带符号数在计算机中通常采用（　　）来表示。

A．原码　　B．反码　　C．补码　　D．BCD 码

3．在 8 位二进制数中，采用补码表示时其数的真值范围是（　　）。

A．－127～＋127　　B．－127～＋128

C．－128～＋127　　D．－128～＋128

4．已知某数为－128，其机器数为 10000000B，则其机内采用的是（　　）表示。

A．原码　　B．反码　　C．补码　　D．真值

5．若十六进制数为 AC.BH，则其十进制数为（　　）。

A．254.54　　B．2763　　C．172.6875　　D．172.625

6．计算机内数据产生溢出是指（　　）。

A．运算结果为无穷大

B．运算结果超出一个字数据所能表示的范围

C．运算结果超出该指令指定存储单元的数据范围

D．运算结果超出计算机内存单元所能表示的数据范围

7．大写字母“B”的 ASCII 码是（　　）。

A．41H　　B．42H　　C．61H　　D．62H

8．某数在计算机中用压缩 BCD 码表示为 1001 0011，其真值为（　　）。

A．10010011B　　B．93H　　C．93　　D．147

二、填空题

1．任何进位计数制都包含基数和位权两个基本要素，二进制的基数为__________，其中第 i 位的位权为__________。

2．计算机中的数有__________和__________两种表示方法，前者的特点是__________，后者的特点是__________。

3．计算机中带符号的数在运算处理时通常采用__________表示，其好处在于__________。

4．计算机中参加运算的数及运算结果都应在__________范围内，如参加运算的数及运算结果__________，称为数据溢出。

5. 已知某数为 61H，若为无符号数其真值为__________；若为带符号数其真值为__________；若为 ASCII 码其值代表__________；若为 BCD 码其值代表__________。

6. ASCII 码可以表示__________种字符，其中起控制作用的称为__________；供书写程序和描述命令使用的称为__________。

7. BCD 码是一种__________表示方法，按照表示形式可分为__________和__________两种表现形式。

三、判断题

（　　）1．在计算机中，数据的表示范围不受计算机字长的限制。

（　　）2．计算机中带符号数采用补码表示的目的是为了简化机器数的运算。

（　　）3．计算机在运算中产生了数据溢出，其原因是运算过程中最高位产生了进位。

（　　）4．“0”的原码和反码各有不同表示，而“0”的补码表示是唯一的。

（　　）5．计算机键盘输入的各类符号在计算机内部均表示为 ASCII 码。

四、数制转换题

1．将下列十进制数分别转化为二进制数、十六进制数和压缩 BCD 码。

（1）26　　（2）79.15　　（3）125　　（4）228

2．将下列二进制数或十六进制数分别转化为十进制数。

（1）10110110B　　（2）10100101B　　（3）A8H　　（4）B5.62H

3．写出下列带符号十进制数的原码、反码、补码表示（采用 8 位二进制数）。

（1）＋26　　（2）＋75　　（3）－38　　（4）－119

4．已知下列补码求其真值。

（1）97H　　（2）3FH　　（3）8B4CH　　（4）3C2AH

5．按照字符所对应的 ASCII 码值，查表写出下列字符的 ASCII 码。

K、R、good、*、$、ESC、LF、CR

第3章　典型微处理器及其体系结构

学习及掌握微型计算机原理首先要熟悉微处理器的内部结构及组成部件功能，明确其工作原理和特点。本章主要分析有关CPU内部结构、寄存器组成和作用、引脚功能及应用，讨论存储器结构和I/O组织，分析总线操作及工作模式，介绍高档微处理器的组成结构和特点。

通过本章的学习，应重点理解和掌握以下内容：

- 8086微处理器的内部组成和寄存器结构
- 8086微处理器的外部引脚特性和工作方式
- 8086微处理器的存储器和I/O组织
- 8086工作方式及总线操作
- 8086中断系统及其应用
- 高档微处理器的典型结构和各部件功能

3.1　8086微处理器的内外部结构

微处理器是微型计算机的心脏，其职能是执行各种运算和信息处理，并负责控制整个计算机系统，使之能自动协调地完成操作。不同型号的微型计算机性能差别首先在于微处理器性能的不同，其性能与内部结构、硬件配置有关，但无论哪种微处理器，其基本部件总是相同的。

Intel公司推出的16位微处理器8086是一种具有代表性的处理器，后续推出的各种微处理器均保持与之兼容。8086微处理器有16根数据线和20根地址线，可寻址地址空间1MB（2^{20}B）。它通过16位内部数据通路与流水线结构结合起来获得较高性能，流水线结构允许在总线空闲时预取指令，使取指令和执行指令的操作能并行处理。8086微处理器具有多重处理能力，能方便地和浮点运算器8087、I/O处理器8089或其他处理器组成多处理器系统，提高了系统的数据吞吐能力和数据处理能力。

8086微处理器的特点是采用并行流水线工作方式，通过设置指令预取队列实现；对内存空间实行分段管理；支持多处理器系统，可工作于最小和最大两种工作方式。

3.1.1　8086微处理器的内部结构

8086微处理器采用HMOS工艺制造，片上集成2.9万个晶体管，使用单一的+5V电源，40条引脚双列直插式封装，时钟频率为5MHz～10MHz，基本指令执行时间为0.3μs～0.6μs。

8086微处理器从功能上可划分为两个逻辑单元，即执行部件EU（Execution Unit）和总线接口部件BIU（Bus Interface Unit），其内部结构如图3-1所示。

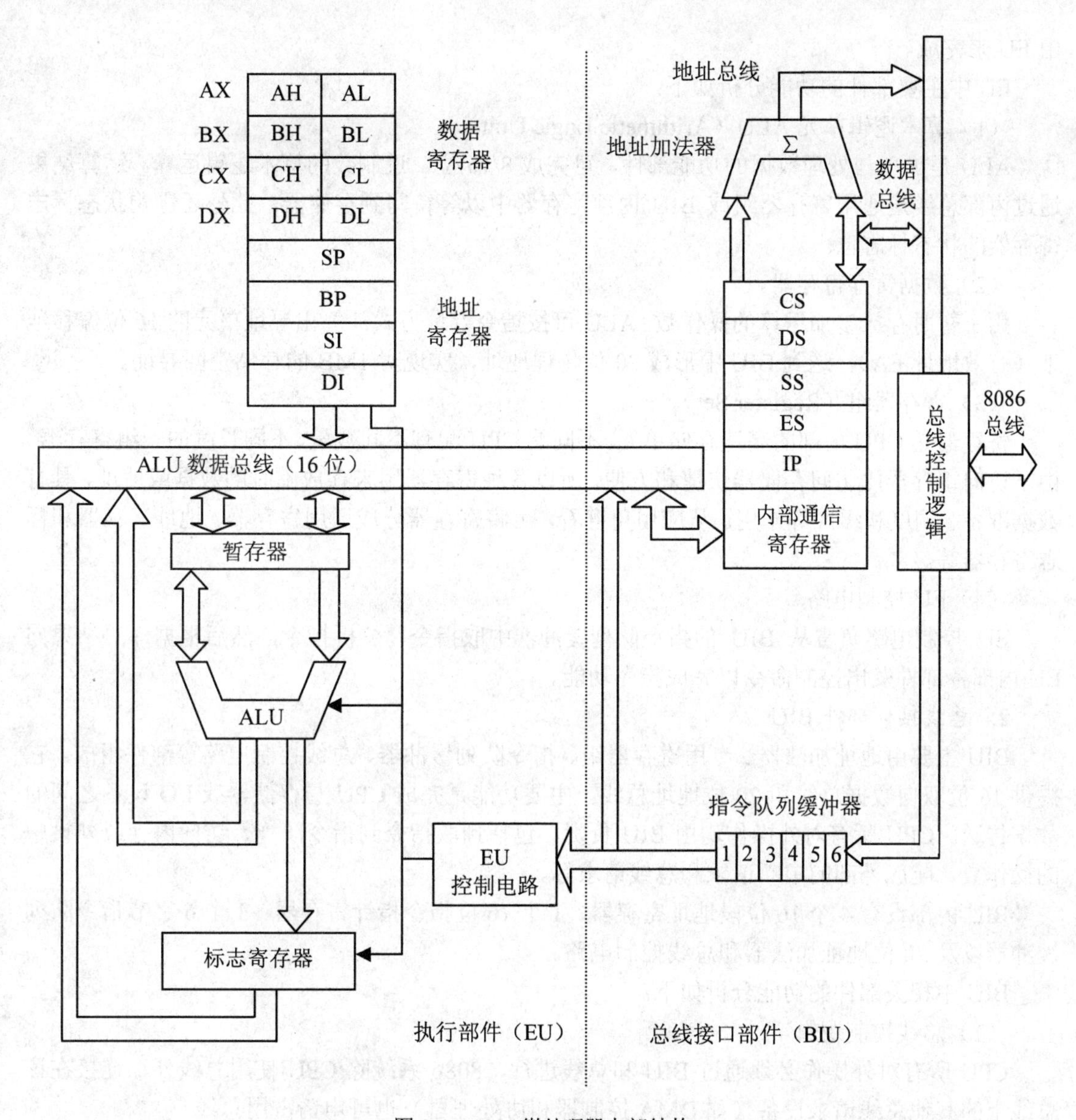

图 3-1　8086 微处理器内部结构

1. 执行部件 EU

执行部件 EU 主要由算术逻辑运算单元 ALU、标志寄存器、数据暂存寄存器、通用寄存器组和 EU 控制电路等部件组成，其功能是负责指令的译码和执行。

计算机按照取指令→指令译码→读取操作数→执行指令→存放结果的顺序进行操作。

EU 可不断地从 BIU 指令队列缓冲器中取得指令并连续执行，省去了访问存储器取指令所需时间。如果指令执行过程中需要访问存储器存取数据时，只需将要访问的地址送给 BIU，等待操作数到来后再继续执行。遇到转移类指令时则将指令队列中的后续指令作废，等待 BIU 重新从存储器中取出新指令代码送入指令队列缓冲器，EU 再继续执行指令。

EU 无直接对外的接口，要译码的指令将从 BIU 的指令队列中获取，除了最终形成 20 位物理地址的运算需要 BIU 完成相应功能外，所有的逻辑运算包括形成 16 位有效地址的运算均由 EU 来完成。

EU 中主要部件的功能分析如下：

（1）算术逻辑单元 ALU（Arithmetic Logic Unit）。

ALU 是加工与处理数据的功能部件，可完成 8/16 位二进制数的算术逻辑运算。运算结果通过内部总线送通用寄存器组或 BIU 内部寄存器中以等待写到存储器，此外还影响状态标志寄存器的状态标志位。

（2）数据暂存寄存器。

用于暂时存放参加运算的操作数。ALU 可按指令寻址方式计算出寻址单元的 16 位偏移地址（有效地址 EA），送到 BIU 中形成 20 位物理地址，实现对 1MB 的存储空间寻址。

（3）寄存器组（Register Set）。

寄存器是 CPU 内部的高速存储单元，不同的 CPU 配有不同数量、不同长度的一组寄存器。由于访问寄存器比访问存储器快捷和方便，所以各种寄存器用来存放临时的数据或地址，具有数据准备、调度和缓冲等作用。从应用角度看，可将寄存器分成通用寄存器、地址寄存器和标志寄存器等。

（4）EU 控制电路。

EU 控制电路负责从 BIU 的指令队列缓冲器中取指令、分析指令，然后根据译码结果向 EU 内部各部件发出控制命令以完成指令功能。

2. 总线接口部件 BIU

BIU 主要由地址加法器、专用寄存器组、指令队列缓冲器、总线控制电路等部件组成。它提供 16 位双向数据总线和 20 位地址总线，主要功能是完成 CPU 与存储器或 I/O 设备之间的数据传送。CPU 所有对外操作均由 BIU 负责，包括预取指令到指令队列、访问内存或外设中的操作数、响应外部的中断请求和总线请求等。

BIU 内部设有 4 个 16 位段地址寄存器、1 个 16 位指令指针寄存器、1 个 6 字节指令队列缓冲器以及 20 位地址加法器和总线控制电路。

BIU 中相关部件的功能分析如下：

（1）总线控制逻辑。

CPU 所有对外操作必须通过 BIU 和总线进行，8086 系统除 CPU 使用总线外，连接在该总线上的其他总线请求设备（如 DMA 控制器和协处理器）也可申请占用总线。

（2）指令队列缓冲器。

指令队列缓冲器可存放 6 个字节的指令代码，按“先进先出”的原则进行存取操作。当队列中出现一个字节以上的空缺时，BIU 会自动取指弥补这一空缺；当程序发生转移时，BIU 会废除原队列，通过重新取指来形成新的指令队列。

（3）地址加法器和段寄存器。

4 个 16 位的段寄存器（代码段寄存器 CS、数据段寄存器 DS、堆栈段寄存器 SS 和附加段寄存器 ES）与地址加法器组合，用于形成存储器物理地址，完成从 16 位的存储器逻辑地址到 20 位的存储器物理地址的转换运算。

（4）指令指针寄存器 IP。

指令指针寄存器存放 BIU 要取的下一条指令段内偏移地址。程序不能直接对 IP 进行存取，但能在程序运行中自动修正，使之指向要执行的下一条指令。

（5）总线控制电路与内部通信寄存器。

总线控制电路用于产生外部总线操作时的相关控制信号，是连接 CPU 外部总线与内部总线的中间环节，而内部通信寄存器用于暂存总线接口单元 BIU 与执行单元 EU 之间交换的信息。

传统的微处理器在执行一个程序时，通常总是依次先从存储器中取出一条指令，然后读出操作数，最后执行指令。也就是说，取指令和执行指令是串行进行的，取指期间 CPU 必须等待，其过程如图 3-2 所示。

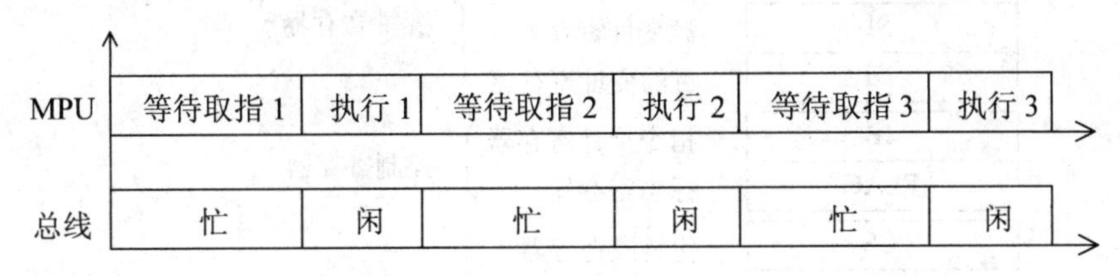

图 3-2 传统微处理器的指令执行过程

在 8086 微处理器中，BIU 和 EU 是分开的，取指令和执行指令分别由总线接口部件 BIU 和执行部件 EU 来完成，并且存在指令队列缓冲器，使 BIU 和 EU 可以并行工作，执行部件负责执行指令，总线接口部件负责提取指令、读出操作数和写入结果。这两个部件能互相独立地工作。在大多数情况下，取指令和执行指令可以重叠进行，即在执行指令的同时进行取指令的操作，如图 3-3 所示。

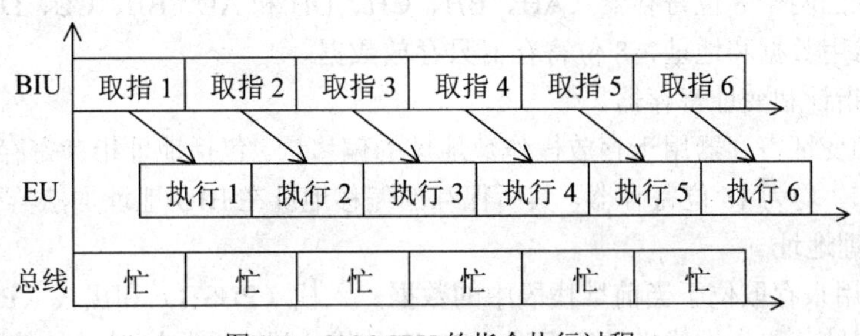

图 3-3 8086 CPU 的指令执行过程

8086 微处理器中总线接口部件和执行部件的这种并行工作方式减少了 CPU 为取指令而等待的时间，在整个程序运行期间，BIU 总是忙碌的，充分利用了总线，大大提高了 CPU 的工作效率，加快了整机的运行速度，也降低了 CPU 对存储器存取速度的要求，这成为 8086 微处理器的突出优点。

3.1.2 8086 微处理器的寄存器结构

为提高 CPU 运算速度，减少访问存储器的存取操作，8086 微处理器设置了相应寄存器，用来暂存参加运算的操作数和运算的中间结果。

8086 微处理器中供编程使用的有 14 个 16 位寄存器，按用途可分为 3 类，即 8 个通用寄存器、2 个控制寄存器和 4 个段寄存器，如图 3-4 所示。

1. 通用寄存器

8 个通用寄存器分为数据寄存器、地址指针和变址寄存器两组，操作数或其地址可直接存放在这些寄存器中，在计算机操作过程中能提高数据处理速度，占用内存空间少。

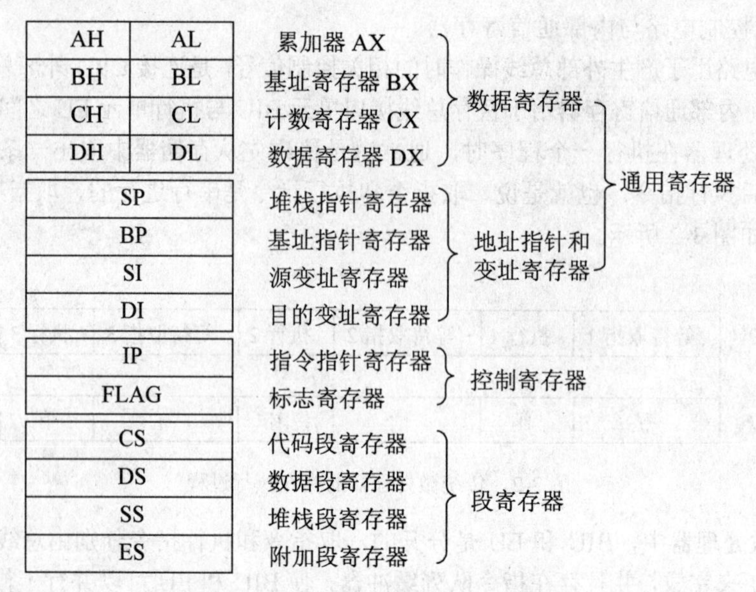

图 3-4　8086 微处理器内部寄存器结构

（1）数据寄存器。

数据寄存器用于存放操作数或中间结果。包括 4 个 16 位寄存器（AX、BX、CX、DX），或将其分成独立的两个 8 位寄存器（AH、BH、CH、DH 和 AL、BL、CL、DL）使用，16 位寄存器可存放常用数据和地址，8 位寄存器只存放数据。

（2）地址指针和变址寄存器。

地址指针和变址寄存器用于存放操作数地址的偏移量。包括地址指针寄存器 SP、BP 和变址寄存器 SI、DI，均为 16 位寄存器，其所保存的偏移地址在 BIU 地址加法器中和段寄存器相加产生 20 位物理地址。

SP 和 BP 用来存取位于当前堆栈段中的数据，入栈（PUSH）和出栈（POP）指令由 SP 给出栈顶偏移地址，称为堆栈指针寄存器；BP 存放堆栈段中数据区基址的偏移地址，称作基址指针寄存器。

SI 和 DI 存放当前数据段偏移地址，源操作数偏移地址存放于 SI 中，目的操作数偏移地址存放于 DI 中。

在 CPU 指令中，这些通用寄存器有特定的用法，如表 3.1 所示。

表 3.1　通用寄存器的特定用法

寄存器	寄存器含义	操作功能
AX	16 位累加器	字乘、字除、字 I/O 处理
AL	8 位累加器	字节乘、字节除、字节 I/O 处理、查表转换、十进制运算
AH	8 位累加器	字节乘、字节除
BX	16 位基址寄存器	查表转换
CX	16 位计数寄存器	数据串操作、循环操作
CL	8 位计数寄存器	变量移位、循环移位

续表

寄存器	寄存器含义	操作功能
DX	16 位数据寄存器	字乘、字除、间接 I/O 处理
SP	16 位堆栈指针寄存器	堆栈操作
SI	16 位源变址指针寄存器	数据串操作
DI	16 位目的变址指针寄存器	数据串操作

2. 控制寄存器

两个控制寄存器分别是指令指针寄存器 IP 和标志寄存器 FLAG。

（1）指令指针寄存器 IP。

指令指针寄存器 IP 是一个 16 位寄存器，存放 EU 要执行的下一条指令的偏移地址，用以控制程序中指令的执行顺序，实现对代码段指令的跟踪。正常运行时，BIU 可修改 IP 中的内容，使它始终指向 BIU 要取的下一条指令的偏移地址，如图 3-5 所示。

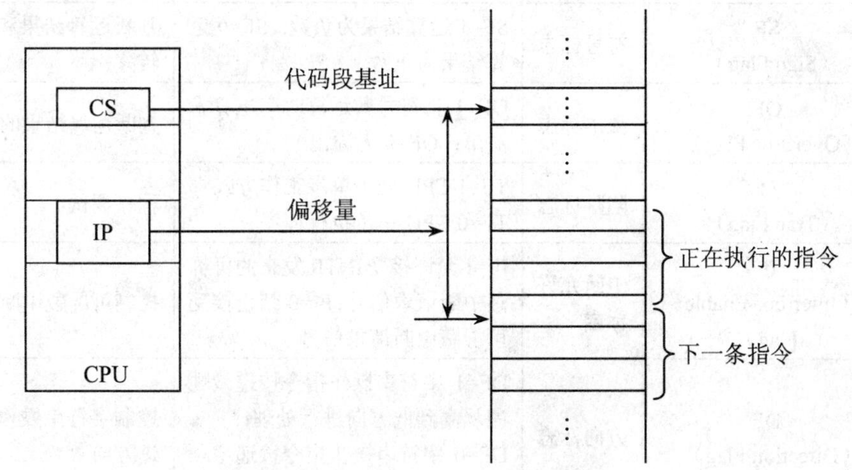

图 3-5　指令指针寄存器 IP 的功能

一般情况下，每取一次指令操作码 IP 就自动加 1，从而保证指令按顺序执行。应当注意，IP 实际上是指令机器码存放单元的地址指针，我们编制的程序不能直接访问 IP，即不能用指令取出 IP 或给 IP 设置给定值，但可以通过某些指令修改 IP 的内容，例如转移类指令就可以自动将转移目标的偏移地址写入 IP 中，实现程序转移。

（2）标志寄存器 FLAG。

FLAG 是一个 16 位寄存器，共 9 个标志，其中 6 个作状态标志用，3 个作控制标志用，如图 3-6 所示。

15	14	13	12	11	10	9	8	7	6	5	4	3	2	1	0
				OF	DF	IF	TF	SF	ZF		AF		PF		CF

图 3-6　8086 CPU 标志寄存器 FLAG

状态标志反映 EU 执行算术和逻辑运算后的结果特征，这些标志常作为条件转移类指令的测试条件，控制程序的运行方向；控制标志用来控制 CPU 的工作方式或工作状态，一般由程序设置或由程序清除。

这 9 个标志位的名称和特点概括于表 3.2 中。

表 3.2 标志寄存器 FLAG 中标志位的含义和特点

标志类别	标志位	含义	特点	应用场合
状态标志	CF（Carry Flag）	进位标志	CF=1 结果在最高位产生一个进位或借位；CF=0 无进位或借位	加、减运算，移位和循环指令
	PF（Parity Flag）	奇偶标志	PF=1 结果低 8 位中有偶数个 1；PF=0 结果低 8 位中有奇数个 1	检查数据传送过程中是否有错误发生
	AF（Auxiliary Carry Flag）	辅助进位标志	AF=1 结果低 4 位产生一个进位或借位；AF=0 无进位或借位	BCD 码算术运算结果的调整
	ZF（Zero Flag）	零标志	ZF=1 运算结果为零；ZF=0 运算结果不为零	判断运算结果和进行控制转移
	SF（Sign Flag）	符号标志	SF=1 运算结果为负数；SF=0 运算结果为正数	判断运算结果和进行控制转移
	OF（Overflow Flag）	溢出标志	OF=1 带符号数运算时产生算术溢出；OF=0 无溢出	判断运算结果的溢出情况
控制标志	TF（Trap Flag）	陷阱标志	TF=1 CPU 处于单步工作方式 TF=0 CPU 正常执行程序	程序调试
	IF（Interrupt-Enable Flag）	中断允许标志	IF=1 允许接受 INTR 发来的可屏蔽中断请求信号；IF=0 禁止接受可屏蔽中断请求信号	控制可屏蔽中断
	DF（Direction Flag）	方向标志	DF=1 字符串操作指令按递减顺序从高到低方向进行处理； DF=0 字符串操作指令按递增顺序从低到高方向进行处理	控制字符串操作指令的步进方向

3. 段寄存器

8086 微处理器最大寻址 1MB 存储空间，但包含在指令中的地址及在指针和变址寄存器中的地址只有 16 位长，而 16 位地址寻址空间为 64KB，访问不到 1MB 存储空间，为解决该问题，采用存储器分段技术来实现。

8086 微处理器把 1MB 存储空间分成若干逻辑段，每个逻辑段长度不超过 64KB，分别为代码段、堆栈段、数据段和附加数据段，这些逻辑段互相独立，可在整个空间浮动。

8086 微处理器共有 4 个 16 位段寄存器，存放每一个逻辑段的段起始地址。

（1）代码段寄存器 CS（Code Segment）。

代码段寄存器存放程序和常数。在取指令时将寻址代码段，其段地址和偏移地址分别由 CS 和 IP 给出。

（2）数据段寄存器 DS（Data Segment）。

数据段寄存器保存数据。寻址该段内数据时，可缺省段说明，其偏移地址即有效地址 EA 通过操作数寻址方式形成。

（3）堆栈段寄存器 SS（Stack Segment）。

堆栈段寄存器给出当前程序所使用的堆栈段地址。堆栈是指定存储器中某一特定的区域。在堆栈中，信息的存入（PUSH）与取出（POP）过程为“先进后出”方式。堆栈指针 SP 指示栈顶，其初值由程序员设定。在计算机的各种应用中，堆栈是一种非常有用的数据结构，它为保护数据、调度数据提供了重要手段。

（4）附加数据段寄存器 ES（Extra Segment）。

附加数据段寄存器用于保存数据。在访问该段内数据时，其偏移地址可通过多种寻址方式来形成，但在偏移地址前要加上段说明（即段跨越前缀 ES）。

4 个段寄存器的作用如表 3.3 所示。

表 3.3 段寄存器的作用

段寄存器名称	作用	操作类别
CS	指向当前代码段起始地址，存放 CPU 可执行的指令	取指令操作
DS	指向程序当前使用的数据段，存放数据	数据访问操作
SS	指向程序当前所使用的堆栈段，存放数据	堆栈操作
ES	指向程序当前所使用的附加数据段，存放数据	数据访问操作

3.1.3 8086 微处理器的外部引脚特性

8086 微处理器的 40 条引脚采用双列直插式的封装形式，其引脚的排列和引脚信号的标识如图 3-7 所示。

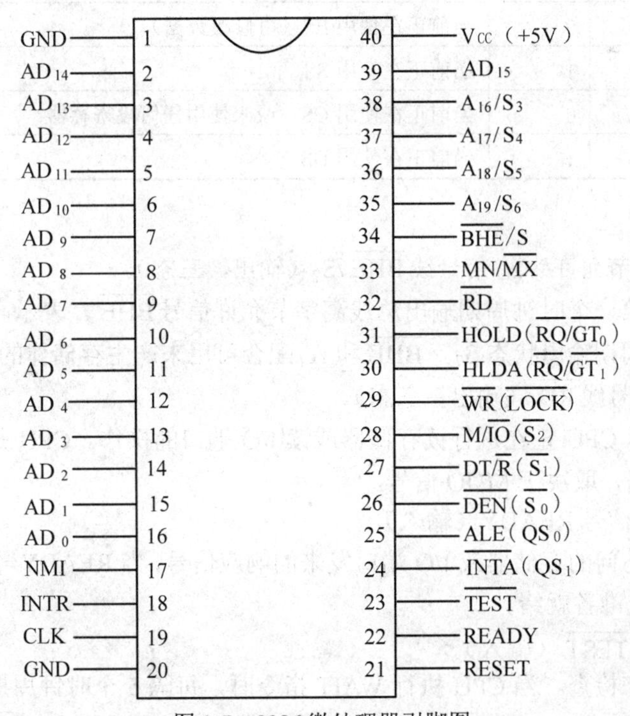

图 3-7 8086 微处理器引脚图

在理解和运用 8086 微处理器引脚时要注意以下几个方面：

（1）每个引脚只传送一种特定的信号。

（2）一个引脚电平的高低代表着不同的传递信号。

（3）当 CPU 工作于最小、最大不同模式时其引脚有着不同的名称和定义。

（4）分时复用的引脚。

（5）某类特定引脚的输入和输出信号分别传送着不同的信息。

8086 微处理器的引脚功能按其作用可分为以下 5 类。

1. 地址/数据总线 AD_{15} ~ AD_0（双向传输信号，三态）

AD_{15}～AD_0 这 16 条地址/数据总线是分时复用的访问存储器或 I/O 端口的地址/数据总线。传送地址时三态输出，传送数据时双向三态输入/输出。AD_7～AD_0 是低 8 位地址和数据信号分时复用信号线，传送地址信号时为单向传输，传送数据信号时为双向传输。

2. 地址/状态线 A_{19}/S_6 ~ A_{16}/S_3（输出，三态）

A_{19}～A_{16} 是地址总线的高 4 位，S_6～S_3 是状态信号，采用多路开关分时输出，在存储器操作的总线周期第一个时钟周期输出 20 位地址的高 4 位 A_{19}～A_{16}，与 AD_{15}～AD_0 组成 20 位地址信号。

访问 I/O 时不使用 A_{19}～A_{16} 这 4 条线。在其他时钟周期输出状态信号。S_3 和 S_4 和的组合表示正在使用的寄存器名，如表 3.4 所示。S_5 表示 IF 的当前状态，S_6 则始终输出低电平“0”，表示 8086 微处理器当前连接在总线上。

表 3.4　S_4、S_3 的组合代码与对应状态

S_4	S_3	工作状态
0	0	当前正在使用 ES（可修改数据）
0	1	当前正在使用 SS
1	0	当前正在使用 CS，或未使用任何段寄存器
1	1	当前正在使用 DS

3. 控制总线

（1）总线高字节允许/状态信号线 $\overline{BHE}/S_7$（输出，三态）。

在总线周期的第一个时钟周期输出总线高字节允许信号 $\overline{BHE}$，表示高 8 位数据线上的数据有效，其余时钟周期输出状态 S_7。$\overline{BHE}$ 和 A_0 配合可用来产生存储体的选择信号。

（2）读控制信号线 $\overline{RD}$（输出，三态）。

$\overline{RD}$ 有效时表示 CPU 正在进行读存储器或读 I/O 端口的操作。CPU 是读取内存单元还是读取 I/O 端口的数据，取决于 $M/\overline{IO}$ 信号。

（3）准备就绪信号 READY（输入）。

该信号是由被访问的存储器或 I/O 端口发来的响应信号，当 READY=1 时表示所寻址的存储单元或 I/O 端口已准备就绪。

（4）测试信号 $\overline{TEST}$（输入）。

由 WAIT 指令来检查。当 CPU 执行 WAIT 指令时，每隔 5 个时钟周期对该线的输入进行一次测试。若 $\overline{TEST}=1$，CPU 停止取下一条指令而进入等待状态，直到 $\overline{TEST}=0$，等待状态

结束，CPU 继续执行被暂停的指令。$\overline{TEST}$信号用于多处理器系统中实现 8086 CPU 与协处理器的同步协调。

（5）可屏蔽中断请求信号 INTR（输入）。

INTR=1 时表示外设向 CPU 提出了中断请求，8086 CPU 在每个指令周期的最后一个 T 状态采样该信号。若 IF=1（中断未屏蔽）CPU 响应中断；若 IF=0（中断被屏蔽）CPU 继续执行指令队列中的下一条指令。

（6）非屏蔽中断请求信号 NMI（输入信号）。

该信号不受中断允许标志 IF 状态的影响，只要 NMI 出现，CPU 就会在结束当前指令后进入相应的中断服务程序。NMI 比 INTR 的优先级别高。

（7）复位信号 RESET（输入）。

复位信号 RESET 使 8086 微处理器立即结束当前正在进行的操作。CPU 要求复位信号至少要保持 4 个时钟周期的高电平才能结束正在进行的操作。随着 RESET 信号变为低电平，CPU 开始执行再启动过程。

复位信号保证了 CPU 在每一次启动时其内部状态的一致性。CPU 复位之后，将从 FFFF0H 单元开始取出指令，一般这个单元在 ROM 区域中，那里通常放置一条转移指令，它所指向的目的地址就是系统程序的实际起始地址。

复位后 CPU 内部各寄存器的状态如表 3.5 所示。

表 3.5　复位后 CPU 各寄存器的状态

寄存器	内容
标志寄存器 FLAG	清零
指令寄存器 IP	0000H
代码段寄存器 CS	FFFFH
数据段寄存器 DS	0000H
堆栈段寄存器 SS	0000H
附加段寄存器 ES	0000H
指令队列	空

（8）系统时钟 CLK（输入）。

为 8086 微处理器提供基本的时钟脉冲，通常与时钟发生器 8284A 的时钟输入端相连。

4. 电源线 V_{CC} 和地线 GND

电源线 V_{CC} 接入的电压为+5V±10%，两条地线 GND 均接地。

5. 其他控制线：24～31 引脚

这 8 条控制线的性能将根据 8086 微处理器的最小/最大工作模式控制线 MN/$\overline{MX}$ 所处的工作状态而定，可参见 2.3.2 节中的描述。

3.2　8086 微处理器的存储器和 I/O 组织

存储器划分为多个存储单元，通常每个单元的大小是一个字节，并且每个单元都对应一个地址。8086 系统为了向上兼容，必须能按字节进行操作，因此系统中存储器和 I/O 端口是按字节编址的。

3.2.1 存储器的组织

1. 存储器空间与存储器结构

8086 微处理器有 20 根地址线，所以可寻址的存储器空间为 1MB（2^{20}B），地址范围为 0～2^{20}-1（00000H～FFFFFH）。

存储器是按字节进行组织的，两个相邻的字节被称为一个“字”。在一个字中每个字节用一个唯一的地址码进行表示。存放的信息若以字节（8 位）为单位，将在存储器中按顺序排列存放；若存放的数据为一个字（16 位）时，则将每一个字的低字节（低 8 位）存放在低地址中，高字节（高 8 位）存放在高地址中，并以低地址作为该字的地址；当存放的数据为双字（32 位）形式时，通常这种数据指作为指针的数，其低位地址中的低位字是被寻址地址的偏移量，高位地址中的高位字是被寻址地址所在段的段基址。

8086 微处理器允许字从任何地址开始存放。如一个字是从偶地址开始存放，这种存放方式称为规则存放或对准存放，这样存放的字称规则字或对准字。如一个字是从奇地址开始存放，这种存放方式称非规则存放或非对准存放，这样存放的字称非规则字或非对准字。

对规则字的存取可在一个总线周期内完成，非规则字的存取则需要两个总线周期。

在组成与 8086 微处理器连接的存储器时，1MB 的存储空间实际上被分成两个 512KB 的存储体，又称存放库，分别叫高位库和低位库。低位库固定与 8086 微处理器的低位字节数据线 D_7～D_0 相连，因此又可称它为低字节存储体，该存储体中的每个地址均为偶地址。高位库与 8086 微处理器的高位字节数据线 D_{15}～D_8 相连，因此又称它为高字节存储体，该存储体中的每个地址均为奇地址。

两个存储体之间采用字节交叉编址方式，如图 3-8 所示。

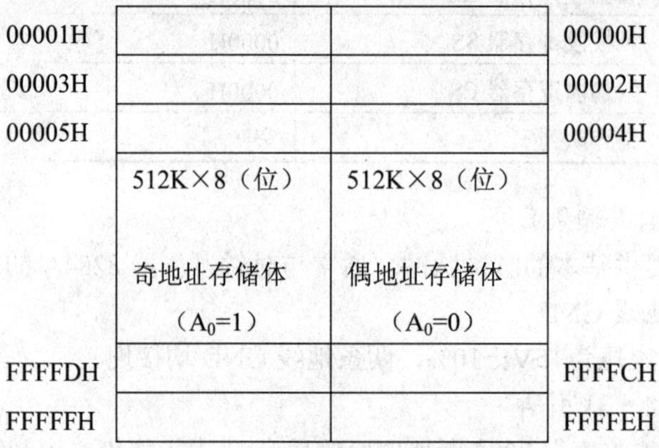

00001H			00000H
00003H			00002H
00005H			00004H
	512K×8（位） 奇地址存储体 （A_0=1）	512K×8（位） 偶地址存储体 （A_0=0）	
FFFFDH			FFFFCH
FFFFFH			FFFFEH

图 3-8 8086 存储器的分体结构

对于任何一个存储体，只需要 19 位地址码 A_{19}～A_1 就够了，最低位地址码 A_0 用以区分当前访问哪一个存储体，也就是说 A_0=0，表示访问偶地址存储体；A_0=1，表示访问奇地址存储体。但是在 8086 系统中，不仅允许访问存储器读/写其中的一个字节信息，也允许访问存储器读/写其中的一个字信息。这时要求同时访问两个存储体，各取一个字节的信息。在这种情况下，只用 A_0 的取值来控制读写操作就不够了。

为此，8086 系统设置了一个总线高位有效控制信号 $\overline{BHE}$。当 $\overline{BHE}$ 有效时，选定奇地址存储体，体内地址由 A_{19}～A_1 确定。当 A_0=0 时，选定偶地址存储体，体内地址同样由 A_{19}～A_1 确定。$\overline{BHE}$ 与 A_0 相互配合，使 8086 微处理器可以访问两个存储体中的一个字信息。

$\overline{BHE}$ 和 A_0 的控制作用如表 3.6 所示。

表 3.6　$\overline{BHE}$ 和 A_0 的控制作用

$\overline{BHE}$	A_0	操作
0	0	同时访问两个存储器，读/写一个对准字信息
0	1	只访问奇地址存储体，读/写高字节信息
1	0	只访问偶地址存储体，读/写低字节信息
1	1	无操作

两个存储体与 CPU 总线之间的连接如图 3-9 所示。奇地址存储体的片选端 $\overline{SEL}$ 受控于 $\overline{BHE}$ 信号，偶地址存储体的片选端受控于地址线 A_0。

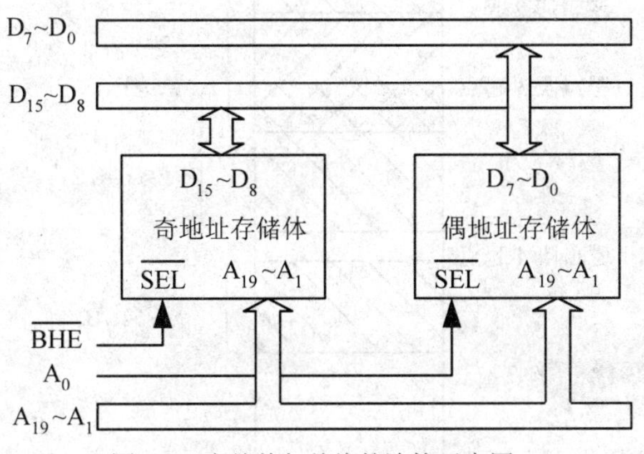

图 3-9　存储体与总线的连接示意图

在 8086 系统中，存储器的这种分体结构对用户来说是透明的。当用户需要访问存储器中的某个字节时，指令中的地址码经变换后应得到 20 位的物理地址，这个物理地址可以是偶地址，也可以是奇地址。

如果是偶地址（A_0=0，$\overline{BHE}$=1），这时可由 A_0 选定偶地址存储体，A_{19}～A_1 从偶地址存储体中选定某个字节地址，并启动该存储体，读/写该地址中一个字节的信息，通过数据总线的低 8 位传送数据。

如果是奇地址（A_0=1），则偶地址存储体不会被选，也就不会启动它。为了启动奇地址存储体，系统将自动产生 $\overline{BHE}$=0，作为奇地址存储体的选择信号，与 A_{19}～A_1 一起选定奇地址存储体中的某个字节地址，并读/写该地址中一个字节的信息，通过数据总线的高 8 位传送数据。

如果用户需要访问存储体中的某个字，即两个字节，分两种情况讨论：

（1）用户需要访问的是从偶地址开始的一个字（即高字节在奇地址中，低字节在偶地址中），可一次访问存储器读/写一个字信息，这时 A_0=0，$\overline{BHE}$=0。

（2）用户需要访问的是从奇地址开始的一个字（即高字节在偶地址中，低字节在奇地址中），这时需要访问两次存储器才能读/写这个字的信息。第一次访问存储器读/写奇地址中的字节，第二次访问存储器读/写偶地址中的字节。

显然，为了加快程序的运行速度，希望访问存储器的字地址为偶地址。

2. 存储器分段

在 8086 系统中，可寻址的存储空间达 1MB。要对整个存储器空间寻址，则需要 20 位长的地址码，而 8086 系统内所有寄存器都只有 16 位，只能寻址 64KB（2^{16}字节）。因此在 8086 系统中，把整个存储空间分成许多逻辑段，这些逻辑段容量最多为 64KB。8086 系统允许它们在整个存储空间中浮动，各个逻辑段之间可以紧密相连，也可以相互重叠（完全重叠或部分重叠），还可以分开一段距离，如图 3-10 所示。

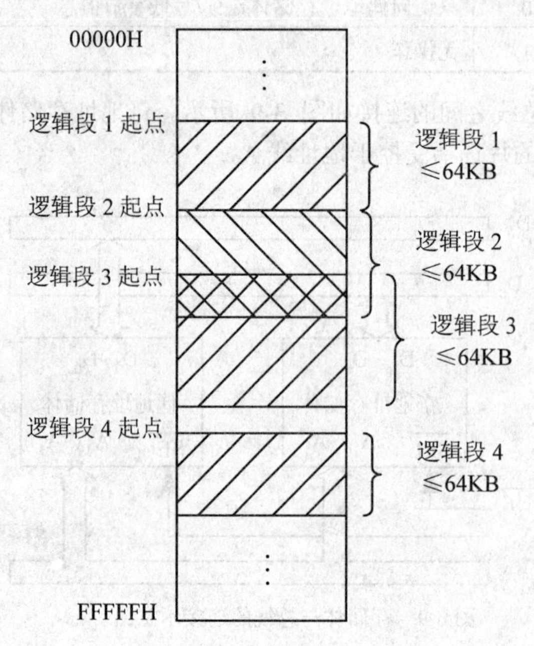

图 3-10 存储器分段示意图

对于任何一个物理地址来说，可以被唯一地包含在一个逻辑段中，也可以包含在多个相互重叠的逻辑段中，只要能得到它所在段的起始地址和段内的偏移地址，就可以对它进行访问。

在 8086 的存储空间中，把 16 字节的存储空间称为一节（Paragraph）。为了简化操作，一般要求各个逻辑段从节的整数边界开始，也就是说尽量保证段起始地址的低 4 位地址码总是为“0”，于是将段起始地址的高 16 位地址码称作“段基址”。

段基址是一个能被 16 整除的数，一般把它存放在相应的段寄存器中，程序可以从 4 个段寄存器指定的逻辑段中存取代码和数据。若要从别的段存取信息，程序必须首先改变对应的段寄存器内容，可以用软件将其设置成所要存取段的段基址；而段内的偏移地址，可以用 8086 的 16 位通用寄存器来存放，被称作“偏移量”。

使用段寄存器的优点是：

（1）虽然各条指令使用的地址只有 16 位（64KB），但整个 CPU 的存储器寻址范围可达 20 位（1MB）。

（2）如果使用多个代码段、数据段或堆栈段，可使一个程序的指令、数据或堆栈部分的长度超过 64KB。

（3）为一个程序及其数据和堆栈使用独立的存储区提供了方便。

（4）能够将某个程序及其数据在每次执行时放入不同的存储区域中。

存储器采用分段编码方法进行组织，带来了一系列的好处。首先，程序中的指令只涉及 16 位地址，缩短了指令长度，提高了程序执行的速度。尽管 8086 的存储器空间多达 1MB，但在程序执行过程中，不需要在 1MB 空间中去寻址，多数情况下只在一个较小的存储器段中运行。而且大多数指令运行时，并不涉及段寄存器的值，只涉及 16 位的偏移量。也正因为如此，分段组织存储器也为程序的浮动装配创造了条件。这样，程序设计者完全不用为程序装配在何处而去修改指令，统一交由操作系统去管理就可以了。装配时，只要根据内存的情况确定段寄存器 CS、DS、SS 和 ES 的值就行。

应该注意，能实现浮动装配的程序，其中的指令应与段地址没有关系，在出现转移指令或调用指令时都必须用相对转移或相对调用指令。

存储器分段管理的方法给编程带来一些麻烦，但给模块化程序、多道程序及多用户程序的设计创造了条件。

3. 逻辑地址（Logic Address）和物理地址（Physical Address）

存储器中每一个存储单元都存在唯一的一个物理地址，物理地址就是存储器的实际地址，它是指 CPU 和存储器进行数据交换时所使用的地址。

对于 8086 系统，物理地址由 CPU 提供的 20 位地址码来表示，是唯一能代表存储空间每个字节单元的地址。

逻辑地址是在程序中使用的地址，它由段地址和偏移地址两部分组成。逻辑地址的表示形式为“段地址:偏移地址”。段地址和偏移地址都是无符号的 16 位二进制数，或用 4 位十六进制数表示。物理地址是段地址左移 4 位加偏移地址形成的，即：

$$物理地址\ PA=段地址\times 10H+偏移地址$$

这个形成过程是在 CPU 的总线接口部件 BIU 的地址加法器中完成的，如图 3-11 所示。

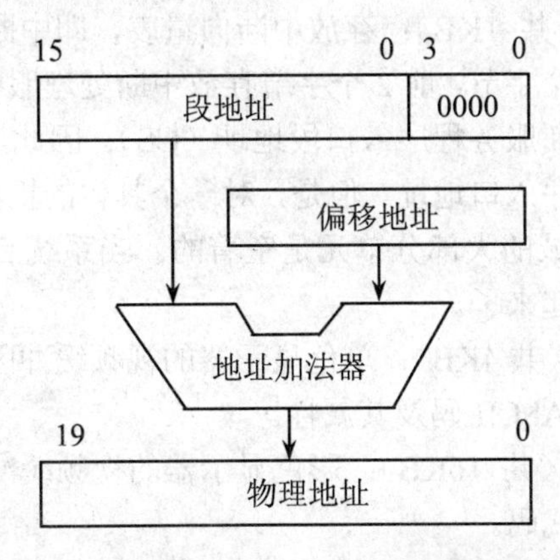

图 3-11　物理地址的形成过程

访问存储器时，段地址是由段寄存器提供的。8086 微处理器通过 4 个段寄存器来访问四个不同的段。用程序对段寄存器的内容进行修改，可实现访问所有段。一般把段地址装入段寄存器的那些段称为当前段。不同的操作，段地址和偏移地址的来源不同，表 3.7 给出了各种访问存储器操作所使用的段寄存器和段内偏移地址的来源。

表 3.7　各种访问存储器的段地址和偏移地址

类型	约定的段寄存器	可指定的段寄存器	偏移地址
取指令	CS	无	IP
堆栈操作	SS	无	SP
串指令（源）	DS	CS、ES、SS	SI
串指令（目的）	ES	无	DI
用 BP 作基址	SS	CS、ES、SS	有效地址 EA
通用数据读/写	DS	CS、ES、SS	有效地址 EA

一般情况下，段寄存器的作用由系统约定，只要在指令中不特别指明采用其他的段寄存器，就由约定的段寄存器提供段地址。有些操作除了约定的段寄存器外，还可指定其他段寄存器。如通用数据存取，除由约定的 DS 给出段基址外，还可指定 CS、SS 和 ES；有些操作，只能使用约定的段寄存器，不允许指定其他段寄存器，如取指令只使用 CS。表中的有效地址 EA 是指按寻址方式计算的偏移地址。

例如，若某内存单元处于数据段中，DS 的值为 8915H，偏移地址为 0100H，那么这个单元的物理地址为：89150H＋0100H=89250H。

4. 专用和保留的存储器单元

8086 微处理器是 Intel 公司的产品，Intel 公司为了保证与未来公司产品的兼容性，规定在存储区的最低地址区和最高地址区保留一些单元供 CPU 的某些特殊功能专用，或为将来开发软件产品和硬件产品而保留。

其中，00000H～0007FH（共 128B）用于中断，以存放中断向量，这一区域又称为中断向量表。FFFF0H～FFFFFH（共 16B）用于系统复位启动。

IBM 公司遵照这种规定，在 IBM PC/XT 这种最通用的 8086 系统中也相应规定：

- 00000H～003FFH（共 1KB）：存放中断向量表，即中断处理服务程序的入口地址。每个中断向量占 4 个字节，前 2 个字节存放中断处理服务程序入口的偏移地址（IP），后 2 个字节存放中断服务程序入口段地址（CS）。因此，1KB 区域可存放对应于 256 个中断处理服务程序入口地址。但是，对一个具体的机器系统而言，256 级中断是用不完的，故这个区域的大部分单元是空着的。当系统启动、引导完成，这个区域的中断向量就被建立起来了。
- B0000H～B0FFFH（共 4KB）：单色显示器的视频缓冲区，存放单色显示器当前屏幕显示字符所对应的 ASCII 码及其属性。
- B8000H～BBFFFH（共 16KB）：彩色显示器的视频缓冲区，存放彩色显示器当前屏幕像素点所对应的代码。
- FFFF0H～FFFFFH（共 16B）：一般用来存放一条无条件转移指令，使系统在上电或复位时，会自动跳转到系统的初始化程序。这个区域被包含在系统的 ROM 范围内，在 ROM 中驻留着系统的基本 I/O 系统程序，即 BIOS。

由于专用和保留存储单元的规定，使用 Intel 公司 CPU 的各类兼容微型计算机都具有较好的兼容性。

3.2.2 I/O 端口的组织

8086 微处理器和外部设备之间通过 I/O 接口电路进行联系，以达到相互间传输信息的目的。每个 I/O 接口都有一个端口或几个端口，所谓端口是指 I/O 接口电路中供 CPU 直接存取访问的那些寄存器或某些特定电路，一个端口通常为 I/O 接口电路内部的一个寄存器和一组寄存器。

一个 I/O 接口总要包括若干个端口，如数据端口、命令端口、状态端口、方式端口等，微机系统要为每个端口分配一个地址号，称为端口地址或端口号。各个端口地址和存储单元地址一样，应具有唯一性。

8086 微处理器用地址总线的低 16 位作为对 8 位 I/O 端口的寻址线，所以 8086 可访问的 8 位 I/O 端口有 65536（2^{16}）个。两个编号相邻的 8 位端口可以组成一个 16 位的端口。一个 8 位的 I/O 设备既可以连接在数据总线的高 8 位上，也可以连接在数据总线的低 8 位上。一般为了使数据总线的负载相平衡，接在高 8 位和低 8 位的设备数目最好相等。

8086 微处理器的 I/O 端口有以下两种编址方式：

（1）统一编址。

又称“存储器映射方式”。在这种编址方式下，端口和存储单元统一编址，即将 I/O 端口地址置于 1MB 的存储器空间中，在整个存储空间中划出一部分空间给外设端口，把它们看作存储器单元对待，故称“统一编址”方式。CPU 访问存储器的各种寻址方式都可用于寻址端口，访问端口和访问存储器的指令形式上完全一样。

统一编址方式的主要优点是无需专门的 I/O 指令，对端口操作的指令类型多，从而简化了指令系统的设计。不仅可以对端口进行数据传送，还可以对端口内容进行算术/逻辑运算和移位等操作，端口操作灵活。其次是端口有比较大的编址空间。缺点是端口占用存储器的地址空间，使存储器容量更加紧张，同时端口指令的长度增加，执行时间较长，端口地址译码器较复杂。

（2）独立编址。

又称“I/O 映射方式”。这种方式的端口单独编址构成一个 I/O 空间，不占用存储器地址空间，故称“独立编址”方式。CPU 设置专门的输入输出指令 IN 和 OUT 来访问端口，以对独立编址的 I/O 端口进行操作。现代的大多数微机都采用这种方式。

8086 使用 A_{15}～A_0 这 16 条地址线作端口地址线，可访问的 I/O 端口最多可达 64K 个 8 位端口或 32K 个 16 位端口。I/O 空间与存储器空间相比要小得多，但对外部数量来说还是大得多。

独立编址方式下，端口所需的地址线较少，地址译码器较简单，采用专用的 I/O 指令，端口操作指令执行时间少，指令长度短。端口操作指令形式上与存储器操作指令有明显区别，使程序编制与阅读较清晰。缺点是输入输出指令类别少，一般只能进行传送操作。

需要指出的是，8086 微处理器在采用独立编址方式时，CPU 必须提供控制信号以区别是寻址内存还是寻址 I/O 外设端口。8086 在执行访问存储器指令时，$M/\overline{IO}$ 信号为高电平，通知外部电路 CPU 访问存储器，当 8086 执行输入/输出指令时，$M/\overline{IO}$ 为低电平，以表示 CPU 在访问 I/O 端口。

3.3 8086 微处理器的总线周期和操作时序

8086 微处理器由外部的一片 8284A 时钟信号发生器提供主频为 5MHz 的时钟信号，在时钟节拍作用下，CPU 一步步顺序地执行指令，因此，时钟周期是 CPU 指令执行时间的刻度。执行指令的过程中，凡需执行访问存储器和访问 I/O 端口的操作都统一交给 BIU 的外部总线完成，每一次访问都称为一个“总线周期”。若执行的是数据输出，则称为“写总线周期”，若执行的是数据输入，则称为“读总线周期”。

3.3.1 8284A 时钟信号发生器

8284A 是 Intel 公司专为 8086 设计的时钟信号发生器，能产生 8086 所需的系统时钟信号（即主频），可采用石英晶体或某一 TTL 脉冲发生器作振荡源。8284A 除提供恒定的时钟信号外，还对外界输入的就绪信号 RDY 和复位信号 $\overline{RES}$ 进行同步。8284A 的引脚特性和它与 8086 的连接如图 3-12 所示。

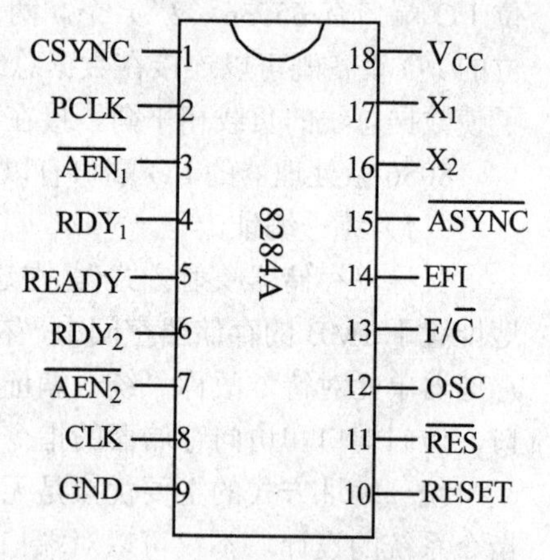

图 3-12 8284A 引脚特性

外界的就绪信号 RDY 输入 8284A，经时钟下降沿同步后，输出 READY 信号作为 8086 的就绪信号 READY；同样，外界的复位信号 $\overline{RES}$ 输入 8284A，经整形并由时钟下降沿同步后，输出 RESET 信号作为 8086 的复位信号 RESET，其宽度不得小于 4 个时钟周期。外界的 RDY 和 $\overline{RES}$ 可以在任何时候发出，但送至 CPU 的信号都是经时钟同步后的信号。

根据不同的振荡源，8284A 有两种不同的连接方法：一种方法是用脉冲发生器作振荡源，这时只需将脉冲发生器的输出端和 8284A 的 EFI 端相连即可；另一种方法是利用石英晶体振荡器作为振荡源，这时只需将晶体振荡器连在 8284A 的 X_1 和 X_2 两端。如果采用前一种方法，必须将 $F/\overline{C}$ 接为高电平，而用后一种方法，则需要将 $F/\overline{C}$ 接地。不管用哪种方法，8284A 输出的时钟 CLK 的频率均为振荡源频率的 1/3，振荡源频率经 8284A 驱动后，由 OSC 端输出，可供系统使用。

3.3.2 8086 微处理器的总线周期

8086 与存储器或外部设备通信，是通过 20 位分时多路复用地址/数据总线来实现的。为了取出指令或传输数据，CPU 要执行一个总线周期。

通常把 8086 经外部总线对存储器或 I/O 端口进行一次信息的输入或输出过程称为总线操作。把执行该操作所需要的时间称为总线周期或总线操作周期。由于总线周期全部由 BIU 来完成，所以也把总线周期称为 BIU 总线周期。

8086 的总线周期至少由 4 个时钟周期组成。每个时钟周期称为 T 状态，用 T_1、T_2、T_3、和 T_4 表示。时钟周期是 CPU 的基本时间计量单位，由主频决定。

基本的总线周期波形如图 3-13 所示。

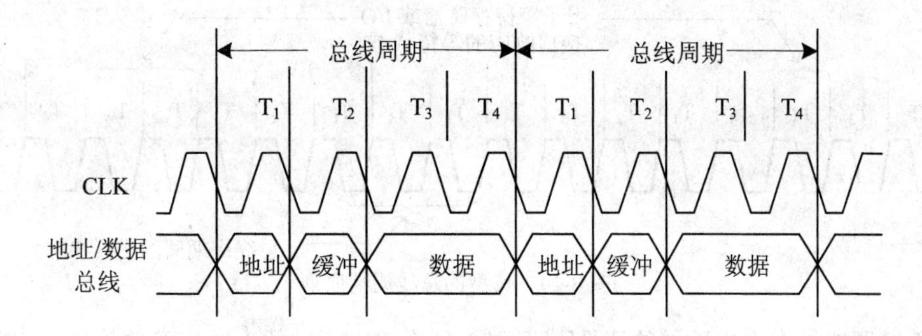

图 3-13　典型的 8086 总线周期波形图

在 T_1 状态期间，CPU 将存储地址或 I/O 端口的地址置于总线上。若要将数据写入存储器或 I/O 设备，则在 T_2～T_4 这段时间内，要求 CPU 在总线上一直保持要写的数据；若要从存储器或 I/O 设备读入信息，则 CPU 在 T_3～T_4 期间接受由存储器或 I/O 设备置于总线上的信息。T_2 时总线浮空，允许 CPU 有个缓冲时间把输出地址的写方式转换为输入数据的读方式。可见，AD_0～AD_{15} 和 A_{16}/S_3～A_{19}/S_6 在总线周期的不同状态传送不同的信号，这就是 8086 的分时多路复用地址/数据总线。

BIU 只在下列情况下执行一个总线周期：

（1）在指令的执行过程中，根据指令的需要，由执行单元 EU 请求 BIU 执行一个总线周期。例如，取操作数或存放指令执行结果等。

（2）当指令队列寄存器已经空出 2 个字节，BIU 必须填写指令队列的时候。

这样，在这两种总线操作周期之间，就有可能存在着 BIU 不执行任何操作的时钟周期。

1. 空闲状态 T_I（Idle State）

总线周期只用于 CPU 和存储器或 I/O 端口之间传送数据和填充指令队列。如在两个总线周期之间存在着 BIU 不执行任何操作的时钟周期，这些不起作用的时钟周期称空闲状态，用 T_I 表示。

在系统总线处于空闲状态时，可包含 1 个或多个时钟周期。这期间在高 4 位的总线上，CPU 仍然输出前一个总线周期的状态信号 S_3～S_6；而在低 16 位总线上，则视前一个总线周期是写周期还是读周期来确定。若前一个总线周期为写周期，CPU 会在总线的低 16 位继续输出数据信息；若前一个总线周期为读周期，CPU 则使总线的低 16 位处于浮空状态。

空闲状态可以由几种情况引起。例如，当 8086 CPU 把总线的主控权交给协处理机的时候；当 8086 执行一条长指令（如 16 位的乘法指令 MUL 或除法指令 DIV），这时 BIU 有相当长的一段时间不执行任何操作，其时钟周期处于空闲状态。

2. 等待状态 T_W（Wait State）

8086 总线周期中，除了空闲状态 T_I 以外，还有一种等待状态 T_W。

8086 CPU 与慢速存储器和 I/O 接口交换信息时，被写入数据或被读取数据的存储器或外设在速度上跟不上 CPU 要求，为了防止丢失数据，就会由存储器或外设通过 READY 信号线，在总线周期的 T_3 和 T_4 之间插入 1 个或多个必要的等待状态 T_W，用来给予必要的时间补偿。

在等待状态期间，总线上的信息保持 T_3 状态时的信息不变，其他一些控制信号也都保持不变。包含了 T_I 与 T_W 状态的典型总线周期如图 3-14 所示。

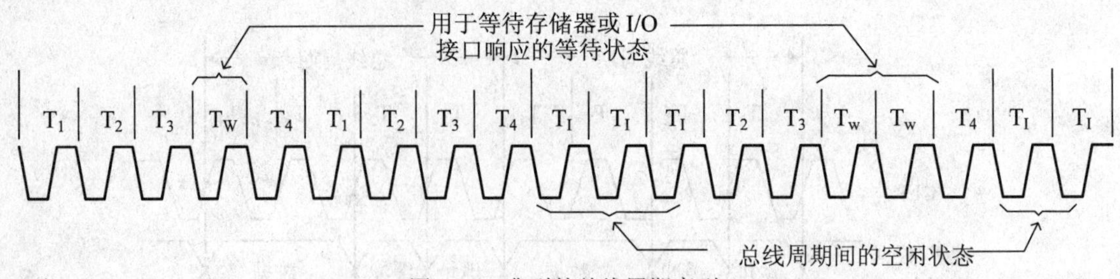

图 3-14　典型的总线周期序列

当存储器或外设完成数据的读/写准备时，便在 READY 线上发出有效信号，CPU 接到此信号后，会自动脱离 T_W 而进入 T_4 状态。

3.3.3　8086 微处理器的最小/最大工作方式

为了构成不同规模的微型计算机，适应各种各样的应用场合，Intel 公司在设计 8086 CPU 芯片时，考虑了它们可在两种方式下工作，即最小工作方式和最大工作方式。

1. 最小工作方式

当把 8086 CPU 的 33 引脚 MN/$\overline{\text{MX}}$ 接+5V 时，8086 系统处于最小工作方式。

所谓最小工作方式，就是系统中只有 8086 一个微处理器，是一个单微处理器系统。在这种系统中，所有的总线控制信号都直接由 8086 CPU 产生，系统中的总线控制逻辑电路被减到最少，这些特征就是最小方式名称的由来，最小方式系统适合于较小规模的应用。

系统处于最小方式下，主要由 CPU、时钟发生器、地址锁存器及数据总线收发器组成。由于地址与数据、状态线分时复用，系统中需要地址锁存器。数据线连至内存及外设，负载比较重，需用数据总线收发器作驱动。而控制总线一般负载较轻，所以不需要驱动，可直接从 8086 CPU 引出。

8086 CPU 处于最小工作方式时，8 条控制引脚 24～31 的功能定义如下：

（1）中断响应信号 $\overline{\text{INTA}}$（输出，低电平有效）。

用于在中断响应周期中由 CPU 对外设的中断请求作出响应。8086 的 $\overline{\text{INTA}}$ 信号实际上是两个连续的负脉冲，在每个总线周期的 T_2、T_3 和 T_W 状态下，$\overline{\text{INTA}}$ 为低电平。其第 1 个负脉冲通知外设接口，它发出的中断请求已经得到允许；第 2 个负脉冲期间，外设接口往数据总线上放中断类型码，从而使 CPU 得到了有关此中断请求的详尽信息。

（2）地址锁存信号 ALE（输出，高电平有效）。

在任何一个总线周期的第一个时钟周期 T_1 时，ALE 输出高电平，以表示当前在地址/数据复用总线上输出的是地址信息，地址锁存器 8282/8283 将 ALE 作为锁存信号，对地址进行锁存。要注意的是 ALE 端不能被浮空。

（3）数据允许信号 $\overline{\text{DEN}}$（输出，三态，低电平有效）。

$\overline{\text{DEN}}$ 被用来作为总线收发控制器 8286/8287 的选通信号，在 CPU 访问存储器或 I/O 端口的总线周期的后半段时间内该信号有效，表示 CPU 准备好接收或发送数据，允许数据收发器工作。在 DMA 方式下，被置为浮空。

（4）数据发送 / 接收控制信号 DT/$\overline{\text{R}}$（输出，三态）。

该信号用来在系统使用 8286/8287 作为数据总线收发器时，控制其数据传送的方向，如果

$DT/\overline{R}$ 为高电平，则进行数据发送，否则进行数据接收。在 DMA 方式时，此线浮空。

（5）存储器/输入输出信号 $M/\overline{IO}$（输出，三态）。

该信号用来表示 CPU 是访问存储器还是访问输入输出设备，一般接至存储器芯片或 I/O 接口芯片的片选端。若为高电平，表示 CPU 要访问存储器，和存储器进行数据传输；若为低电平，表示 CPU 当前正在访问 I/O 端口。DMA 方式时，此线浮空。

（6）写控制信号 $\overline{WR}$（输出，低电平有效，三态）。

该信号有效时，表示 CPU 正在对存储器或 I/O 端口执行写操作。在任何写周期，$\overline{WR}$ 只在 T_2、T_3 和 T_W 有效，在 DMA 方式时，被置为浮空。

（7）总线保持请求信号 HOLD（输入，高电平有效）。

该信号是系统中的其他总线主控部件（如协处理器、DMA 控制器等）向 CPU 发出的请求占用总线的控制信号。通常 CPU 在完成当前的总线操作周期之后，当 CPU 从 HOLD 线上收到一个高电平请求信号时，如果 CPU 允许让出总线，就在当前总线周期完成时，在 T_4 状态使 HLDA 输出高电平，作为回答（响应）信号，且同时使具有三态功能的地址/数据总线和控制总线处于浮空。总线请求部件收到 HLDA 后，获得总线控制权，从这时开始，HOLD 和 HLDA 都保持高电平。当请求部件完成对总线的占用后，将把 HOLD 信号变为低电平，使其无效。CPU 收到该无效信号后，也将 HLDA 变为低电平，从而恢复对地址/数据总线和控制总线的占有权。

（8）总线保持响应信号 HLDA（输出，高电平有效）。

CPU 在 HLDA 信号有效期间，CPU 让出总线控制权，总线请求部件收到 HLDA 信号后就获得了总线控制权。这时，CPU 使地址/数据总线与所有具有三态的控制线都处于高阻隔离状态，CPU 处于“保持响应”状态。

2. 最大工作方式

把 8086 的 33 引脚 $MN/\overline{MX}$ 接地时，系统处于最大工作方式。

最大工作方式是相对最小工作方式而言的，它主要用在中等或大规模的 8086 系统中。最大方式系统中，总是包含有两个或多个微处理器，是多微处理器系统。其中必有一个主处理器，其他处理器称为协处理器。

和 8086 匹配的协处理器主要有以下两个，一个是专用于数值运算的处理器 8087，它能实现多种类型的数值操作，如高精度的整数和浮点运算，还可进行三角函数、对数函数的计算。由于 8087 是用硬件方法来完成这些运算，和用软件方法来实现相比会大幅度地提高系统的数值运算速度。

另一个是专用于输入/输出处理的协处理器 8089，它有一套专用于输入/输出操作的指令系统，直接为输入/输出设备使用，使 8086 不再承担这类工作。它将明显提高主处理器的效率，尤其是在输入/输出频繁出现的系统中。

8086 系统最大方式要用总线控制器对 CPU 发出的控制信号进行变换和组合，以得到对存储器或 I/O 端口的读/写信号和对锁存器及总线收发器的控制信号。

8086 CPU 处于最大工作方式时，24～31 控制引脚的功能定义如下：

（1）总线周期状态信号 $\overline{S_2}$、$\overline{S_1}$、$\overline{S_0}$（输出，三态）。

表示 CPU 总线周期的操作类型。在多微处理器中使用总线控制器 8288 后，CPU 就可以对 $\overline{S_2}$、$\overline{S_1}$、$\overline{S_0}$ 状态信息进行译码，产生相应的控制信号。$\overline{S_2}$、$\overline{S_1}$、$\overline{S_0}$ 对应的总线操作和

8288 产生的控制命令如表 3.8 所示。

表 3.8 $\overline{S_2}$、$\overline{S_1}$、$\overline{S_0}$ 与总线操作、8288 控制命令的对应关系

状态输入			CPU 总线操作	8288 控制命令
$\overline{S_2}$	$\overline{S_1}$	$\overline{S_0}$		
0	0	0	中断响应	$\overline{INTA}$
0	0	1	读 I/O 端口	$\overline{IORC}$
0	1	0	写 I/O 端口	$\overline{IOWC}$、$\overline{AIOWC}$
0	1	1	暂停	无
1	0	0	取指令周期	$\overline{MRDC}$
1	0	1	读存储器周期	$\overline{MRDC}$
1	1	0	写存储器周期	$\overline{MWTC}$、$\overline{AMWC}$
1	1	1	无源状态	无

表 3.8 中，前 7 种代码组合都对应了某一总线操作过程，通常称为有源状态。它们处于前一个总线周期的 T_4 状态或本总线周期的 T_1、T_2 状态中，$\overline{S_2}$、$\overline{S_1}$、$\overline{S_0}$ 至少有一个信号为低电平。在总线周期的 T_3、T_W 状态，并且 READY 信号为高电平时，$\overline{S_2}$、$\overline{S_1}$、$\overline{S_0}$ 都成为高电平，此时，前一个总线操作过程就要结束，后一个新的总线周期尚未开始，通常称为无源状态。而在总线周期的最后一个状态即 T_4 状态，$\overline{S_2}$、$\overline{S_1}$、$\overline{S_0}$ 中任何一个或几个信号的改变都意味着下一个新的总线周期的开始。

（2）指令队列状态信号 QS_1、QS_0（输出）。

指令队列状态输出线用来提供 8086 内部指令队列的状态。8086 内部在执行当前指令的同时，从存储器预先取出后面的指令，并将其放在指令队列中。QS_1、QS_0 便提供指令队列的状态信息，以便提供外部逻辑跟踪 8086 内部指令序列。

QS_1、QS_0 表示的状态情况如表 3.9 所示。

表 3.9 QS_1、QS_0 与队列状态

QS_1	QS_0	队列状态
0	0	无操作，队列中指令未被取出
0	1	从队列中取出当前指令的第一个字节
1	0	指令队列空
1	1	从队列中取出当前指令的第二字节以后部分

外部逻辑通过监视总线状态和队列状态可以模拟 CPU 的指令执行过程，并确定当前正在执行哪一条指令。有了这种功能，8086 才能告诉协处理器何时准备执行指令。在 PC 机中，这两条线与 8087 协处理器的 QS_1、QS_0 相连。

（3）总线封锁信号 $\overline{LOCK}$（输出，三态）。

当 $\overline{LOCK}$ 为低电平时，表示 CPU 要独占总线，系统中其他总线的主控设备就不能占有总线。为了保证 8086 CPU 在一条指令的执行中总线使用权不会为其他主设备所打断，可以在某一条指令的前面加上一个 $\overline{LOCK}$ 前缀，则这条指令执行时就会使 CPU 产生一个 $\overline{LOCK}$ 信号，

CPU 封锁其他主控设备使用总线，直到这条指令结束为止。

（4）总线请求/总线请求允许信号 $\overline{RQ}/\overline{GT_1}$ 、$\overline{RQ}/\overline{GT_0}$ （双向）。

这两个双向信号是在最大工作方式时裁决总线使用权的，可供 CPU 以外的两个总线主控设备用来发出使用总线的请求信号，或接收 CPU 对总线请求信号的响应信号。当该信号为输入时，表示其他设备向 CPU 发出请求使用总线；当该信号为输出时，表示 CPU 对总线请求的响应信号。$\overline{RQ}/\overline{GT_1}$ 和 $\overline{RQ}/\overline{GT_0}$ 都是双向的，总线请求信号和允许信号在同一引线上传输，但方向相反。其中 $\overline{RQ}/\overline{GT_0}$ 比 $\overline{RQ}/\overline{GT_1}$ 的优先级要高，即当两者同时有请求时，$\overline{RQ}/\overline{GT_0}$ 可以优先输出允许信号。

总线请求和允许的过程为：另一总线主控设备输送一个脉冲给 8086，表示总线请求，相当于最小工作方式下的总线请求信号 HOLD；在 CPU 的下一个 T_4 或 T_1 期间，CPU 输出一个脉冲给请求总线的设备，作为总线响应信号，相当于最小方式下的总线响应信号 HLDA；当总线使用完毕后，总线请求主设备输出一个脉冲给 CPU，表示总线请求的结束，每次都需要这样的 3 个脉冲。

3.3.4 8086 微处理器的操作时序

一个微型计算机系统为了完成自身的功能，需要执行许多操作。这些操作均在时钟信号的同步下按时序一步步地执行，这样就构成了 CPU 的操作时序。

8086 的主要操作有：

- 系统的复位和启动操作。
- 总线操作。
- 暂停操作。
- 中断响应操作。
- 总线保持或总线请求/允许操作。

1. *系统的复位和启动操作*

8086 复位和启动操作由 8284A 时钟发生器向其 RESET 复位引脚输入一个触发信号而执行。8086 要求此复位信号至少维持 4 个时钟周期的高电平。如果是初次加电引起的复位则要求此高电平持续时间不短于 50 μs。当 RESET 信号进入高电平，8086 就结束现行操作，进入复位状态，直到 RESET 信号变为低电平为止。

在复位状态下，CPU 内部各寄存器被置为初态。复位时，代码段寄存器 CS 和指令指针寄存器 IP 分别被初始化为 FFFFH 和 0000H，所以 8086 复位后重新启动时便从内存 FFFF0H 处开始执行指令，利用一条无条件转移指令转移到系统程序入口处，这样系统一旦被启动仍自动进入系统程序，开始正常工作。

复位信号从高电平到低电平的跳变会触发 CPU 内部的一个复位逻辑电路，经过 7 个时钟周期之后，CPU 就完成了启动操作。

复位时，由于标志寄存器 F 被清零，其中的中断允许标志 IF 也被清零。这样，从 INTR 端输入的可屏蔽中断就不能被接受。因此，在设计程序时，应在程序中设置一条开放中断的指令 STI，使 IF=1，以开放中断。

8086 的复位操作时序如图 3-15 所示。

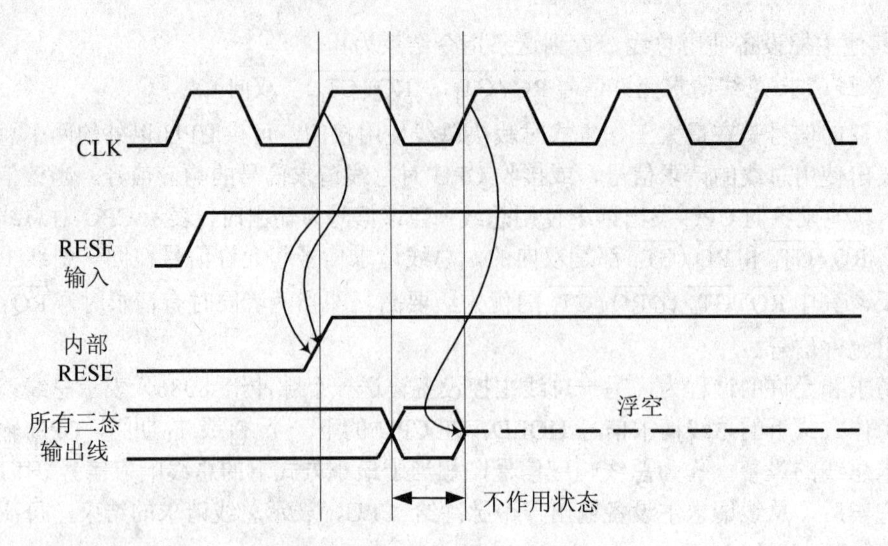

图 3-15　8086 CPU 的复位操作时序

由图 3-15 可见，当 RESET 信号有效后，再经一个状态，将执行：把所有具有三态的输出线（包括 AD_{15}～AD_0、A_{19}/S_6～A_{16}/S_3、$\overline{BHE}/S_7$、$M/\overline{IO}$、$DT/\overline{R}$、$\overline{DEN}$、$\overline{WR}$、$\overline{RD}$ 和 $\overline{INTA}$ 等）都置成浮空状态，直到 RESET 回到低电平，结束复位操作为止，还可看到在进入浮空前的半个状态（即时钟周期的低电平期间），这些三态输出线暂为不作用状态；把不具有三态的输出线（包括 ALE、HLDA、$\overline{RQ}/\overline{GT_1}$、$\overline{RQ}/\overline{GT_0}$、$QS_0$ 和 QS_1 等）都置为无效状态。

2. 总线操作

8086 CPU 在与存储器或 I/O 端口交换数据或者装填指令队列时，都需要执行一个总线周期，即进行总线操作。当存储器或 I/O 端口速度较慢时，由等待状态发生器发出 READY=0（未准备就绪）信号，CPU 则在 T_3 之后插入一个或多个等待状态 T_W。

总线操作按数据传输方向可分为总线读操作和总线写操作。前者是指 CPU 从存储器或 I/O 端口读取数据，后者是指 CPU 把数据写入到存储器或 I/O 端口。

3. 暂停操作

当 CPU 执行一条暂停指令 HLT 时，就停止一切操作，进入暂停状态。暂停状态一直保持到发生中断或对系统进行复位时为止。在暂停状态下，CPU 可接收 HOLD 线上（最小工作方式下）或 $\overline{RQ}/\overline{GT}$ 线上（最大工作方式下）的保持请求。当保持请求消失后，CPU 回到暂停状态。

4. 中断响应总线周期操作

8086 有一个简单而灵活的中断系统，可以处理 256 种不同类型的中断，每种中断用一个中断类型码以示区别。因此，256 种中断对应的中断类型码为 0～255。这 256 种中断又分为硬件中断和软件中断两种。

硬件中断通过系统外部硬件引起，所以又称外部中断。

硬件中断有两种，一种是通过 CPU 非屏蔽引脚 NMI 送入“中断请求”信号引起，这种中断不受标志寄存器中的中断允许标志 IF 的控制。

另一种是外设通过中断控制器 8259A 向 CPU 的 INTR 送入“中断请求”引起，这种中断不仅要 INTR 信号有效（高电平），而且还要 IF=1（中断开放）才能引起，称可屏蔽中断。硬件中断在系统中是随机产生的。

软件中断是 CPU 由程序中的中断指令 INT n（其中 n 为中断类型码）引起的，与外部硬件无关，故又称内部中断。

不管是硬件中断还是软件中断都有中断类型码，CPU 根据中断类型码乘以 4 就可以得到存放中断服务程序入口地址的指针，又称中断向量。

图 3-16 所示为 8086 中断响应的总线周期。

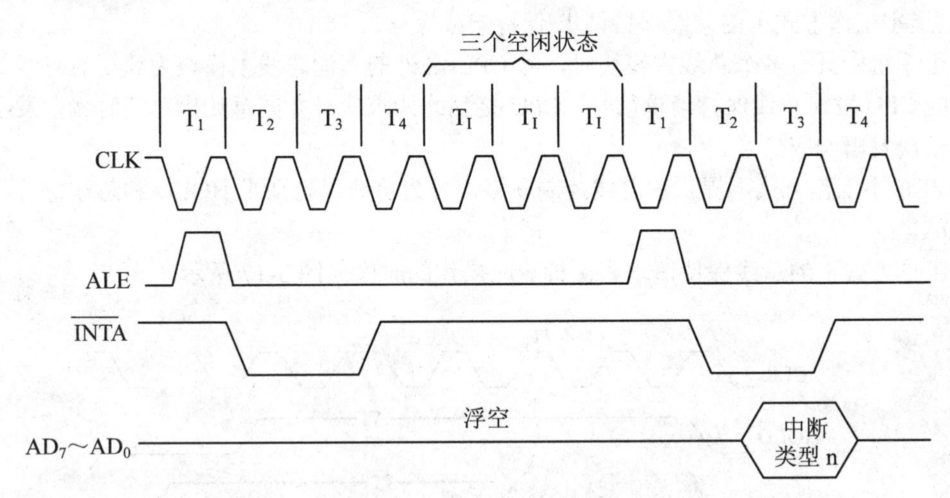

图 3-16　8086 的中断响应周期

此总线响应周期是由外设向 CPU 的 INTR 引脚发中断申请而引起的响应周期。

由图 3-16 可见，中断响应周期要花两个总线周期。如果在前一个总线周期中，CPU 接收到外部中断请求 INTR，又当中断允许标志 IF=1，且正好执行完一条指令时，那么 8086 会在当前总线周期和下一个总线周期中间产生中断响应周期，CPU 从 $\overline{INTA}$ 引脚上向外设端口（一般是向 8259A 中断控制器）先发一个负脉冲，表明其中断申请已得到允许，然后插入 3 个或 2 个空闲状态 T_I，再发第二个负脉冲。这两个负脉冲都从每个总线周期的 T_2 维持到 T_4 状态的开始。当外设端口的 8259A 收到第二个负脉冲后，立即就把中断类型码 n 送到它的数据总线的低 8 位 D_7～D_0 上，并通过与之连接的 CPU 的地址/数据线 AD_7～AD_0 传给 CPU。

在这两个总线周期的其余时间，AD_7～AD_0 处于浮空，同时 $\overline{BHE}/S_7$ 和地址/状态线 A_{19}/S_6～A_{16}/S_3 也处于浮空，$M/\overline{IO}$ 处于低电平，而 ALE 引脚在每个总线周期的 T_1 状态输出一个有效的电平脉冲，作为地址锁存信号。

对于 8086 的中断响应总线周期的时序还需要注意几点：

（1）8086 要求外设通过 8259A 向 INTR 中断请求线发的中断请求信号是一个电平信号，必须维持 2 个总线周期的高电平，否则当 CPU 的 EU 执行完一条指令后，如果 BIU 正在执行总线操作周期，则会使中断请求得不到响应，而继续执行其他的总线操作周期。

（2）8086 工作在最小方式和最大方式时，$\overline{INTA}$ 响应信号是从不同地方向外设端口的 8259A 发出的。最小方式下，直接从 CPU 的 $\overline{INTA}$ 引脚发出；而在最大方式下，是通过总线控制器 8288 的 $\overline{INTA}$ 引脚发出的。

（3）8086 还有一条优先级别更高的总线保持请求信号 HOLD（最小工作方式下）或

$\overline{RQ}$/$\overline{GT}$线（最大工作方式下）。当 CPU 已进入中断响应周期，即使外部发来总线保持请求信号，但还是要在完成中断响应后才响应它。如果中断请求和总线保持请求是同时发向 CPU 的，则 CPU 应先对总线保持请求服务，然后再进入中断响应总线周期。

（4）软件中断和 NMI 非屏蔽中断的响应总线周期和图 3-16 所示的响应周期时序略有不同，此处不再详细讨论。

5. 总线保持请求/保持响应操作

（1）最小工作方式下的总线保持请求/保持响应操作。

当一个系统中具有多个总线主模块时，除 CPU 之外的其他总线主模块为获得对总线的控制，需要向 CPU 发出总线保持请求信号，CPU 接到此请求信号并同意让出总线时就向发出该请求的主模块发出响应信号。

8086 在最小工作方式下提供的总线控制联络信号为总线保持请求 HOLD 和总线保持响应信号 HLDA。

最小工作方式下的总线保持请求和保持响应操作的时序如图 3-17 所示。

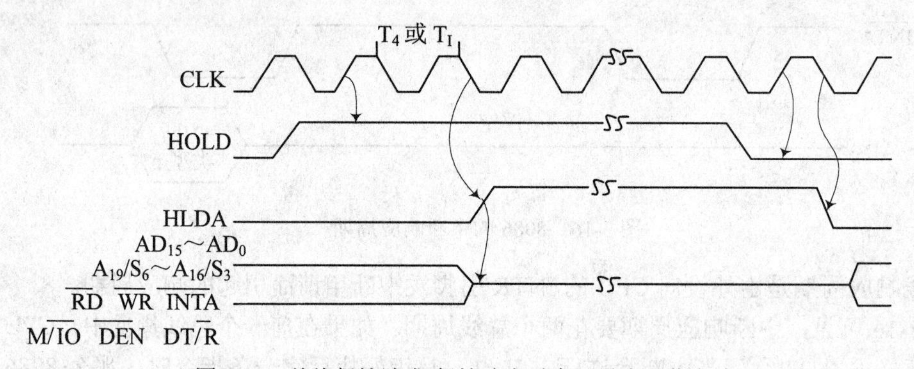

图 3-17 总线保持请求/保持响应时序（最小工作方式）

由图 3-17 可见，CPU 在每个时钟周期的上升沿对 HOLD 引脚进行检测，若 HOLD 已变为高电平（有效状态），则在总线周期的 T_4 状态或空闲状态 T_I 之后的下一个状态，由 HLDA 引脚发出响应信号。同时，CPU 将把总线的控制权转让给发出 HOLD 的设备，直到发出 HOLD 信号的设备再将 HOLD 变为低电平（无效）时，CPU 才又收回总线控制权。如 8237A DMA（直接存储器存取）芯片就是一种代表外设向 CPU 发要求获得对总线控制权的器件。

当 8086 一旦让出总线控制权，便将所有具有三态的输出线 AD_{15}～AD_0、A_{19}/S_6～A_{16}/S_3、$\overline{RD}$、$\overline{WR}$、$\overline{INTA}$、$M/\overline{IO}$、$\overline{DEN}$ 及 $DT/\overline{R}$ 都置于浮空状态，即 CPU 暂时与总线断开。但这里要注意，输出信号 ALE 是不浮空的。

对于总线保持请求/保持响应操作时序，有以下几点需要注意：

- 当某一总线主模块向 CPU 发来的 HOLD 信号变为高电平（有效）后，CPU 将在下一个时钟周期的上升沿检测到，若随后的时钟周期正好为 T_4 或 T_I，则在其下降沿处将 HLDA 变为高电平；若 CPU 检测到 HOLD 后不是 T_4 或 T_I，则可能会延迟几个时钟周期，等到下一个 T_4 或 T_I 出现时才发出 HLDA 信号。
- 在总线保持请求/响应周期中，因三态输出线处于浮空状态，这将直接影响 8086 的 BIU 部件的工作，但是执行部件 EU 将继续执行指令队列中的指令，直到遇到一条需要使用总线的指令时 EU 才停止工作；或者当把指令队列中的指令执行完，也会停止工作。由此可见，CPU 和获得总线控制权的其他主模块之间，在操作上有一段小小的重叠。

- 当 HOLD 变为无效后，CPU 也接着将 HLDA 变为低电平。但是不会马上驱动已变为浮空的输出引脚，只有等到 CPU 新执行一个总线操作周期时，才结束这些引脚的浮空状态。因此，就可能出现有一小段时间总线没有任何总线主模块的驱动，这种情况很可能导致这些线上的控制电平漂移到最小电平以下。为此，在控制线 HLDA 和电源之间需要连接一个上拉电阻。

（2）最大工作方式下的总线请求/允许/释放操作。

8086 在最大工作方式下提供的总线控制联络信号不再是 HOLD 和 HLDA，而是把这两个引脚变成功能更加完善的两个具有双向传输信号的引脚 $\overline{RQ}/\overline{GT_1}$ 和 $\overline{RQ}/\overline{GT_0}$，称为总线请求/总线允许/总线释放信号，它们可分别连接到两个其他的总线主模块。在最大工作方式下，可发出总线请求的总线主模块包括协处理器和 DMA 控制器等。

图 3-18 所示为 8086 在最大工作方式下的总线请求/总线允许/总线释放的操作时序。

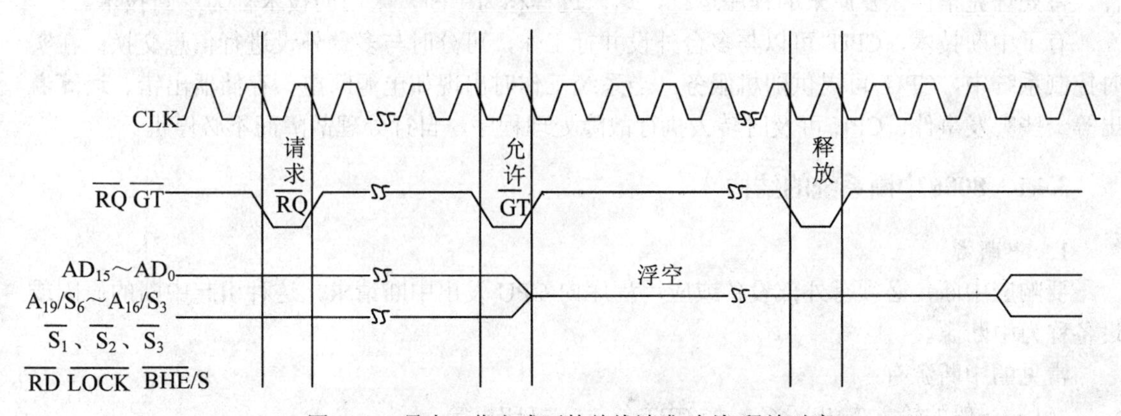

图 3-18　最大工作方式下的总线请求/允许/释放时序

由图 3-18 可见，CPU 在每个时钟周期的上升沿对 $\overline{RQ}/\overline{GT}$ 引脚进行检测，当检测到外部向 CPU 送来一个“请求”负脉冲（宽度为一个时钟周期）时，则在下一个 T_4 状态或 T_I 状态从同一引脚上由 CPU 向请求总线使用权的主模块回发一个“允许”负脉冲（宽度仍为一个时钟周期），这时全部具有三态的输出线（包括 $AD_{15}\sim AD_0$、$A_{19}/S_6\sim A_{16}/S_3$、$\overline{RD}$、$\overline{LOCK}$、$\overline{S_2}$、$\overline{S_1}$、$\overline{S_0}$、$\overline{BHE}/S_7$ 等）都进入浮空状态，CPU 暂时与总线断开。

外部主模块得到总线控制权后，可对总线占用一个或几个总线周期，当外部主模块准备释放总线时，又从 $\overline{RQ}/\overline{GT}$ 线上向 CPU 发一个“释放”负脉冲（其宽度仍为一个时钟周期）。CPU 检测到释放脉冲后，于下一个时钟周期收回对总线的控制权。

概括起来，由 $\overline{RQ}/\overline{GT}$ 线上的三个负脉冲（即请求—允许—释放）就构成了最大工作方式下的总线请求/允许/释放操作。三个脉冲虽然都是负的，宽度也都为一个时钟周期，但是它们的传输方向并不相同。

对于此操作，有以下几点需要注意：

- 8086 有两条 $\overline{RQ}/\overline{GT_1}$ 和 $\overline{RQ}/\overline{GT_0}$，其功能完全相同，但后者的优先级高于前者。当两条引脚都同时向 CPU 发总线请求时，CPU 将会在 $\overline{RQ}/\overline{GT_0}$ 上先发允许信号，等到

CPU 再次得到总线控制权时才去响应 $\overline{RQ}/\overline{GT_1}$ 引脚上的请求。不过，当接于 $\overline{RQ}/\overline{GT_1}$ 上的总线主模块已得到了总线的控制权时，也只有等到该主模块释放了总线，CPU 收回了总线控制权后，才会去响应 $\overline{RQ}/\overline{GT_0}$ 引脚上的总线。

- 与最小方式下执行总线保持请求/保持响应操作一样，8086 通过 $\overline{RQ}/\overline{GT}$ 发出响应负脉冲，CPU 让出了对总线的控制权后，CPU 内部的 EU 仍可继续执行指令队列中的指令，直到遇到一条需要执行总线操作周期的指令为止。另外，当 CPU 收到其他主模块发出的释放脉冲后，也并不是立即恢复驱动总线的。和 HLDA 控制线不同的是，$\overline{RQ}/\overline{GT_0}$ 和 $\overline{RQ}/\overline{GT_1}$ 都设置了上拉电阻与电源相连，如果系统中不用它们，则可将之悬空。

3.4 8086 中断系统

微型计算机系统的实际应用中，经常会在程序运行时系统的内外部出现一些紧急事件，CPU 必须立即强行中止现行程序的运行，改变机器的工作状态并启动相应程序来处理这些事件，待处理完毕再恢复原来的程序运行，这一过程称为中断，采用的技术称为中断技术。

有了中断技术，CPU 可以与多台外设并行工作，可分时与多台外设进行信息交换；在实时控制系统中，CPU 可提供随机服务；当系统工作时出现如电源断电、存储器出错、运算溢出等一些突发事件，CPU 可及时转去执行故障处理程序，自行处理故障而不必停机。

3.4.1 8086 中断系统的结构

1. 中断源

要响应中断，必须有外部设备或应用程序向 CPU 发出中断请求，这种引起中断的原因或设备称为中断源。

常见的中断源有：

（1）一般的输入/输出设备，如 CRT 终端、打印机等。

（2）数据通道，如磁盘、磁带等。

（3）实时时钟，如定时器芯片等。

（4）故障信号，如电源掉电等。

（5）软件中断，如为调试程序而设置的中断源。

2. 8086 中断系统结构

8086 系统有一个简单而灵活的中断系统，每一个中断都有一个中断类型码供 CPU 识别。8086 最多可处理 256 种不同的中断类型。对应的类型号为 0～255。

8086 的中断系统结构如图 3-19 所示。

中断可由外部设备启动，也可由软件中断指令启动，在某些情况下，还可由 CPU 自身启动。这种中断结构既简单又灵活，而且响应速度快，具有很强的中断处理能力。

3. 中断源的识别

CPU 响应中断后要寻找中断源，以便为其服务。识别中断源是中断接口电路的重要任务之一。

（1）软件识别——查询法。

该方法以软件为主，即在 CPU 响应中断后执行中断源识别程序来查询中断源。

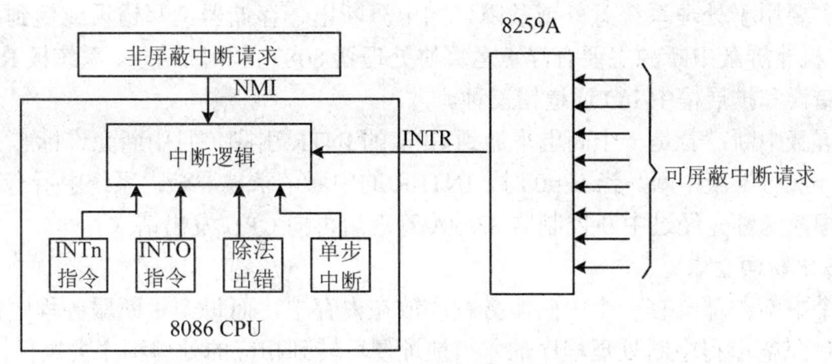

图 3-19　8086 中断系统结构图

中断接口电路对每个中断源设置一个状态标志供 CPU 查询。当被查询的外设状态标志位为“1”（发生中断请求）时，中断源识别程序便转到相应中断服务子程序去执行。为减少平均查询时间，可对中断频度高的中断源优先查询，也可每次中断响应后按序改变各中断源的查询顺序使各中断源的平均等待时间趋于相同。

（2）硬件识别——中断矢量。

硬件排队电路（如菊花链电路等）由硬件自动对中断源进行识别和响应，高速可靠。

矢量中断方式被广泛采用，中断接口电路对每个中断源设置中断识别码（中断类型码），在 CPU 响应中断时，中断接口逻辑控制将申请中断的优先级最高的中断源中断识别码送数据总线，CPU 读入后到内存中断矢量表内寻找到中断服务子程序的入口地址。

3.4.2　中断类型与中断向量表

1. 8086 中断类型

（1）内部中断。

由 CPU 执行某些指令引起的中断称为内部中断（也称软件中断），包括以下几种情况：

- 除法出错，类型号 n=0：当 CPU 进行除法运算时，若除数为零或太小使商超出寄存器所能存放的最大值，则产生除法出错中断，生成一条 INT 0 指令并执行，转向 INT 0 中断服务子程序。
- 单步中断，类型号 n=1：在标志寄存器 FLAGS 中的跟踪标志 TF=1 且中断允许标志 IF=1 时，每执行一条指令就产生一次中断，单步中断在调试程序时使用。
- INTO 溢出中断，类型号 n=4：当溢出标志 OF=1 时又执行指令 INTO，则产生溢出中断。两个条件任何一个不满足，溢出中断就不会发生。
- 中断指令 INT n：CPU 执行一条这种指令就发生一次中断。操作系统中给某些类型的中断编制了一些标准服务程序，用户可直接用 INT n 指令方便地调用。

（2）外部中断。

由 CPU 外部硬件电路发出的电信号引起的中断称为外部中断（也称硬件中断），分为非屏蔽中断和可屏蔽中断。

- 非屏蔽中断：CPU 的 NMI 引脚接收到一个正跳变信号则产生一次非屏蔽中断。非屏蔽中断的响应不受中断允许标志 IF 的控制。系统要求 NMI 引脚信号变成高电平后要保持 2 个时钟周期以上，以便进行锁存，待当前命令执行完毕予以响应。非屏蔽中断主要用于处理系统意外或故障，如电源断电、存储器读写错误或受到严重干扰。PC 机非屏蔽中断源主要有浮点运算协处理器 8087 的中断请求、系统板 RAM 奇偶校验错误和扩展槽中 I/O 通道错三种。

- 可屏蔽中断：若是一个高电平加到 CPU 的 INTR 引脚，且中断允许标志 IF=1，则产生一次可屏蔽中断。当 IF=0 时，INTER 的中断请求被屏蔽，系统中所有可屏蔽中断的中断源都先经过中断控制器 8259A 管理后再向 CPU 发出请求。

2. 8086 中断向量表

对于每个中断源都会有一个中断服务程序放在内存中，而每个中断服务程序都有一个入口地址。CPU 只需取得中断处理程序的入口地址便可转到相应的处理程序去执行。

通常称中断服务程序入口地址为中断向量，每一个中断类型对应一个中断向量。每个中断向量为 4 字节（32 位），用逻辑地址表示一个中断服务程序入口地址，占用 4 个连续的存储单元，其中低 16 位存入中断服务程序入口地址的偏移地址（IP），低位在前，高位在后，高 16 位存入中断服务程序入口地址的段地址（CS），同样是低位在前，高位在后。

256 种中断类型所对应的中断向量共占用 1KB 存储空间。中断向量的计算为：中断向量指针=中断类型号×4。

中断矢量表设置在存储器 RAM 的低地址区（00000H～003FFH）。每次开机启动后，在系统正常工作之前必须对其进行初始化，即将相应的中断服务程序的入口地址装入中断矢量中。

8086 中断向量表如图 3-20 所示。

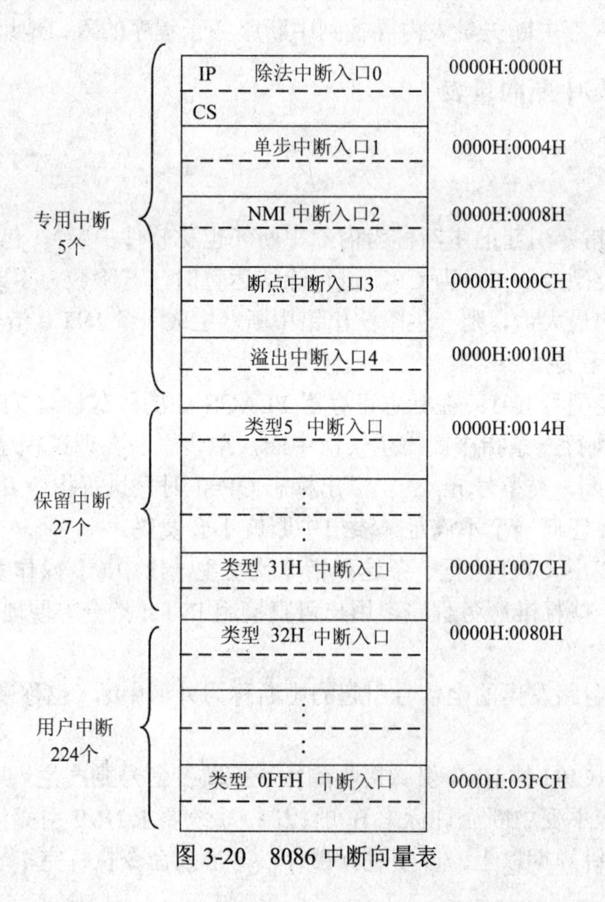

图 3-20 8086 中断向量表

图 3-20 中，三大类中断含义如下：

（1）专用中断。

Intel 公司规定 0～4 是专用中断，这些中断向量由系统定义，不允许用户修改。

（2）保留中断。

这是 Intel 公司为软硬件开发而保留的中断类型。类型号为 5～31。其中许多中断已被应用到各种不同的微处理器家族中，一般不允许用户挪做他用。

（3）用户中断。

这些中断可由用户定义使用，类型号为 32～255。其中断服务程序的入口地址由用户程序负责装入。这些中断可由用户定义为软件中断，由 INT n 指令引入，也可通过 INTR 引脚直接引入或通过可编程中断控制器 8259A 引入可屏蔽中断。

3.4.3 中断响应

当 CPU 接收到外设的中断请求信号时能否立即为其服务呢？这就要看中断的类型。

1. 响应非屏蔽中断请求

若为非屏蔽中断请求，CPU 执行完现行指令后就立即响应中断。非屏蔽中断不受中断允许触发器的影响。

2. 响应可屏蔽中断的条件

必须同时满足以下 4 个条件，CPU 才能响应可屏蔽中断：

（1）无总线请求和非屏蔽中断请求。

（2）CPU 允许中断，即 IF=1。

（3）CPU 执行完现行指令。

（4）当前中断级别最高。

可用开中断指令 STI 和关中断指令 CLI 来设置中断允许触发器状态。CPU 复位时，中断允许触发器为“0”，即关中断。为了响应可屏蔽中断请求，必须用 STI 指令来开中断。

3. CPU 响应中断要自动完成的操作

（1）CPU 响应中断，对外发出中断响应信号 $\overline{\text{INTA}}$ 的同时，内部自动由硬件实现关中断，以禁止接受其他的可屏蔽中断请求。

（2）把标志寄存器 FLAGS 的内容以及断点处的 CS、IP 值压入堆栈，以便中断处理完后能正确地返回主程序。

（3）中断服务程序段地址送入 CS，偏移地址送入 IP。

3.4.4 中断处理过程

由于微型计算机系统自身中断结构的特性，内部和外部的各种中断有不同的轻重缓急，响应中断时 CPU 进行处理的具体过程也不完全一样。微型计算机系统中断处理过程可分为中断请求、中断响应、中断处理、中断返回几个步骤。

1. 中断请求

（1）内部中断。

除单步中断外，所有内部中断都不能被屏蔽；所有内部中断都不能从外部接口中读取中断类型号；指令中断由程序中的指令引起，没有随机性；外部中断由 I/O 设备引起，是随机事件；除单步中断外，所有内部中断的优先级都比外部中断高。

8086 系统规定中断优先级由高到低的排列顺序为：除法出错中断、INTn、INTO→非屏蔽中断 NIM→可屏蔽中断 INTR→单步中断。

（2）外部中断。

CPU 检测是否有中断请求，并判断是 NMI 还是 INTR 请求。8086 系统规定，HOLD 总线保持请求优先级高于 INTR 中断优先级，NMI 优先级高于 INTR 优先级。

2. 中断响应

当满足响应中断的条件时，CPU 进入对外部中断请求的响应过程。对于可屏蔽中断请求 INTR 的响应，CPU 向外部接口发送中断响应信号，从 $\overline{\text{INTA}}$ 引脚发送两个负脉冲，第一个负脉冲通知外设撤销中断请求，第二个负脉冲通知立即将中断类型号送上数据总线。

CPU 进入中断服务程序之前，自动完成以下工作：

（1）从数据总线低 8 位（D_0～D_7）读取中断类型号，存入 CPU 总线接口部件暂存器。

（2）将标志寄存器 FLAGS 的内容压栈。

（3）将标志寄存器中断允许标志 IF 和单步标志 TF 清零。

（4）将断点地址入栈（代码段寄存器 CS 内容压栈，指令指针寄存器 IP 内容压栈）。

（5）根据中断类型号逻辑左移 2 位后，到内存中断向量表中查该中断的中断向量，再根据中断向量转入响应中断服务程序。

CPU 响应 NMI 请求的过程与 INTR 请求基本相同，区别在于响应 NMI 请求时并不从外部接口中读取中断类型号，也不发送中断响应信号，即不执行中断响应总线周期。这是因为从 NMI 引入的中断对应一个固定类型号（中断类型号为 2)，所以 CPU 不需根据类型号计算中断向量地址，而是直接从中断向量表的 0008H～000BH 中读取对应于中断类型号 2 的中断向量，并转入非屏蔽中断服务程序去执行。

内部中断与 NMI 请求的响应相似，中断类型号或包含在指令中或预先规定，所以可直接根据中断类型号在中断向量表中查找中断向量，并进入中断服务程序。

3. 中断处理

当系统接到内外部中断请求，符合中断响应的条件后，系统将进入中断处理过程。

其步骤如下：

（1）系统响应中断后，按照中断系统优先级顺序查询中断请求，从内部或外部得到中断类型号。

（2）对内部中断，可根据指令中或预先规定的类型号处理中断服务程序。正在执行软件中断时，如有外部中断请求，则在当前中断服务完成后给予响应（对 INTR 请求 IF=1）。

（3）对于 INTR 请求，先要判断 IF 是否为 1，以决定是否需要响应并从总线上读取中断类型号；对于 NMI 请求，不需要执行此步骤。

（4）当单步中断标志 TF=1 时，便进入类型号为 1 的单步中断，并且每执行完一条指令又自动产生类型号为 1 的单步中断，周而复始直到 TF=0 时才退出单步中断。

8086 系统对一个中断请求的响应和处理过程如图 3-21 所示。

4. 中断返回

中断处理程序结束时会按照中断响应相反的过程返回断点，即先弹出偏移地址、段地址装入 IP 和 CS 中，再弹出标志寄存器 FLAG 内容，然后根据 IP 和 CS 的内容返回主程序继续执行。

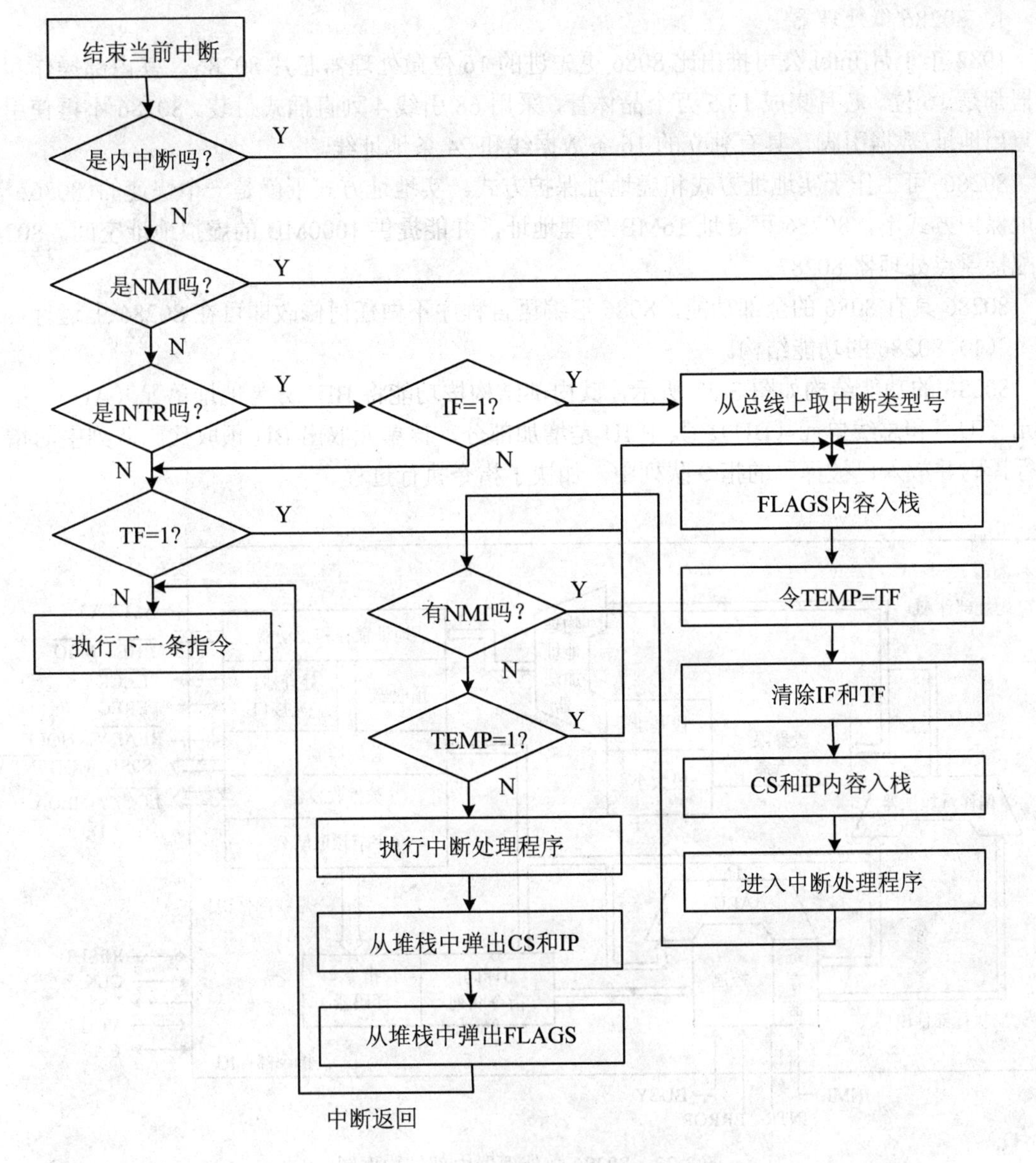

图 3-21　中断请求响应和处理过程

3.5　高档微处理器简介

随着计算机技术的发展，Intel 公司相继推出了 80286、80386、80486 等微处理器及性能更为强大的 Pentium 系列微处理器和双核微处理器。从 80286 开始，X86 系列微处理器的性能有了明显提升，但它们的工作方式、寻址方式、寄存器结构等基本相似。

3.5.1　Intel 80X86 微处理器

Intel 80X86 微处理器包括 80286、80386、80486 等微处理器。

1. 80286 微处理器

1982 年 1 月 Intel 公司推出比 8086 更先进的 16 位微处理器芯片 80286，其内部操作和寄存器都是 16 位。芯片集成 13.5 万个晶体管，采用 68 引线 4 列直插式封装。80286 不再使用分时复用地址/数据引脚，具有独立的 16 条数据线和 24 条地址线。

80286 可工作于实地址方式和虚地址保护方式。实地址方式下就是一个快速的 8086；虚地址保护方式下，80286 可寻址 16MB 物理地址，并能提供 1000MB 的虚拟地址空间。80286 可配接浮点处理器 80287。

80286 具有 8086 的全部功能，8086 汇编语言程序不做任何修改即可在 80286 上运行。

（1）80286 的功能结构。

80286 的功能结构如图 3-22 所示，其内部结构按功能将 BIU 分为地址单元（AU）、指令单元（IU）和总线单元（BU）。其中 IU 是增加部分，该单元取出 BU 预取代码队列中的指令进行译码并放入已被译码的指令队列中，加快了指令执行过程。

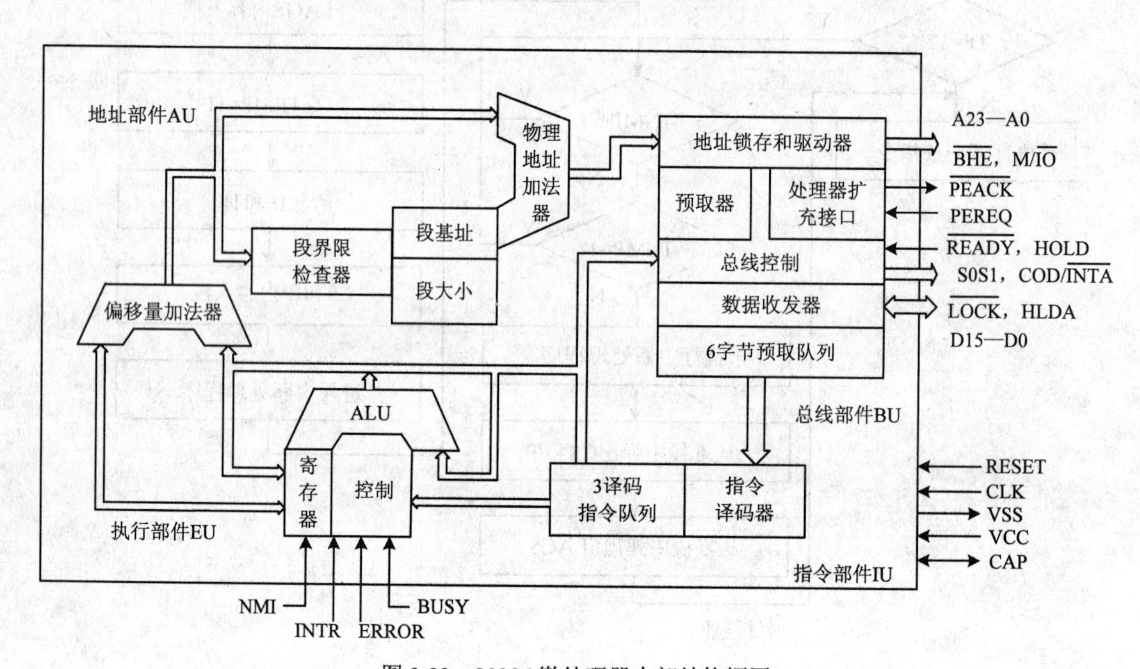

图 3-22　80286 微处理器内部结构框图

由于 80286 时钟频率比 8086 高，且 80286 是 4 个单元并行工作，因此 80286 整体功能比 8086 提高了很多。

（2）80286 的内部寄存器。

80286 的通用寄存器和指令指针寄存器等均与 8086 相同。4 个段寄存器仍为 16 位，实地址方式下其内容与 8086 相同，虚地址保护方式下并不存放段基址，但与段基址有关。80286 还增加了机器状态寄存器（MSW）、任务寄存器（TR）、描述符寄存器（GDTR、LDTR 和 IDTR）等，标志寄存器（FLAGS）比 8086 多了两个标志位。

- 机器状态寄存器（MSW）：MSW 是一个 16 位寄存器，仅用其中低 4 位表示 80286 当前所处工作方式与状态，如图 3-23 所示。PE 是实地址方式与保护方式转换位，

PE=1 时表示 80286 已从实地址方式转为保护方式，且除复位外 PE 位不能被清零；PE=0 时表示 80286 当前工作于实地址方式。MP 是监督协处理器位，当协处理器工作时 MP=1，否则 MP=0。EM 是协处理器仿真状态位，当 MP=0 而 EM=1 时，表示没有协处理器可供使用，系统要用软件仿真协处理器的功能。TS 是任务切换位，TS=1 时在两任务之间进行切换，此时不允许协处理器工作；任务转换完成 TS=0，转换完成后，协处理器才可在下一任务中工作。

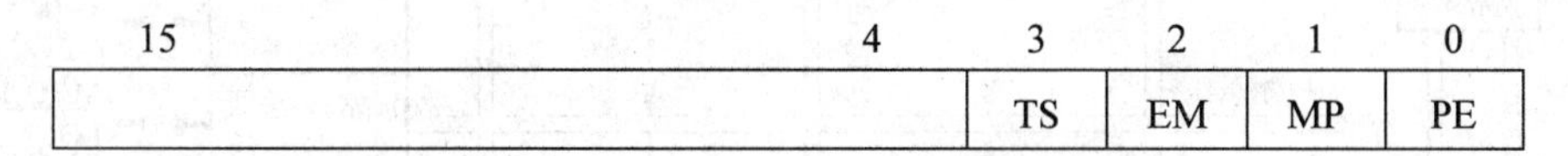

图 3-23　80286 机器状态寄存器（MSW）

- 任务寄存器（TR）：TR 是一个 64 位寄存器，只能用于保护方式，存放当前正在执行的任务状态。当进行任务切换时，用它来自动保存和恢复机器状态。
- 描述符寄存器（GDTR，LDTR 和 IDTR）：GDTR 是 40 位的全局描述符寄存器，LDTR 是 64 位的局部描述符寄存器，IDTR 是 40 位的中断描述符寄存器。
- 标志寄存器（FLAGS）：与 8086 相比增加了 IOPL（第 12、13 位）和 NT（第 14 位），其余 9 个标志位完全相同。IOPL 是 I/O 特权标志位，只用于保护方式，指明 I/O 操作的级别；NT 是嵌套标志位，也只用于保护方式，当前执行的任务正嵌套在另一任务中时 NT=1，否则 NT=0。

2. 80386 微处理器

1985 年 Intel 公司推出与 8086、80286 兼容的高性能 32 位微处理器 80386。芯片以 132 条引线网络阵列式封装，数据引脚和地址引脚各 32 条，时钟频率 12.5 MHz 及 16 MHz。

（1）80386 的特点。

80386 具有段页式存储器管理部件，4 级保护机构（0、1 和 2 级用于操作系统程序，3 级用于用户程序），有实地址方式、虚地址保护方式和虚拟 8086 三种工作方式。实地址方式下 80386 相当于一个高速 8086 CPU；虚地址保护方式下 80386 可寻址 4GB 物理地址空间和 64TB 虚拟地址空间。

80386 存储器按段组织，每段最长 4GB，对 64TB 虚拟存储空间允许每个任务可用 16 K 个段。在虚拟 8086 方式下，可在实地址方式下运行 8086 应用程序的同时利用 80386 的虚拟保护机构运行多用户操作系统及程序（即可同时运行多个用户程序）。这种情况下，每个用户都如同有一个完整的计算机。

（2）80386 的内部功能结构。

80386 的内部结构如图 3-24 所示，主要由总线接口、指令预取、指令译码、执行、分段和分页 6 个独立的处理部件组成，内部的这 6 个部件可独立并行操作，因此 80386 CPU 的执行速度较 80286 CPU 又有较大提高。

各部件功能简要分析如下：

- 总线接口部件：是 CPU 与外部器件之间的高速接口，负责 CPU 外部总线与内部部件之间的信息交换。当取指令、取数据、系统部件和分段部件请求同时有效时，该部件能按优先权加以选择，最大限度地利用总线为各项请求服务。

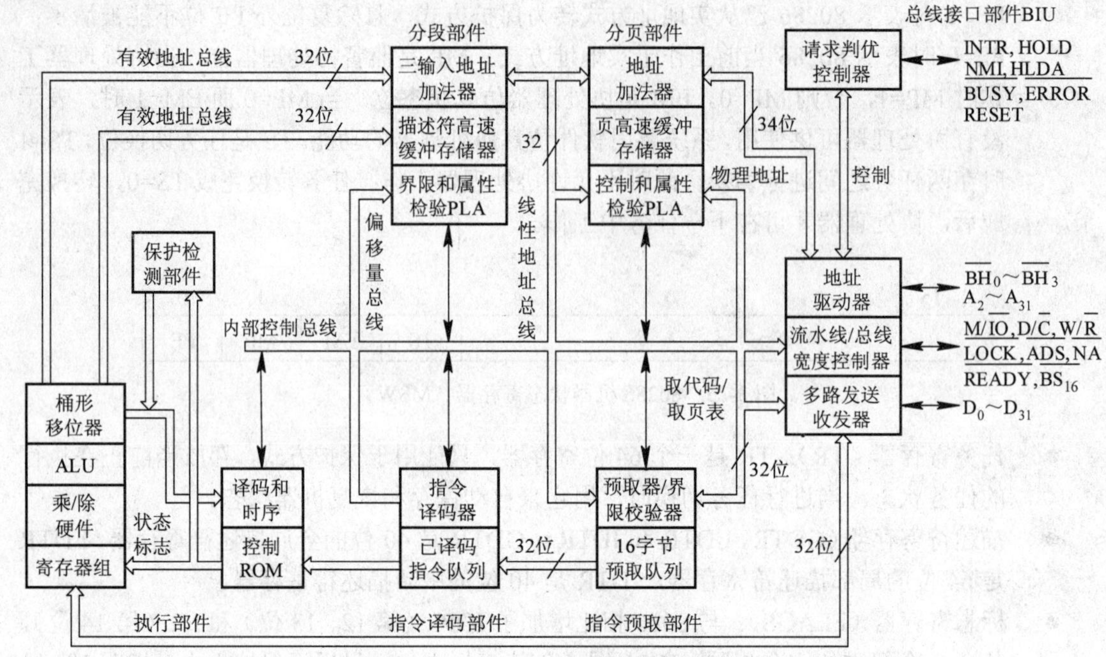

图 3-24 80386 微处理器内部结构框图

- 指令预取部件：由预取单元及预取队列组成，其作用是从存储器中预取出指令并存放在 16 字节指令队列中。如预取队列有空字节或发生一次转移时，预取单元通过分页部件向总线接口部件发出指令预取请求信号，再由总线接口部件从内存中预取指令代码放入预取队列中。
- 指令译码部件：负责从指令预取队列中读取指令并译码，译码后的指令放在译码器指令队列中供执行部件使用。
- 执行部件：在控制器的控制下执行数据操作和处理，包含 1 个算术逻辑部件（ALU）、8 个 32 位通用寄存器、1 个 64 位桶形移位器和一个乘法器。
- 分段部件：由三输入地址加法器、段描述符高速缓冲存储器等组成，把逻辑地址转换成线性地址，实现有效地址的计算。
- 分页部件：由加法器、页描述符高速缓冲存储器等组成。将分段部件或代码预取部件产生的线性地址转换成物理地址并送给总线接口部件，执行存储器或 I/O 存取操作。

（3）80386 的寄存器。

80386 共有七大类 32 个寄存器，分别是 8 个 32 位通用寄存器（EAX、EBX、ECX、EDX、ESP、EBP、ESI、EDI）；6 个 16 位段寄存器（CS、DS、SS、ES、FS 和 GS）；指令指针寄存器（EIP）；32 位标志寄存器（EFLAGS）；3 个控制寄存器（CR_0、CR_2、CR_3，其中 CR_1 保留）；4 个系统地址寄存器（GDTR、IDTR、LDTR、TR）；8 个调试寄存器（DR_0～DR_7）；两个 32 位的测试寄存器（TR_6 和 TR_7）。

3. 80486 微处理器

1990 年 Intel 公司推出了与 80386 完全兼容但功能更强的 32 位微处理器 80486，该芯片集成了 l20 万个晶体管，以 168 条引线网络阵列式封装，数据线 32 条，地址线 32 条。

（1）80486 的主要特点。

- 采用 RISC（Reduced Instruction Set Computer，精简指令系统计算机）技术，有效地减少了指令时钟周期个数，可在一个时钟周期内完成一条简单指令的执行。
- 将浮点运算部件和高速缓冲存储器（Cache）集成在芯片内，使运算速度和数据存取速度大大提高。
- 增加多处理器指令和多重处理系统，硬件确保超高速缓存一致性协议，并支持多级超高速缓存结构。
- 具有机内自测试功能，可测试片上逻辑电路、超高速缓存和片上分页转换高速缓存，可设置执行指令和存取数据时的断点功能。

（2）80486 的内部结构。

80486 内部结构如图 3-25 所示，可分为总线接口、片内高速缓冲存储器、指令预取、指令译码、控制、整数、分段、分页和浮点处理 9 个独立的部件。

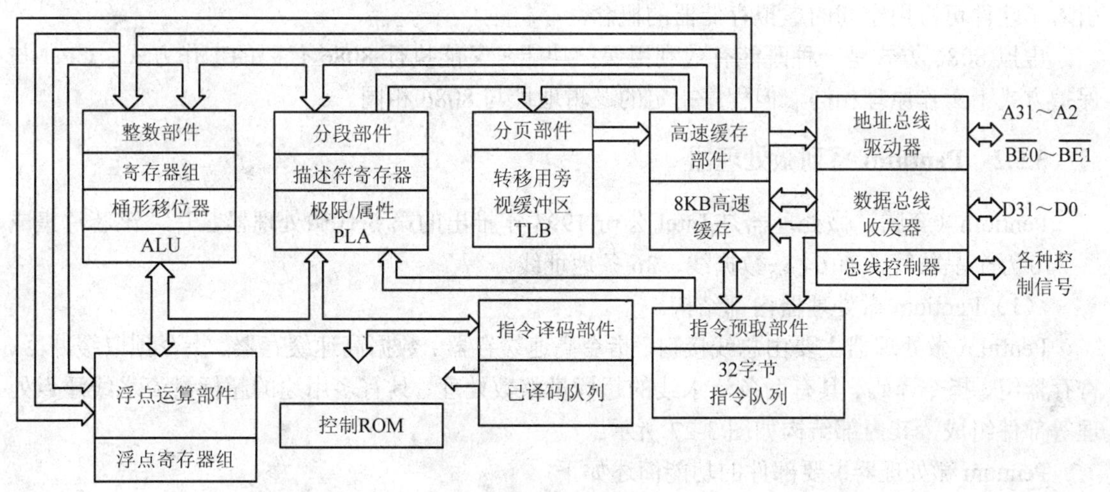

图 3-25　80486 内部结构框图

从图 3-25 中可以看出，80486 在 80386 原有部件基础上新增了高性能浮点运算部件和高速缓冲存储器。

- 高性能浮点运算部件：可处理超越函数和复杂实数运算，以极高的速度进行单精度或多精度浮点运算。
- 片内高速缓冲存储器：是数据和指令共用的高速缓存，共 8KB。存放的是 CPU 最近要使用的主存储器中信息。处理器中其他部件产生的所有总线访问请求在送达总线接口部件之前先经过高速缓存部件。

（3）80486 的工作方式。

80486 有如图 3-26 所示的 3 种工作方式，即实地址方式（Real）、保护方式（Protected）和虚拟方式（Virtual 8086）。

如果对 CPU 进行复位或者加电时，就进入实地址方式进行工作。80486 在实地址方式下的工作原理与 8086 相同。主要区别是 80486 可以访问 32 位寄存器，在这种方式下，其最大的寻址空间为 1MB。

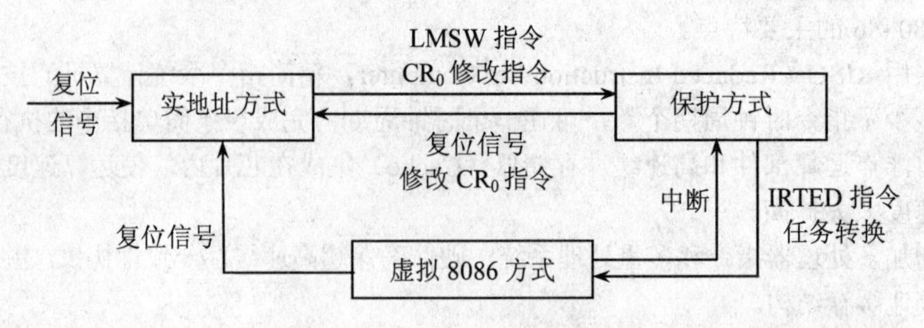

图 3-26 80486 的三种工作方式

保护方式又称保护的虚地址方式。修改 CR0 和 MSM 控制寄存器，80486 就由实地址方式转移到保护方式，或由保护方式转移到实地址方式。在保护方式下，CPU 可以访问 4GB（232B）的物理存储空间，而虚拟空间可达 64TB（246B）。在这种方式中，可以对存储器实施保护功能（禁止程序非法操作）和特权级的保护功能（主要保护操作系统的数据不被应用程序修改）。引入了软件可占用空间的虚拟存储器的概念。

虚拟 8086 方式是一种既能有效利用保护功能，又能执行 8086 代码的工作方式。CPU 与保护方式下工作原理相同，但程序指定的逻辑地址与 8086 相同。

3.5.2 Pentium 系列微处理器

Pentium（奔腾）微处理器是 Intel 公司 1993 年推出的第 5 代微处理器芯片。该芯片集成了 310 万个晶体管，有 64 条数据线，36 条地址线。

（1）Pentium 微处理器内部结构。

Pentium 微处理器主要由总线接口、指令高速缓存器、数据高速缓存器、指令预取缓冲器、寄存器组、指令译码、具有两条流水线的超标量整数处理、具有多用途的超标量流水线浮点处理等部件组成，其内部结构如图 3-27 所示。

Pentium 微处理器主要部件的功能简述如下：

- 超标量整数处理部件：超标量是指微处理器具有多条流水线，以增加每个时钟周期可执行的指令数，使运行速度成倍提高。Pentium 微处理器有两条指令流水线，一条是 U 流水线，另一条是 V 流水线。两条流水线都可执行整数指令，U 流水线还可执行浮点指令。能够在每个时钟周期内同时执行两条整数指令或在每个时钟周期内执行一条浮点指令。
- 超标量流水线浮点处理部件：Pentium 微处理器中浮点操作被高度流水线化，并与整数流水线集成在一起。微处理器内部流水线进一步分割成若干个小而快的级段，使指令能在其中以更快的速度通过。每一个超级流水线级段都以数倍于时钟周期的速度运行。
- 独立的数据和指令高速缓冲存储器(Cache)：Pentium 中有两个独立的 8KB 指令 Cache 和 8KB 数据 Cache，并可扩展到 12KB。允许两个 Cache 同时存取，使得内部传输效率更高。指令 Cache 和数据 Cache 采用 32×8 线宽，是对 Pentium 外部 64 位数据总线的有力支持。Pentium 的数据 Cache 有两个接口，分别通向 U 和 V 两条流水线，以便能同时与两个独立的流水线进行数据交换。

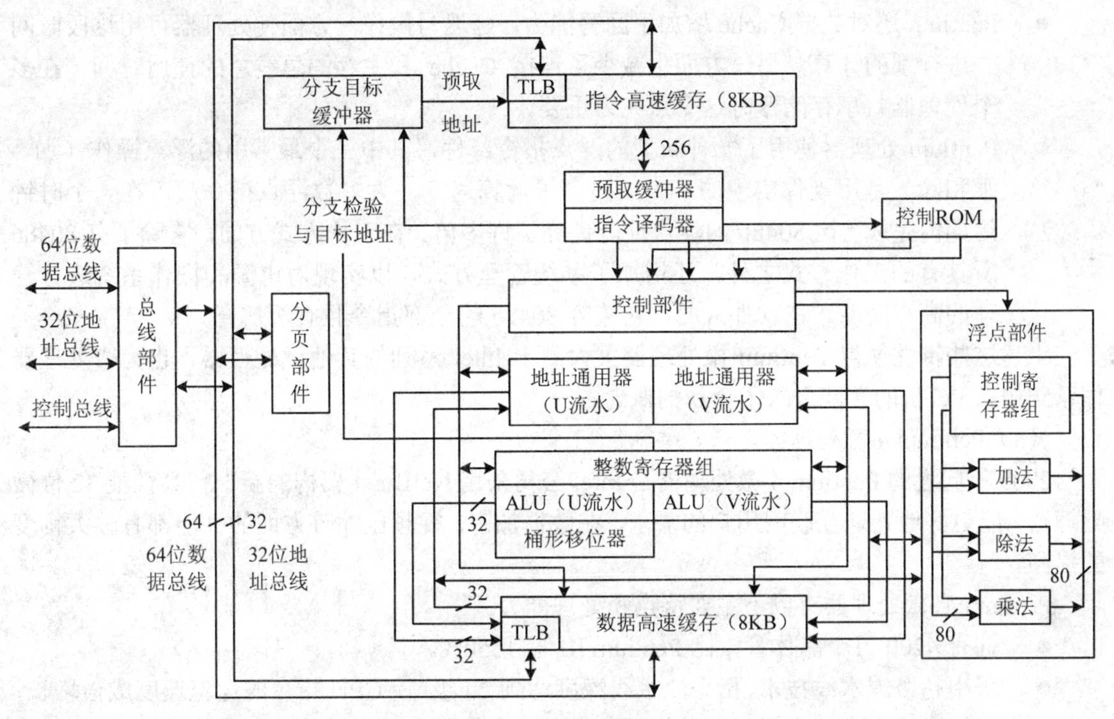

图 3-27　Pentium 微处理器的内部结构

- 指令预取缓冲器：Pentium 有两个 32 字节的指令预取缓冲器，通过预取缓冲器顺序地处理指令地址，直到它取到一条分支指令，分支目标缓冲器将对预取到的分支指令是否导致分支进行预测。
- 分支预测部件：Pentium 在指令预取处理中增加了分支预测逻辑，提供分支目标缓冲器来预测程序的转移。每产生一次程序转移时就将该指令和转移目标地址存起来，可利用存放在分支目标缓冲器中的转移记录来预测下一次程序转移，以保证流水线的指令预取不会空置。

（2）Pentium 微处理器的技术特点。

- Pentium 采用了新的体系结构，其内部浮点部件在 80486 的基础上重新进行了设计。Pentium 中的两条流水线与浮点部件能够独立工作，两个超高速缓冲存储器（指令 Cache 和数据 Cache）要比只有一个指令与数据合用的超高速缓冲存储器的 80486 更为先进。Pentium 还将常用指令固化，如将 MOV、INC、PUSH、POP、JMP、NOP、SHIFT、TEST 等指令的执行由硬件实现，从而大大加速了指令的执行速度。
- Pentium 的内部总线与 80486 一样仍为 32 位，但其外部数据总线却为 64 位，在一个总线周期内，将数据传送量增加了一倍。Pentium 还支持多种类型的总线周期，其中包括一种突发模式，该模式下可在一个总线周期内装入 256 位数据。
- Pentium 对 80486 的寄存器做了扩充，标志寄存器增加了 3 位，即 VIF（19 位）、VIP（20 位）和 ID（21 位），其中 VIF 和 VIP 用于控制 Pentium 的虚拟 8086 方式部分的虚拟中断；控制寄存器中增加了一个 CR4；增加了几个专用寄存器，用来控制可测试性、执行跟踪、性能监测和机器检查错误的功能等。

- Pentium 还对数据 Cache 增加了回写能力，延迟写操作一方面使处理器可用这段时间去进行别的计算，另一方面也减少了连接 Cache 和主存的总线总的使用时间，在多个处理器共享存储器时这一点尤为重要。
- Pentium 处理器使用了一种新型的浮点指令部件，其中三个最常用的浮点操作（加、乘和除）是用硬件实现的，大大提高了运算速度，大多数浮点指令都可在一个时钟周期内完成，比 80486 的浮点性能提高了许多倍。在工作方式方面，它除了有 80486 所具有的工作方式之外，还增加了系统管理方式，以实现对电源和操作系统进行管理的高级功能。在软件方面，它兼容 80486 的全部指令且有所扩充。

上述这些特性使得 Pentium 微处理器大大高于 Intel 系列的其他微处理器，也为微处理器体系结构和 PC 机的性能引入了全新的概念。

（3）Pentium 4 微处理器。

2000 年问世的 Pentium 4 微处理器是 Intel 公司采用 NetBurst 架构的新一代高性能 32 位微处理器，能更好地处理互联网用户的需求，在数据加密、视频压缩等方面的性能都有较大幅度的提高。

Pentium 4 微处理器有以下主要特点和处理能力：

- 拥有 4200 万个晶体管，比 Pentium III 多了 50%。
- 采用超级流水线技术，指令流水线深度达到 20 级，使 CPU 指令的运算速度成倍增长，在同一时间内可执行更多的指令，显著提高了处理器时钟频率及其他性能。
- 采用快速执行引擎技术，使处理器的算术逻辑单元达到双倍内核频率，可用于频繁处理诸如加、减运算之类的重复任务，实现了更高的执行吞吐量，缩短了等待时间。
- 执行追踪缓存，用来存储和转移高速处理所需的数据。
- 采用高级动态执行，可使微处理器识别平行模式，并且对要执行的任务区分先后次序，以提高整体性能。
- 具备 400MHz 系统总线，使数据以更快的速度进出微处理器，此总线在 Pentium 4 微处理器和内存控制器之间提供了 3.2GB 的传输速度，是现有的最高带宽台式机系统总线，具备了响应更迅速的系统性能。
- 增加了 114 条新指令，主要用来增强微处理器在视频和音频等方面的多媒体性能。

3.5.3 双核微处理器

所谓双核处理器（Dual Core Processor）是指在一个处理器上集成两个运算核心，通过并行总线连接，CPU 所有计算、存储操作、数据处理等都由核心执行，从而提高了计算机的处理能力。

“双核”的概念最早是由 IBM、HP、Sun 等支持 RISC 架构的高端服务器厂商提出的，主要运用于服务器上。而台式机上的应用则是在 Intel 和 AMD 的推广下才得以普及的。

目前 Intel 推出的台式机双核处理器有 Pentium D、Pentium EE（Pentium Extreme Edition）和 Core Duo 三种类型。AMD 推出的双核处理器分别是双核 Opteron 系列和全新 Athlon 64 X2 系列处理器。

下面对 Intel 的 Pentium D 和 Pentium EE 进行简单介绍。

Pentium D 和 Pentium EE 分别面向主流市场以及高端市场，其每个核心采用独立式缓存设计，在处理器内部两个核心之间是互相隔绝的，通过处理器外部（主板北桥芯片）的仲裁器负责两个核心之间的任务分配以及缓存数据的同步等协调工作。两个核心共享前端总线，并依靠前端总线在两个核心之间传输缓存同步数据。从架构上来看，这种类型是基于独立缓存的松散型双核处理器耦合方案，其优点是技术简单，只需要将两个相同的处理器内核封装在同一块基板上即可；缺点是数据延迟问题比较严重，性能并不尽如人意。

另外，Pentium D 和 Pentium EE 的最大区别就是 Pentium EE 支持超线程技术而 Pentium D 不支持，Pentium EE 在打开超线程技术之后会被操作系统识别为 4 个逻辑处理器。

超线程技术（Hyperthreading Technology，HT）采用特殊硬件指令把两个逻辑内核模拟成两个物理芯片，在单处理器中实现线程级并行计算，同时在相应软硬件支持下大幅提高运行效能。HT 利用特殊硬件指令将一个物理 CPU 模拟成两个逻辑 CPU，从而使单个处理器能“享用”线程级并行计算。内部两个逻辑处理器共享一组处理器执行单元，同步并行处理多条指令和数据。

双核技术是提高处理器性能的有效方法，增加一个内核，处理器每个时钟周期内可执行的操作将增加一倍，最突出优势是多任务同步处理能力。因此，只有充分利用两个内核中的所有可执行单元，才能使系统达到最大性能。

本章小结

8086 微处理器从功能结构上可划分为执行部件和总线接口部件，这种并行工作方式减少了 CPU 等待取指令的时间，充分利用了总线，有力地提高了 CPU 的工作效率，加快了整机的运行速度，也降低了 CPU 对存储器存取速度的要求，成为 8086 的突出优点。

8086 的寄存器使用非常灵活，可供编程使用的有 14 个 16 位寄存器，按其用途分为通用寄存器、段寄存器、指针和标志寄存器，各种寄存器的功能和应用场合有其特定的规则，编程处理时要遵循相关约定。

8086 存储器的内部按照分段进行管理，这种方式有利于程序的设计和指令的执行。8086 将 1MB 的存储空间（物理地址为 00000H～FFFFFH）分为若干个 64KB 的不同段，由 4 个段寄存器引导，编程使用时要考虑指令的寻址方式和物理地址的计算。要掌握存储器的分段管理、物理地址和逻辑地址的换算及 I/O 端口的编址方式。

要理解 8086 引脚信号功能及应用特点，弄清楚这些信号在使用时的特点，注意某些信号在不同场合定义为输入、输出或双向信号，有些信号分别定义为高电平有效或低电平有效，在访问内存或 I/O 接口时，也有相关控制信号的定义。要熟悉 8086 总线操作和时序的工作原理，掌握 8086 系统最大和最小工作模式的特点及应用。

本章最后对 80X86 的系列产品 80286、80386、80486 等高档微处理器的特点及基本结构做了介绍，这样更加方便大家了解 80X86 系列微处理器，加深对它们的认识。目前 PC 机市场占有份额最多的是 Pentium 4 微机，其结构上有较大的改进，不仅增加了数据总线、地址总线的位数，而且采用了指令高速缓存与数据高速缓存分离、分支预测、超标量流水线等许多新技术，增加了支持多媒体的指令集，使微处理器性能大大增强，成为计算机市场上的佼佼者。

一、选择题

1．在执行部件 EU 中起数据加工与处理作用的功能部件是（　　）。

A．ALU　　B．数据暂存器　　C．数据寄存器　　D．EU 控制电路

2．以下不属于总线接口部件 BIU 中的功能部件是（　　）。

A．地址加法器　　B．地址寄存器　　C．段寄存器　　D．指令队列缓冲器

3．可用作数据寄存器的是（　　）。

A．SI　　B．DI　　C．SP　　D．DX

4．堆栈操作中用于指示栈基址的寄存器是（　　）。

A．SS　　B．SP　　C．BP　　D．CS

5．下面 4 个标志中属于符号标志的是（　　）。

A．DF　　B．TF　　C．ZF　　D．SF

6．指令指针寄存器 IP 中存放的内容是（　　）。

A．指令　　B．指令地址　　C．操作数　　D．操作数地址

7．8086 系统可访问的内存空间范围是（　　）。

A．0000H～FFFFH　　B．00000H～FFFFFH

C．$0\sim2^{16}$　　D．$0\sim2^{20}$

8．8086 最大和最小工作模式的主要差别是（　　）。

A．数据总线的位数不同　　B．地址总线的位数不同

C．I/O 端口数的不同　　D．单处理器与多处理器的不同

9．8086 的中断向量表的作用是（　　）。

A．存放中断类型号　　B．存放中断服务程序的入口地址

C．作为中断程序的入口　　D．存放中断服务程序的返回地址

10．指令 INT n 中断是（　　）。

A．由系统断电引起　　B．由外设请求引起

C．可用 IF 标志位屏蔽　　D．软件调用的内部中断

二、填空题

1．8086 微处理器的内部结构由__________和__________组成，前者功能是__________，后者功能是__________。

2．8086 CPU 具有__________条地址址线，可直接寻址__________容量的内存空间，其物理地址范围是__________。

3．8086 CPU 在取指令时，会选取__________作为段基值，再加上由__________提供的偏移地址形成 20 位物理地址。

4．8086 CPU 中的指令队列的作用是__________，其长度是__________字节。

5．8086 的标志寄存器共有__________个标志位，分为__________个__________标志位和__________个

__________标志位。

6．8086 CPU 为了访问 1MB 内存空间，将存储器进行__________管理；其__________地址是唯一的；偏移地址是指__________；逻辑地址常用于__________。

7．逻辑地址为 2000H:0480H 时，其物理地址是__________，段地址是__________，偏移量是__________。

8．时钟周期是指__________，总线周期是指__________，总线操作是指__________。

9．8086 工作在最大方式时 CPU 引脚 MN/$\overline{MX}$ 应接__________；最大和最小工作方式的应用场合分别是__________。

10．中断的含义是__________；中断源是指__________，可分为__________两种。

11．中断源的识别方法有__________两种，前者的特点是__________，后者的特点是__________。

12．8086 中断系统最多可处理__________种不同中断类型；对应的类型号为__________；每一个中断都有一个__________供 CPU 识别。

三、判断题

（　）1．8086 访问内存的 20 位地址总线是在 BIU 中由地址加法器实现的。

（　）2．IP 中存放的是正在执行的指令的偏移地址。

（　）3．从内存单元偶地址开始存放的数据称为规则字。

（　）4．EU 执行算术和逻辑运算后的结果特征由状态标志位反映。

（　）5．指令执行中插入 T_I 和 T_W 是为了解决 CPU 与外设之间的速度差异。

（　）6．8086 系统复位后重新启动时从内存的 FFFF0H 处开始执行。

（　）7．CPU 中断处理的保护断点是把断点处的 IP 值和 CS 值压入堆栈。

（　）8．CPU 在执行当前指令过程中可响应可屏蔽中断。

四、简答题

1．8086 系统中的存储器分为几个逻辑段？各段之间的关系如何？每个段寄存器的作用是什么？

2．解释逻辑地址、偏移地址、有效地址、物理地址的含义，8086 存储器的物理地址是如何形成的？怎样进行计算？

3．8086 的最大和最小工作模式的主要区别是什么？如何进行控制？

4．什么是外部中断？什么是内部中断？简述中断处理过程。

5．什么是非屏蔽中断，什么是可屏蔽中断？它们要得到 CPU 响应的条件是什么？

6．简述 Pentium 微处理器的内部组成结构和主要部件的功能，有哪些主要特点。

五、分析题

1．在内存有一个由 20 个字节组成的数据区，其起始地址为 1200H:0010H。计算出该数据区在内存的首末单元的实际地址。

2．有两个 16 位的字数据 32D7H 和 2E8FH，它们在 8086 系统存储器中的物理地址分别为 10210H 和 10212H，试画出它们的存储示意图。

3．在内存中有一个程序段，其保存位置为(CS)=13A0H，(IP)=0110H，当计算机执行该程序段指令时，分析实际启动的物理地址是多少？

第4章　8086指令系统

每种CPU芯片都配置有相应的指令系统，供用户编程使用。本章主要讲解8086 CPU的指令格式、寻址方式和指令系统的组成情况。

通过本章的学习，应重点理解和掌握以下内容：

- 指令的概念及其基本格式
- 8086 CPU指令系统的寻址方式及地址计算方法
- 8086 CPU指令系统功能及其应用
- 中断调用指令

4.1　指令的基本概念和寻址

计算机在解决计算或处理信息等问题时，需要由人们事先把各类问题转换为计算机能识别和执行的操作命令。这种能被计算机执行的各种操作用命令形式写下来，就成为计算机指令。通常一条指令对应一种基本操作，如加、减、传送、移位等。目前，一般小型或微型计算机系统可以包括几十种或百余种指令。

4.1.1　指令系统与指令格式

1. 指令系统的概念

计算机中的指令以二进制编码形式存放在存储器中。采用二进制编码形式表示的指令称为机器指令，CPU可直接识别。由于机器指令比较长，难以记忆和阅读，为此，人们采用一些助记符（通常是指令功能的英文单词缩写）来简化表示机器指令，称为符号指令，也称汇编指令。计算机中汇编指令与机器指令具有一一对应的关系。

不同的CPU赋予的指令助记符不同，而且各自的指令系统中包含的操作类型也有不同。每种CPU指令系统的指令都有几十条、上百条之多。8086指令系统对Intel公司后继机型具有很好的向上兼容性，用户编写的各种汇编语言源程序完全可以在其环境下运行。

指令系统是计算机系统结构中非常重要的组成部分。从计算机组成层次结构来说，计算机指令有机器指令、伪指令和宏指令之分。指令系统是计算机硬件和软件之间的桥梁，是汇编语言程序设计的基础。

2. 指令格式

计算机通过执行指令来处理各类信息，为了指出信息的来源、操作结果的去向以及所执行的操作，事先要规定好指令格式，每条指令中一般要包含操作码和操作数等字段。

指令的一般格式是：

操作码	操作数	操作数	……

（1）操作码字段：指示计算机所要执行的操作类型，表示计算机要执行的某种指令功能，如传送、运算、移位、跳转等，是指令中必不可少的组成部分。

计算机执行指令时，首先将操作码从指令队列取入执行部件中的控制单元，经指令译码器识别后，产生执行本指令操作所需的时序控制信号，控制计算机完成规定的操作。

（2）操作数字段：表示计算机在操作中所需数据或数据存放位置（称为地址码），或是指向操作数的地址指针及其他有关操作数据的信息。

操作数字段可以有一个、二个或三个，分别称为单地址指令、双地址指令和三地址指令。单地址指令操作只需一个操作数，如加 1 指令 INC AX。大多数运算型指令都需要两个操作数，如加法指令 ADD AX,BX 中，AX 为被加数，BX 为加数，运算结果送到 AX 中，因此，AX 称为目的操作数，BX 称为源操作数。对于三地址指令则是在二地址指令的基础上再指定存放运算结果的地址。

在操作数字段中，可以是操作数本身或是操作数地址，也可是操作数地址的计算方法。微机中此字段通常可有一个或两个，前者为单操作数指令，如加 1 指令 INC AX；后者为双操作数指令，如加法指令 ADD AX,BX；是将 BX 的内容与 AX 的内容相加，运算的结果再送到 AX 中，AX 称为目的操作数 dst（destination），BX 称为源操作数 src（source）。

8086 的指令格式由 1～6 个字节组成。其中，操作码字段为占 1～2 个字节，操作数字段占 0～4 个字节。每条指令的长度将根据指令的操作功能和操作数的形式而定。

4.1.2 寻址的概念及操作数的类别

指令中要指定操作数的存放位置（即地址信息），执行指令时根据地址信息找到需要的操作数，寻找操作数的过程称为寻址，寻找操作数或操作数地址的方式称为寻址方式。

不同机器的指令系统规定了相应的寻址方式供编程时选用，根据寻址方式可方便地访问各类操作数。

操作数按其存放的位置一般有以下 3 种：

（1）立即操作数：操作数在指令中，一般位于源操作数位置。

（2）寄存器操作数：操作数在 CPU 的某个内部寄存器中。

（3）存储器操作数：操作数在内存数据区中。

4.2 寻址方式及其应用

8086 提供了 7 种与操作数有关的寻址方式，分别是立即数寻址、寄存器寻址、直接寻址、寄存器间接寻址、寄存器相对寻址、基址变址寻址和相对基址变址寻址。此外，还有与输入/输出有关的端口地址寻址方式。

4.2.1 立即数寻址

立即数寻址的操作数直接存放在给定指令中，紧跟在操作码之后，作为指令的组成部分放在代码段中。

立即数可以是 8 位或 16 位二进制数，也可用十进制数或十六进制数表示。立即数寻址通常用于给寄存器或存储单元赋初值，该数可以是数值型常数，也可以是字符型常数。在指令中只能用在源操作数字段，不能位于目的操作数字段。且因操作数直接从指令中取得，不执行总线周期，所以该寻址方式的显著特点是执行速度快。

【例 4.1】分析以下立即数寻址方式的指令操作功能。

```
MOV  AL,25H              ;将十六进制数 25H 送 AL
MOV  AX,12B5H            ;将 12B5H 送 AX
MOV  CL,50               ;将十进制数 50 送 CL
MOV  AL,10100110B        ;将二进制数 10100110B 送 AL
```

4.2.2 寄存器寻址

寄存器寻址方式是指操作数存放在 CPU 的内部寄存器，指令中用指定寄存器名来表示。该寻址方式下，操作数可位于 8 位或 16 位寄存器中。由于其操作就在 CPU 内部进行，不需要访问总线周期，所以指令执行速度比较快。

16 位操作数可位于 AX、BX、CX、DX、SI、DI、SP、BP 等寄存器中；8 位操作数可位于 AH、AL、BH、BL、CH、CL、DH、DL 等寄存器中。

【例 4.2】分析以下寄存器寻址方式的指令操作功能。

```
MOV  AL,BL               ;将 BL 中保存的源操作数传送到目的操作数 AL
ADD  AX,BX               ;两个 16 位寄存器操作数相加，结果放在 AX
INC  CX                  ;对寄存器 CX 中的内容进行加 1 处理
```

4.2.3 存储器寻址

用存储器寻址的指令，其操作数一般位于代码段之外的数据段、堆栈段或附加段的存储器中，指令中给出的是存储器单元的地址或产生存储器单元地址的信息。

执行这类指令时，CPU 先根据操作数字段提供的地址信息，由执行部件计算出有效地址 EA，再由总线接口部件根据公式计算出物理地址 PA，执行总线周期访问存储器取得操作数，最后再执行指令规定的基本操作。

注意：*采用存储器寻址的指令中只能有一个存储器操作数，或者是源操作数，或者是目的操作数；且指令书写时将存储器操作数放在方括号[]之中。*

下面具体介绍 5 种存储器寻址方式。

1. 直接寻址方式

该方式下指令中给出的地址码即为操作数有效地址 EA，可以是一个 8 位或 16 位位移量。默认方式下操作数存放在数据段 DS 中。

直接寻址方式的操作数有效地址 EA 已经在指令中给出。

操作数物理地址：PA=(DS)×10H＋EA。

【例 4.3】指令 MOV　AX,[0100H]；当(DS)=1200H 时，计算操作数物理地址并分析该指令执行特点。

解：指令采用直接寻址方式，给定有效地址 EA=0100H，指令对应的操作数物理地址：

PA=(DS)×10H+EA

=1200H×10H+0100H

=12100H

由于指令中目的操作数是16位寄存器AX，要分别取出两个存储单元中的数据，即12100H单元的字节数据送AL，12101H单元的字节数据送AH。

使用这种寻址方式应该注意：

（1）直接地址可用数值表示也可用符号地址表示，如MOV AX,DATA；这里的DATA为符号地址。符号地址是有属性的，由数据段中定义数据的伪指令确定。

（2）直接寻址方式下，操作数地址也可位于数据段以外的其他段，如对CS、ES、SS段中的数据寻址，应在指令中增加段寄存器名前缀，称段跨越寻址。如MOV AX,ES:DATA；表示把附加段ES中的变量地址DATA中的内容送AX。

（3）直接寻址方式常用于处理存储器中的单个变量。

2. 寄存器间接寻址方式

该方式下操作数的有效地址EA不像直接寻址那样放在指令中，而是通过基址寄存器BX、BP或变址寄存器SI、DI中的任一个寄存器内容间接得到，称这4个寄存器为间址寄存器。

操作数的存放位置有以下两种情况：

（1）指令中指定BX、SI、DI为间址寄存器，操作数位于数据段中。这种情况下，用DS寄存器内容作段首址。

操作数物理地址：PA=(DS)×10H+(指定寄存器)。

【例4.4】指令MOV　AX,[BX]；给定(DS)=2000H，(BX)=1200H，内存单元内容(21200H)=11H，(21201H)=22H，计算指令中操作数物理地址并分析该指令执行后的结果。

解：采用寄存器间接寻址方式，操作数物理地址计算如下：

PA=(DS)×10H+(BX)

=2000H×10H+1200H

=21200H

目的操作数为16位寄存器AX，指令执行时从内存21200H单元取出字节数据11H送AL，从21201H单元取出字节数据22H送AH。

指令执行后目的寄存器内容为：(AX)=2211H。

（2）指令中若指定BP为间址寄存器，操作数位于堆栈段中。这种情况下用SS寄存器内容作段首址。

操作数物理地址：PA=(SS)×10H+(BP)。

寄存器间接寻址方式可用来对一维数组或表格进行处理，只要改变BX、BP、SI、DI中内容，用一条寄存器间接寻址指令就可对连续的存储器单元进行存/取操作。此外，指令中也可指定段超越前缀来取得其他段中的操作数，如MOV AX,ES:[BX]。

3. 寄存器相对寻址方式

该寻址方式中也是指定BX、BP、SI、DI的内容进行间接寻址。但和寄存器间接寻址方式不同的是，指令中还要指定一个8位或16位的位移量，操作数有效地址EA等于间址寄存器内容和位移量之和。

有效地址：EA=(reg)＋8 位或 16 位位移量，其中 reg 为给定寄存器。

计算物理地址时，对于寄存器为 BX、SI、DI 时采用数据段寄存器 DS 作段首址，对于寄存器 BP 则采用堆栈段寄存器 SS 作段首址。

物理地址：PA=(DS)×10H＋EA　　（用 BX、SI、DI 间址寄存器）

　　　　　PA=(SS)×10H＋EA　　（用 BP 间址寄存器）

【例 4.5】指令 MOV　AX,[BX＋0110H]；寄存器(BX)=2100H，(DS)=1000H，存储单元(12210H)=43H，(12211H)=65H。计算操作数的有效地址及物理地址并分析指令执行后的结果。

解：该指令将指定地址中的字数据传送到累加器 AX 中，为寄存器相对寻址方式。

操作数有效地址：EA=(BX)＋0110H

　　　　　　　　=2100H＋0110H

　　　　　　　　=2210H

操作数物理地址：PA=(DS)×10H＋EA

　　　　　　　　=1000H×10H＋2210H

　　　　　　　　=12210H

指令执行后，从内存 12210H 单元取出字节数据 43H 送 AL 寄存器，从内存 12211H 单元中取出字节数据 65H 送寄存器 AH。

指令执行后目的寄存器内容为：(AX)=6543H。

寄存器相对寻址通常也用来访问数组中元素，位移量定位于数组起点，间址寄存器的值选择一个元素；只要改变间址寄存器内容就可选择数组中的任何元素；SI 用于源数组的变址寻址；DI 用于目的数组的变址寻址。采用寄存器相对寻址的指令也可使用段超越前缀。

4. 基址变址寻址方式

该方式下存储器操作数有效地址 EA 是由指令指定的一个基址寄存器和一个变址寄存器的内容之和。默认段寄存器不同时，一般由基址寄存器来决定用哪一个段寄存器作为段基址指针。

基址寄存器可取 BX 或 BP，变址寄存器可取 SI 或 DI，但指令中不能同时出现两个基址寄存器或两个变址寄存器。如果基址寄存器为 BX，则段寄存器使用 DS；如果基址寄存器用 BP，则段寄存器使用 SS。

物理地址：PA=(DS)×10H＋(BX)＋(SI)

　　　　　PA=(SS)×10H＋(BP)＋(DI)

【例 4.6】指令 MOV　AX,[BX+SI]；寄存器(DS)=2000H，(BX)=1000H，(SI)=0020H，内存中数据(21020H)=78H，(21021H)=56H，计算操作数的存放地址并分析指令的执行情况。

解：该指令为基址变址寻址方式，将指定内存单元的内容传送到寄存器 AX 中。

操作数物理地址：

PA=(DS)×10H＋(BX)＋(SI)

　=2000H×10H＋1000H＋0020H

　=21020H

指令执行后将内存 21020H 单元的数据 78H 传送到 AL 中，将内存 21021H 单元的数据 56H 传送到 AH 中。

指令执行后目的寄存器内容为：(AX)=5678H。

基址变址寻址方式同样适合数组或表格的处理，由于基址和变址寄存器中的内容都可以修改，因而在处理二维数组时特别方便。该方式也可使用段超越前缀，如 MOV AX,ES:[BX][SI]。

5. 相对基址变址寻址方式

该寻址方式下操作数的有效地址 EA 是由指令指定的一个基址寄存器和一个变址寄存器的内容再加上 8 位或 16 位位移量之和。

指令中给出基址寄存器、变址寄存器和 8 位或 16 位的位移量，基址寄存器可取 BX 或 BP，变址寄存器可取 SI 或 DI，若基址寄存器为 BX，段寄存器使用 DS；若基址寄存器用 BP，段寄存器使用 SS。

物理地址：PA=(DS)×10H＋(BX)＋(SI 或 DI)＋位移量

PA=(SS)×10H＋(BP)＋(SI 或 DI)＋位移量

【例 4.7】指令 MOV AX,[BX＋SI＋0110H]；寄存器(DS)=1000H，(BX)=0100H，(SI)=1010H，存储单元(11220H)=34H，(11221H)=12H，分析该指令执行后 AX 寄存器中保存的内容。

解：指令为相对基址变址寻址方式，采用基址寄存器 BX 和变址寄存器 SI，给定 16 位的偏移量为 1000H，操作数物理地址计算如下：

PA=(DS)×10H＋(BX)＋(SI)＋位移量

=1000H×10H＋0100H＋1010H＋0110H

=11220H

指令执行后将内存 11220H 单元的数据 34H 送寄存器 AL，将内存 11221H 单元的数据 12H 送寄存器 AH。

指令执行后目的寄存器内容：(AX)=1234H。

相对基址变址寻址方式为访问堆栈中的数组提供了方便，可以在基址寄存器 BP 中存放栈顶地址，用位移量表示栈顶到数组第一个元素的距离，变址寄存器用来访问数组中的每一个元素。

4.2.4 I/O 端口寻址

8086 的 I/O 端口采用独立编址，有 64K 个字节端口或 32K 个字端口，采用专门的输入/输出指令 IN/OUT，寻址方式有直接端口寻址和间接端口寻址两种方式。

1. 直接端口寻址方式

用直接端口寻址的 IN 和 OUT 指令均为双字节指令，指令中直接给出要访问的端口地址，端口数为 0～255，即最大 256 个，采用两位十六进制数表示。

【例 4.8】分析以下直接端口寻址方式的指令操作功能。

```
IN  AL,50H   ;从端口地址为 50H 的 I/O 端口中取出字节数据送 8 位寄存器 AL
IN  AX,60H   ;从端口地址为 60H 和 61H 的两个相邻 I/O 端口中取出字数据送 16 位寄存器 AX
```

OUT 指令和 IN 指令一样，提供字节或字两种使用方式。端口宽度只有 8 位时只能用字节指令。此外，直接端口地址也可以用符号地址表示，如 OUT PORT,AL。

2. 间接端口寻址方式

若访问端口的地址数超过 256 个，要采用 I/O 端口间接寻址方式，可访问的端口数为 0～65535，即最大为 65536 个。

间接端口寻址把 I/O 端口地址先送到寄存器 DX 中，用 16 位的 DX 作为间接寻址寄存器。

【例 4.9】分析以下间接端口寻址方式的指令操作功能。

```
MOV  DX,215H          ;将端口地址 215H 先送到 DX 寄存器
OUT  DX,AL            ;再将 AL 中的内容输出到 DX 所指定的端口中
```

4.3 8086 指令系统及其应用

8086 指令系统是 80X86 和 Pentium 微处理器的基本指令集。8086 指令系统包含 133 条基本指令，这些指令与寻址方式组合再加上不同的操作数类型可构成多种指令形式。

按功能的不同，可将这些指令分为数据传送类、算术运算类、逻辑运算与移位类、串操作类、控制转移类、处理器控制类和中断类七大类指令。

学习指令系统应注意掌握如下内容：

（1）指令的功能和操作特点的准确理解。

（2）指令中操作数所采用的寻址方式。

（3）指令对标志位的影响。

（4）指令的正确写法和格式的规定。

4.3.1 数据传送类指令

数据传送类指令的基本功能是把操作数或操作数的地址传送到指定的寄存器或存储单元中。此类指令除了 SAHF 和 POPF 指令外均不影响标志寄存器。

数据传送过程中，源操作数和目的操作数的类型必须保持一致。源操作数可以是累加器、寄存器、存储器操作数和立即数，目的操作数可以是累加器、寄存器和存储器。

按照不同的功能可将数据传送类指令分为 3 组，如表 4.1 所示。其中 dst 表示目的操作数，src 表示源操作数。

表 4.1 数据传送类指令的格式及功能

指令类型	指令格式	指令功能
通用数据传送	MOV dst,src	字节或字传送
	PUSH src	字压入堆栈
	POP dst	字弹出堆栈
	XCHG dst,src	字节或字交换
	XLAT	换码指令
地址传送	LEA dst,src	装入有效地址
	LDS dst,src	装入 DS 寄存器
	LES dst,src	装入 ES 寄存器
标志位传送	LAHF	将 FLAG 低字节装入 AH 寄存器
	SAHF	将 AH 内容装入 FLAG 低字节
	PUSHF	将 FLAG 内容压栈
	POPF	从堆栈中弹出一个字给 FLAG

1. 通用数据传送指令

（1）传送指令 MOV。

该指令把源操作数传送至目的操作数，指令执行后源操作数内容不变，目的操作数内容与源操作数内容相同。源操作数可以是通用寄存器、段寄存器、存储器及立即数，目标操作数可以是通用寄存器、段寄存器（CS 除外）或存储器。

【例 4.10】分析以下 MOV 传送指令的操作功能。

```
MOV  AL,12H              ;8 位立即数 12H 送 AL
MOV  BX,2100H            ;16 位立即数 2100H 送 BX
MOV  DL,'A'              ;字符 A 的 ASCII 码送 DL
MOV  AL,BL               ;8 位寄存器之间传送
MOV  AX,BX               ;16 位寄存器之间传送
MOV  AL,[0100H]          ;存储单元字节数据送 AL
MOV  [1200H],SI          ;SI 中字节数据送指定存储单元
MOV  AX,[SI]             ;SI 指示的存储单元字数据送 AX
```

注意：掌握 MOV 指令的关键是搞清楚指令中两个操作数 src 与 dst 可用的寻址方式的组合，以及相关的限定。使用 MOV 指令时，两个操作数的类型必须一致；段寄存器 CS、指令指针寄存器 IP 及立即数不能作为目标操作数；两个存储单元之间不允许直接传送数据；不能向段寄存器送立即数；两个段寄存器之间不能直接传送数据。

（2）堆栈操作指令 PUSH/POP。

堆栈是在内存中开辟的一段特殊的存储区域，这段区域采用“先进后出”的原则存取数据。8086 存储器采用分段管理方法，堆栈段在存储区中的位置由堆栈段寄存器 SS 和堆栈指针 SP 规定。SS 中存放堆栈段段地址，SP 中存放栈顶偏移地址，此地址表示栈顶离段首址的偏移量。一个系统中使用的堆栈数目不受限制，在有多个堆栈的情况下，各堆栈用各自段名来区分。

8086 堆栈操作有入栈（PUSH）和出栈（POP）两种，均为 16 位的字操作。进栈指令 PUSH 使(SP)←(SP)－2，然后将 16 位源操作数压入堆栈，先高位后低位。出栈指令 POP 的执行过程与 PUSH 相反，从当前栈顶弹出 16 位操作数到目标操作数，同时(SP)←(SP)＋2，使 SP 指向新的栈顶。

【例 4.11】分析以下堆栈操作的过程及特点。

①已知(SP)=0028H，(SS)=1000H，(AX)=1234H，执行指令 PUSH　AX。

②已知(SS)=2000H，(SP)=0100H，(BX)=1122H，(20100H)=24H，(20101H)=35H，执行指令 POP　BX。

解：①执行进栈指令 PUSH　AX 时，堆栈指针变化为(SP)←(SP)－2，即(SP)=0028H－2=0026H，目的操作数的物理地址：

PA=(SS)×10H＋(SP)
=1000H×10H＋0026H
=10026H

该指令将累加器 AX 中的字数据 1234H 压入堆栈区域 10026H 单元开始的字存储区，执行后，(10026H)=34H，(10027H)=12H。

②执行出栈指令 POP　BX 时，堆栈区数据的物理地址：

PA=(SS)×10H＋(SP)

=2000H×10H＋0100H

=20100H

该指令将堆栈区域 20100H 单元开始的字存储区数据 3524H 弹出到寄存器 BX 中，即(BX)=3524H。此时堆栈指针变化为(SP)←(SP)＋2，即(SP)=0100H+2=0102H。

注意：一般数据存储区采用随机存取方式，而堆栈采用先进后出的原则，除数据传送外还伴随着堆栈指针 SP 的修改。堆栈操作可针对通用寄存器、段寄存器、存储器单元等进行；CS 寄存器可入栈，但不能随意弹出一个数据到 CS。PUSH 和 POP 指令不影响标志位。

（3）交换指令 XCHG。

交换指令可实现字节数据和字数据交换，可用的寻址方式是内部寄存器之间或内部寄存器与存储单元之间的处理。

【例 4.12】分析以下交换指令的操作功能。

```
XCHG  AL,BL               ;AL 与 BL 中的字节数据进行交换
XCHG  BX,CX               ;BX 与 CX 中的字数据进行交换
XCHG  [2100H],DX          ;DX 与内存单元间的字数据进行交换
```

使用时应注意，两个操作数 src 与 dst 不能同时为存储器操作数；任一个操作数都不能使用段寄存器，也不能使用立即数；指令中必须有一个操作数位于寄存器中；交换指令执行结果不影响标志位。

（4）换码指令 XLAT。

执行操作：AL←((BX)＋(AL))

换码指令 XLAT 将累加器 AL 中的一个值转换为内存表格中的某一个值，再送回 AL 中。XLAT 一般用来实现码制之间的转换，所以又称查表转换指令。

在编译程序中经常需要把一种代码转换为另一种代码。如把字符的扫描码转换为 ASCII 码。XLAT 就是为这种用途设置的指令。在使用指令前应先在数据段建立一个表格，表格首单元偏移地址送给 BX 寄存器，要转换的代码应该是相对于表格首单元的偏移量，它是一个 8 位无符号数（这说明表格的长度最大只能是 256 个存储单元）。在指令执行前该偏移量存入 AL 寄存器中，表格中的内容则是所要转换的代码。执行指令后，在 AL 中的内容则是转换后的代码。此指令的执行不影响标志位。

使用 XLAT 指令前，要求 BX 寄存器指向表的首地址，AL 中存放待查的码，用它表示表中某一项与表首址的距离。执行时，将 BX 和 AL 的值相加得到一个地址，最后将该地址单元中的值取到 AL 中，这就是查表转换的结果。

换码指令使用的是隐含寻址方式，表的首地址必须放在 BX 中，而待查的码必须放在 AL 中。换码指令非常方便于一些无规律代码的转换，如 LED 显示器所用的十六进制数（或十进制数）到七段码的转换等。

2. 地址传送指令

（1）有效地址送寄存器指令 LEA。

LEA 指令的功能是将源操作数的有效地址传送到 16 位通用寄存器。源操作数为一个存储器操作数。

【例 4.13】分析以下 LEA 指令的操作功能。

```
LEA  BX,[0020H]      ;指令执行后，(BX)=0020H
LEA  BX,[SI+BP]      ;指令执行后，将(SI)+(BP)的结果即[SI+BP]的有效地址送BX
```

（2）地址指针送寄存器指令 LDS。

该指令完成一个 32 位地址指针的传送，地址指针包括段地址和偏移量两部分。指令把源操作数 src 指定的 4 字节地址指针传送到两个目标寄存器，src 指示的前两个字节单元内容送指令指定的通用寄存器中，src+2 所指示的两个字节内容送 DS。

【例 4.14】已知(DS)=3000H，(BX)=0000H，(SI)=0110H，(30210H)=34H，(30211H)=12H，(20312H)=78H，(20313H)=56H，执行指令 LDS　BX,0100H[SI]，分析其操作过程和结果。

解：由指令寻址方式计算操作数的起始物理地址：

$$
\begin{aligned}
PA&=(DS)\times 10H+(SI)+0100H\\
&=3000H\times 10H+0110H+0100H\\
&=30210H
\end{aligned}
$$

指令从 30210H 单元开始取出 4 个字节的内容，分别送入指定的 BX 和 DS 寄存器中。

执行结果：(BX)=1234H，(DS)=5678H。

（3）指针送寄存器指令 LES。

LES 指令执行的操作与 LDS 指令相似，不同之处是以 ES 代替 DS。

【例 4.15】执行指令 LES　DI,[BX]。

指令执行前(DS)=2000H，(BX)=0020H，(20020H)=45H，(20021H)=D6H，(20022)=00H，(20023H)=50H，(ES)=4000H。

指令执行后(DI)=D645H，(ES)=5000H，各存储单元内容不变。

注意：LEA 指令是对操作数的地址进行操作，而 LDS 和 LES 指令是对操作数的内容进行操作。LDS 和 LES 操作数的内容是 32 位的地址指针，前两个字节是偏移量，后两个字节是段起始地址。且目的寄存器不能使用段寄存器，src 一定是存储器操作数。

3. 标志寄存器传送指令

8086 可通过标志寄存器传送指令读出当前标志寄存器中各状态位的内容，也可对标志寄存器的状态设置新的值。这类指令共有 4 条，均为单字节指令，源操作数和目的操作数都隐含在操作码中，字节操作数隐含为 AH。

（1）取标志指令 LAHF。

指令执行后，将 16 位标志寄存器 FLAG 的低 8 位取到 AH 中。这低 8 位包含了 5 个状态标志位 SF、ZF、AF、PF、CF，如图 4-1 所示。

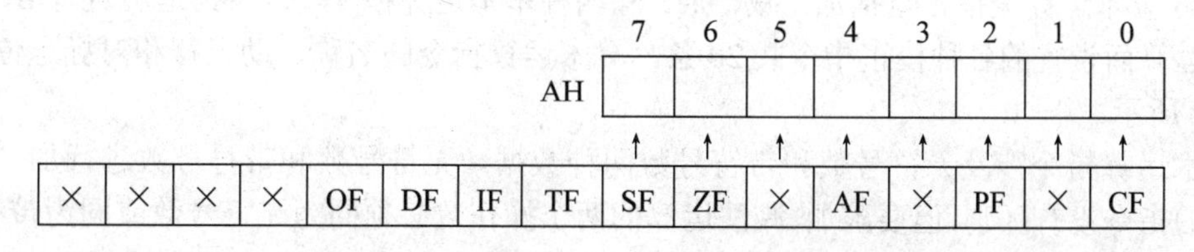

图 4-1　LAHF 指令执行过程示意图

LAHF 指令对标志位没有影响。

（2）置标志位指令 SAHF。

SAHF 指令和 LAHF 指令的操作正好相反，它是将 AH 寄存器的内容传送到标志寄存器 FLAG 的低 8 位，以对状态标志 SF、ZF、AF、PF 和 CF 进行设置。

SAHF 指令将影响标志位，FLAG 寄存器中的 SF、ZF、AF、PF 和 CF 将被修改成 AH 寄存器中对应位的值，但其他状态位即 OF、DF、IF 和 TF 不受影响。

（3）标志压入堆栈指令 PUSHF。

执行操作：SP←(SP)−2；(SP)←16 位 FLAG

PUSHF 指令先将 SP 减 2，然后将标志寄存器 FLAG 中的内容（16 位）压入堆栈中，这条指令本身不影响状态标志位。

（4）标志弹出堆栈指令 POPF。

执行操作：16 位 FLAG←(SP)；SP←(SP)＋2

POPF 指令的操作与 PUSHF 指令相反，它将堆栈内容弹出到标志寄存器 FLAG，然后加 2。POPF 指令对状态标志位有影响。

注意：PUSHF 和 POPF 一般成对使用。PUSHF 和 POPF 指令常用来保护调用子程序前标志寄存器的值，在调用结束后再恢复标志寄存器的值；POPF 指令也可按照需求用来修改标志寄存器中相应标志位的值。

4. 输入/输出指令

8086 和其他微处理器一样，累加器是其数据传送的核心。8086 指令系统中的输入/输出指令和换码指令就是专门通过累加器来执行的。

输入指令：IN　　Acc,src　　　;Acc 为 8 位或 16 位累加器

输出指令：OUT　dst,Acc

使用 I/O 指令时注意：

- IN/OUT 指令只能用累加器输入输出数据，不能用其他寄存器。
- 直接端口寻址的 I/O 指令端口范围为 0～FFH，在一些规模较小的微机系统够用了。
- 在一些功能较强的微机系统会使用大于 FFH 的端口，这时需通过 DX 采用寄存器间接端口寻址方式。

例如，将 12 位 A/D 转换器所得数字量输入。A/D 转换器使用一个字端口，地址设为 2F0H。输入数据程序段为：

```
MOV  DX,02F0H
IN   AX,DX
```

4.3.2 算术运算类指令

8086 算术运算类指令包括加、减、乘、除四种基本运算指令，以及为适应进行 BCD 码十进制数运算而设置的各种校正指令共 20 条，算术运算指令的名称、助记符和对标志位的影响如表 4.2 所示。

算术运算指令涉及无符号数和带符号数两种数据。无符号数和带符号数进行加、减法运算采用的指令没有区别，但要求加、减法运算的两个操作数必须同为无符号数或同为带符号数；对乘除运算来说，无符号数和带符号数进行乘除法运算采用的指令是有区别的，即它们有各自的乘除运算指令。

表 4.2　算术运算指令的格式及对标志位的影响

类别	指令书写格式（助记符）	指令名称	状态标志					
			OF	SF	ZF	AF	PF	CF
加法	ADD dst，src	加法（字节/字）	¤	¤	¤	¤	¤	¤
	ADC dst，src	带进位加法（字节/字）	¤	¤	¤	¤	¤	¤
	INC dst	加 1（字节/字）	¤	¤	¤	¤	¤	—
减法	SUB dst，src	减法（字节/字）	¤	¤	¤	¤	¤	¤
	SBB dst，src	带借位减法（字节/字）	¤	¤	¤	¤	¤	¤
	DEC dst	减 1	¤	¤	¤	¤	¤	—
	NEC dst	求补	¤	¤	¤	¤	¤	¤
	CMP dst，src	比较	¤	¤	¤	¤	¤	¤
乘法	MUL src	不带符号乘法（字节/字）	¤	※	※	※	※	¤
	IMUL src	带符号乘法（字节/字）	¤	※	※	※	※	¤
除法	DIV src	不带符号除法（字节/字）	※	※	※	※	※	※
	IDIV src	带符号除法（字节/字）	※	※	※	※	※	※
	CBW	字节扩展	—	—	—	—	—	—
	CWD	字扩展	—	—	—	—	—	—
十进制调整	AAA	非组合 BCD 码加法调整	※	※	※	¤	※	¤
	DAA	组合 BCD 码加法调整	※	¤	¤	¤	¤	¤
	AAS	非组合 BCD 码减法调整	※	※	※	¤	※	¤
	DAS	组合 BCD 码减法调整	※	¤	¤	¤	¤	¤
	AAM	非组合 BCD 码乘法调整	※	¤	¤	※	¤	※
	AAD	非组合 BCD 码除法调整	※	¤	¤	※	¤	※

备注：表中“¤”表示运算结果影响标志位；“—”表示运算结果不影响标志位；“※”表示标志位为任意值。

加、减法运算在执行过程中有可能产生溢出。检测无符号数或带符号数的运算结果是否溢出，要用不同的方法。对于无符号数来说，如加法运算最高位向前产生进位（如8位相加，D7位向前有进位）、减法运算最高位向前有借位（8位相减时，D7向前有借位），则表示出现溢出，进位或借位均导致CF=1，故检测CF是否为1即可判断无符号数运算是否溢出；对于带符号数来说，运算采用补码，符号位参与运算，溢出则表示运算结果发生错误，用OF是否为1可检测带符号数是否溢出。

无符号数运算结果溢出是在超出了最大表示范围这个唯一的原因下发生的，溢出也就是产生进位或借位，这不能叫出错。因此在多字节数相加过程中，可利用溢出的 CF 来传递低位字节向高位字节的进位；带符号数运算产生溢出是由最高位向前进位 C_P 和次高位向前进位 C_S 两种综合因素表示，即 $OF=C_P \oplus C_S$。当 OF 值为 1 时，表示产生溢出，运算结果出现错误。

所有算术运算指令都会影响标志位，总的来说，有以下这样一些规则：

- 运算结果向前产生进位或借位时，CF=1。
- 最高位向前进位和次高位向前进位不同时产生时，OF=1。

- 如果运算结果为 0，ZF=1。
- 如果运算结果最高位为 1，SF=1。
- 如果 8 位运算结果中有偶数个 1，PF=1。

1. 加法指令

（1）不带进位加法指令 ADD　dst,src。

指令功能：(dst)←(dst)+(src)

ADD 指令用来对源操作数 src 和目的操作数 dst 的字或字节数进行相加，结果放在目的操作数，指令执行后对各状态标志 OF、SF、ZF、AF、PF 和 CF 均可产生影响。

注意，两个存储器操作数不能直接相加，段寄存器也不能参加运算。在使用指令时还要注意两个操作数类型一致。

例如：ADD　AX,0CFA8H

若指令执行前，(AX)=5623H，则指令执行后，(AX)=25CBH，且 CF=1，OF=0，SF=0，ZF=0，AF=0，PF=0。

（2）带进位的加法指令 ADC　dst,src。

指令功能：(dst)←(dst)+(src)+CF

ADC 指令和 ADD 指令功能基本类似，区别在于 ADC 在完成 2 个字或 2 个字节数相加的同时，还要将进位标志 CF 的值加在和中。

ADC 指令主要用于多字节（或多字）加法运算中。因为加法指令最多只能 16 位二进制相加，当二进制数据位数超过 16 位（多精度数据）时，要进行加法运算，编程时需要结合 ADD 和 ADC 指令进行多精度运算。

【例 4.16】已知源操作数和目的操作数都为 32 位，被加数存放在 DX、AX 中，其中 DX 存放高位字；加数存放在 CX、BX 中，CX 中存放高位字。

执行下列指令序列：

```
ADD  AX,BX
ADC  DX,CX
```

若指令执行前，(AX)=5A3BH，(DX)=809EH，(BX)=0BA7FH，(CX)=09ADH，则第一条指令执行指令执行后，(AX)=14BAH，CF=1，OF=0，SF=0，ZF=0，AF=1，PF=0。

第二条指令执行后，(DX)=8A4CH，CF=0，OF=0，SF=1，ZF=0，AF=1，PF=0。

（3）加 1 指令 INC　opr。

指令功能：(opr)←(opr)+1

INC 指令只有一个操作数 src。src 可为寄存器或存储器单元，但不能为立即数或段寄存器。指令对 src 中内容增 1，所以又叫增量指令。该指令常用在循环结构程序中修改指针或用作循环记数。INC 指令影响 CF 以外的状态标志位。

```
例如：INC  AL                    ;AL 的内容加 1
      INC  CX                    ;CX的内容加1
      INC BYTE PTR [SI＋BX]      ;数据段内偏移地址为[SI+BX]的字节单元内容加1
```

2. 减法指令

（1）减法指令 SUB　dst,src。

指令功能：(dst)←(dst)－(src)

该指令执行后，将目标操作数内容减去源操作数内容，结果送回到目标操作数中。dst 和 src 应同为字数据或字节数据。

SUB 指令执行后对各状态标志位 OF、SF、ZF、AF、PF 和 CF 均可产生影响。

例如：SUB BX,CX

若指令执行前，(BX)=9543H，(CX)=28A7H，则指令执行后，(BX)=6C9CH，(CX)=28A7H，CF=0，OF=1，ZF=0，SF=0，AF=1，PF=1。

（2）带借位的减法指令 SBB dst,src。

指令功能：(dst)←(dst)－(src)－CF

SBB 指令和 SUB 指令功能基本类似，区别在于 SBB 在完成字或字节数相减的同时，还要将较低位字或较低位字节相减时借走的借位 CF 减去。

同 ADC 指令类似，SBB 指令也主要用于多精度数减法中。

【例 4.17】有两个双精度字 00127546H 和 00109428H，其中被减数 00127546H 存放在 DX、AX 寄存器，DX 中存放高位字；减数 00109428H 存放在 CX、BX 寄存器，CX 中存放高位字，执行双精度字减法指令为：

```
SUB  AX,BX
SBB  DX,CX
```

第一条指令执行后，(AX)=411EH，(BX)=9428H，CF=1，ZF=0，AF=1，PF=1，SF=0，OF=1（正数减去负数，和为负数，产生溢出，在多精度运算中，不是最后结果）。

第二条指令执行后，(DX)=0001H，(CX)=0010H，CF=0，ZF=0，AF=0，PF=0，SF=0，OF=0（正数减去正数，和为正数，不产生溢出，在多精度运算中，这是最后结果）。

（3）减 1 指令 DEC opr。

指令功能：(opr)←(opr)－1

减 1 指令只有 1 个操作数 src，和 INC 指令类似，src 可为寄存器或存储器单元，不能为立即数。该指令实现对 src 中的内容减 1，又叫减量指令。

此指令通常用于循环程序中修改指针和循环次数。

```
例如：DEC  CX                ;CX 中的内容减 1 后，送回 CX
      DEC  BYTE  PTR[SI]     ;将 SI 所指示字节单元中的内容减 1 后，送回该单元
```

【例 4.18】分析以下加、减法指令的操作功能。

```
ADD  AL,BL              ;两个字节寄存器的数据相加
ADD  AL,[0110H]         ;内存单元与寄存器的字节数据相加
ADD  [SI],AX            ;寄存器与内存单元的字数据相加
INC  CX                 ;执行(CX)←(CX)＋1 操作
SUB  AX,BX              ;执行(AX)←(AX)－(BX)操作
SBB  AX,CX              ;执行(AX)←(AX)－(CX)－CF 操作
DEC  CX                 ;执行(CX)←(CX)－1 操作
```

（4）求补指令 NEG opr。

NEG 指令将 opr 中的内容取 2 的补码后再送回 opr 中。相当于将 opr 中的内容按位取反后末位加 1。

NEG 指令执行的也是减法操作，此指令影响状态标志位。

对 CF 的影响：当 OPR 中的内容为 0 时，CF=0；否则 CF=1。

对 OF 的影响：当 OPR 中存放的是最小负数时（即字节数据为 80H，字数据为 8000H），执行 NEG 指令后，送回的数据仍是原来的数据，OF=1；其他情况 OF=0。

例如：NEG　DX

指令执行前，(DX)=9A80H；执行指令后，(DX)=6580H，CF=1，OF=0，SF=0，AF=0，PF=0，ZF=0。

（5）比较指令 CMP　opr1,opr2。

指令功能：(opr1)－(opr2)

该指令与 SUB 指令一样执行减法操作，但有一点不同，该指令不保存结果(差)，即指令执行后，OPR1 和 OPR2 两个操作数的内容不会改变。执行这条指令的主要目的是根据操作的结果设置状态标志位。CMP 指令后通常都会紧跟一条条件转移指令，根据比较结果来决定程序执行的分支。OPR1 和 OPR2 的寻址方式规定与加减指令中的 DST 和 SRC 相同。

比较指令执行后影响所有的状态标志位，根据状态标志位便可判断两操作数的比较结果。

两个同符号的带符号数比较时，相减的结果不会超出带符号数的表示范围，即不会产生溢出，OF=0；两个不同号的带符号数作比较，相减的结果有可能不超出带符号数表示范围，不产生溢出，即 OF=0；也有可能超出带符号数的表示范围，产生溢出。

概括起来有如下结论：当 OF ⊕ SF=0 时，A＞B；当 OF ⊕ SF=1 时，A＜B，其中 ⊕ 为异或操作。

CMP 比较指令对各状态标志产生影响，8086 指令系统分别提供了判断无符号数大小的条件转移指令和判断带符号数大小的条件转移指令。这两组条件转移指令的判断依据是有差别的。前者依据 CF 和 ZF 进行判断，后者则依据 ZF 和 OF、SF 的关系来判断。

例如：CMP　BX,0　　　　;(BX)和 0 进行比较

　　　JGE　NEXT　　　　;若(BX)≥0 则转到 NEXT 位置执行

3. 乘法指令

进行乘法时，如果两个 8 位数相乘，乘积将是一个 16 位的数；如果两个 16 位数相乘，则乘积将是一个 32 位的数。

乘法指令中有两个操作数，但其中一个是隐含固定在 AL 或 AX 中，若是字节数相乘，被乘数总是先放入 AL 中，所得乘积在 AX 中；若是字相乘，被乘数总是先放入 AX 中，乘积在 DX 和 AX 两个 16 位的寄存器中，且 DX 中为乘积的高 16 位，AX 中为乘积的低 16 位。

乘法指令使用隐含寻址，被乘数固定放在 AL 或 AX 中，运算结果也固定存放。

（1）无符号数乘法指令 MUL　src。

src 为字节数据时：AX←(AL)×(src)；

src 为字数据时：DX、AX←(AX)×(src)。

src 可取寄存器和存储器，但不能使用立即数和段寄存器。

（2）带符号数乘法指令 IMUL　src。

IMUL 指令和 MUL 指令在功能和格式上类似，只是要求两个乘数均必须为带符号数。

【例 4.19】分析以下乘法指令的操作功能。

```
MUL  AL          ;执行无符号数(AL)×(AL)操作，结果送AX
MUL  BX          ;执行无符号数(AX)×(BX)操作，结果分别送DX和AX
```

```
IMUL  CL          ;AL中和CL中的8位带符号数相乘，结果在AX中
IMUL  AX          ;AX中的16位带符号数自乘，结果在DX和AX中
```

注意：乘法指令 MUL 和 IMUL 执行后会对 CF 和 OF 标志位产生影响，但是，此时的 AF、PF、SF 和 ZF 不确定（无意义）。

4. 除法指令

8086 执行除法运算时，规定被除数必为除数的双倍字长，即除数为 8 位时，被除数应为 16 位，而除数为 16 位时，被除数为 32 位。

除法指令有两个操作数，其中被除数隐含固定在 AX 中（除数为 8 位时）或 DX、AX 中（除数为 16 位时）。使用除法指令前，需将被除数用 MOV 指令传送到位。

（1）基本除法指令。

无符号数除法指令：DIV　src

带符号数除法指令：IDIV　src

两条指令执行的操作功能：除数 src 为字节数据时，用 AX 除以 src，得到 8 位商保存在 AL，8 位余数保存在 AH；除数 src 为字数据时，用 DX、AX 除以 src，得到 16 位商保存在 AX，16 位余数保存在 DX。

需要注意的是，DIV 指令在除数为 0 或字节操作时商超过 8 位，字操作时商超过 16 位，会产生除法溢出；同样，IDIV 指令在除数为 0 或字节操作时商超过－128～＋127 范围，字操作时商超过－32727～＋32728 范围，也会产生除法溢出。

除法运算后，标志位 AF、ZP、OF、SF、PF 和 CF 都不确定（无意义）。产生除法溢出时作为除数为 0 的情况处理（0 号中断），而不用溢出标志 OF=1 表示。当被除数和除数只有 8 位时，须将 8 位被除数放入 AL，用符号位对高 8 位 AH 进行扩展。当被除数和除数只有 16 位时，须将 16 位被除数放在 AX，用符号位对高 16 位 DX 进行扩展。若不扩展除法将发生错误。扩展使用专门的符号扩展指令 CBW 和 CWD。

（2）符号扩展指令。

字节转换为字指令：CBW

字转换为双字指令：CWD

CBW 指令将 AL 中的符号位 D_7 扩展到 AH 中。如果 AL 最高位 D_7=0，转换后(AH)=00H；如果 AL 的 D_7=1，转换后(AH)=FFH，AL 的值不变。

CWD 指令将 AX 中的符号位扩展到 DX 中。如果 AX 最高位 D_{15}=0，转换后(DX)=0000H，如果 AX 的 D_{15}=1，转换后(DX)=FFFFH。

如：当(AL)＜80H（正数），执行 CBW 后，(AH)=0；而当(AL)≥80H（负数），执行 CBW 后，(AH)=FFH。

当(AX)＜8000H（正数），执行 CWD 后，(DX)=0；而当(AX)＞8000H（负数），执行 CWD 后，(DX)=FFFFH。

遇到两个带符号的字节数相除时，应先执行 CBW 指令，产生一个双倍长度的被除数，否则，不能正确执行除法操作。遇到两个带符号的字相除时，应先执行 CWD，指令，产生一个双倍长度的被除数，否则不能正确执行除法操作。

符号扩展指令使数据位数加长，用一个操作数的符号位形成另一个操作数，后一个操作数各位是全 0（正数）或全 1（负数），其数据大小并没有改变。指令的执行不影响标志位。符

号扩展指令常用来获得带符号数的倍长数据，而无符号数通常采用直接使高 8 位或高 16 位清零的方法来获得倍长数据。

5. 十进制调整指令

十进制数在计算机中一般采用 BCD 码表示，BCD 码进行算术运算时须对得到的结果进行调整，否则结果无意义。

（1）组合 BCD 码加法、减法调整指令。

```
DAA  ;将 AL 中的和调整为组合 BCD 码
DAS  ;将 AL 中的差调整为组合 BCD 码
```

DAA 和 DAS 分别用于加法指令（ADD、ADC）或减法指令（SUB、SBB）之后，执行时先对 AL 中保存的结果进行测试，若结果中的低四位＞09H，或标志位 AF=1，进行 AL←(AL)±06H 修正；若结果中的高四位＞09H，或标志位 CF=1，进行 AL←(AL)±60H 修正。该指令会影响 OF 以外的其他状态标志位。

【例 4.20】已知寄存器保存内容(AL)=28H，(BL)=69H。

执行指令：ADD AL,BL
DAA

分析该指令执行后的操作结果。

解：执行 ADD 指令后，(AL)=91H，AF=1。可见 AL 中保存的结果不符合组合 BCD 码要求，出现了误差。

执行 DAA 调整指令，由于 AF=1，要作 AL←(AL)＋06H 的调整，调整后 AL 中的内容为 97H，符合要求；而 AL 的高四位≤09H，不必进行调整。

【例 4.21】已知寄存器保存内容(AL)=97H，(AH)=39H。

执行指令：SUB AL,AH
DAS

分析该指令执行的操作结果。

解：执行 SUB 指令，(AL)=5EH，AF=1，可见 AL 中的内容不是组合 BCD 码格式，需要对其进行调整。

执行 DAS 指令，完成 AL←(AL)－06H 调整后，(AL)=58H，CF=0 且 AL 中高 4 位≤09H，不必进行调整。

（2）非组合 BCD 加法、减法调整指令。

```
AAA    ;将 AL 中的和调整为非组合 BCD 码
AAS    ;将 AL 中的差调整为非组合 BCD 码
```

AAA 和 AAS 分别用于加法指令（ADD、ADC）或减法指令（SUB、SBB）之后，执行时对 AL 进行测试，若 AL 中低四位＞09H，或 AF=1，进行 AL←(AL)±06H 修正；此时 AL 的高 4 位为 0，同时 AH←(AH)±1；标志位 CF=AF=1。调整后的结果放在 AX 中。

【例 4.22】已知寄存器保存内容(AX)=0505H，(BL)=09H。

执行指令：ADD AL,BL
AAA

分析该指令的执行结果。

解：执行 ADD 指令，(AL)=0EH，可见 AL 的低四位＞09H，该结果不是非组合 BCD 码，要进行调整。

执行 AAA 指令，进行 AL←(AL)＋06H 的修正，最终结果为(AX)=0104H，是 14 的非组合 BCD 码表示。

（3）非组合 BCD 码的乘法、除法调整指令。

AAM ;非组合 BCD 码乘法调整指令

AAD ;非组合 BCD 码除法调整指令

十进制数乘法运算时，要求乘数和被乘数都是非组合 BCD 码。AAM 指令用于对 8 位非组合 BCD 码的乘积 AX 内容进行调整。调整后结果仍为一个正确的非组合 BCD 码，放回 AX 中。AAM 紧跟在乘法指令之后，因为 BCD 码总是当作无符号数看待，所以对非组合 BCD 相乘要用 MUL 指令。

调整的第一步是将 AL 中的内容除以 10，实际上是取得结果的十位数的值并送 AH。第二步操作将 AL 的内容对 10 取模，实际上是取得结果的个位数值。将 AH 和 AL 合起来就得到乘积的非组合 BCD 码。

AAM 操作对 PF、SF、ZF 会产生影响，对 OF、AF 和 CF 无意义。

十进制数除法运算和乘法一样，要求除数和被除数都用非组合 BCD 码。但要特别注意，除法调整指令 AAD 应放在除法指令前，先将 AX 中的非组合 BCD 码的被除数调整为二进制数，再进行相除，以使除法得到的商和余数也是非组合的 BCD 码。

说明：对于组合 BCD 码，就像非 8 位的非组合 BCD 码一样，与对应二进制码的形式是不一样的，它们的结果无法调整，因此 8086 指令系统没有提供对组合 BCD 码乘法和除法的调整指令。只有对它们进行转换后才能进行运算。

4.3.3 逻辑运算与移位类指令

8086 指令系统提供了对 8 位数和 16 位数的逻辑运算与移位指令，分为逻辑运算指令、移位指令和循环移位指令三类共 13 条。

1. 逻辑运算指令的功能及应用

8086 逻辑运算指令包括 AND（与）、OR（或）、XOR（异或）、NOT（非）和 TEST（测试）5 条指令。

其中 NOT 指令为单操作数指令，且不允许使用立即数，其余 4 条均为双操作数指令。这 4 条指令的操作数至少有一个为寄存器，另一个可使用任意寻址方式。NOT 指令不影响标志位，其他 4 条指令将使 CF 和 OF 置 0；AF 无定义，ZF、SF 和 PF 根据运算结果进行设置。

（1）逻辑与指令 AND dst,src。

将源操作数 src 和目的操作数 dst 按位进行逻辑“与”运算，结果送回 dst。指令执行影响 CF、OF、SF、PF 和 ZF 标志位，使 CF=0，OF=0，其他标志位按结果进行设置。

利用 AND 指令可将操作数中的某些位进行屏蔽（清零）。

如：AND AL,0FH；可将 AL 中的高 4 位清零，这里的 0FH 称为屏蔽字，屏蔽字中的 0 对应于需要清 0 的位。

（2）逻辑或指令 OR dst,src。

将 src 和 dst 按位进行逻辑“或”运算，结果送回 dst。指令执行影响状态标志位，与 AND 指令相同。

利用 OR 指令可将操作数中的某些位进行置位（置 1）。

如：OR AL,80H；可将 AL 中的最高位置 1（80H 即 1000 0000B）。

（3）逻辑异或指令 XOR　dst,src。

将 src 和 dst 按位进行逻辑“异或”运算，结果送回 dst。指令执行影响标志位，与 AND 指令相同。

注意：指令 AND AX，AX；OR AX，AX；XOR AX，AX 都可以用来清除 CF，影响 SF、ZF 和 PF。其中 XOR AX，AX 在清 CF 和影响 SF、ZF、PF 的同时也清除 AX 自己；而 AND AX，AX 和 OR AX，AX 对操作数无影响，但可用来检查数据的符号、奇偶性或判断数据是否为零。

（4）逻辑非指令 NOT　dst。

对给定操作数 dst 逐位取反，结果送回 dst。该指令执行后不影响标志位。

NOT 指令只有一个操作数，执行后求得操作数的反码再送回，因此操作数不能为立即数。

（5）测试指令 TEST　dst,src。

TEST 指令和 AND 指令执行同样的操作，但 TEST 指令不送回操作结果，只影响标志位，常用来检测操作数的某一位或某几位是“0”还是“1”。

【例 4.23】分析以下逻辑运算指令的操作功能。

```
AND  AL,0FH          ;若(AL)=45H，指令执行后(AL)=05H，屏蔽高 4 位
OR   AL,80H          ;若(AL)=25H，指令执行后(AL)=A5H，将位 7 置 1
NOT  AL              ;若(AL)=11001011B，指令执行后(AL)=00110100B
XOR  AX,AX           ;指令执行后将(AX)=0，同时 CF=0
TEST  AL,80H         ;检测 AL 中符号位，正数时 ZF=1，负数时 ZF=0
```

2. 移位指令的功能及应用

8086 指令系统中有 4 条移位指令，即算术左移指令（SAL）、右移指令（SAR）和逻辑左移指令（SHL）、右移指令（SHR），其功能是用来实现对寄存器或存储单元的 8 位或 16 位数据的移位。

还有 4 条循环移位指令，即不带进位的循环左移指令（ROL）、右移指令（ROR）和带进位的循环左移指令（RCL）、右移指令（RCR），可实现对寄存器或对存储单元中的 8 位或 16 位数据的循环移位。

各种移位操作的功能示意如图 4-2 所示。

由图 4-2 可见，逻辑移位指令用于无符号数的移位，左移时，最低位补 0，右移时，最高位补 0。算术移位指令用于对带符号数的移位，左移时最低位补 0，右移时最高位的符号在右移的同时还要保持符号不变。要注意循环移位指令和移位指令的区别，对于 ROL 和 ROR，CF 的值取决于移出的最高位或最低位，但不参与循环，而对于 RCL 和 RCR，CF 的值和 ROL 和 ROR 时一样，但参与循环。

移位指令对各标志位有影响，简述如下：

（1）CF 要根据移位指令而定，OF 表示移位后的符号位与移位前是否相同，当移位后的最高有效位值发生变化时，OF 置“1”，否则置“0”。

（2）循环移位指令影响 CF、OF、SF、ZF、PF 等标志位。

（3）根据移位后的结果要设置 SF、ZF、PF 标志位，而 AF 标志位无定义。

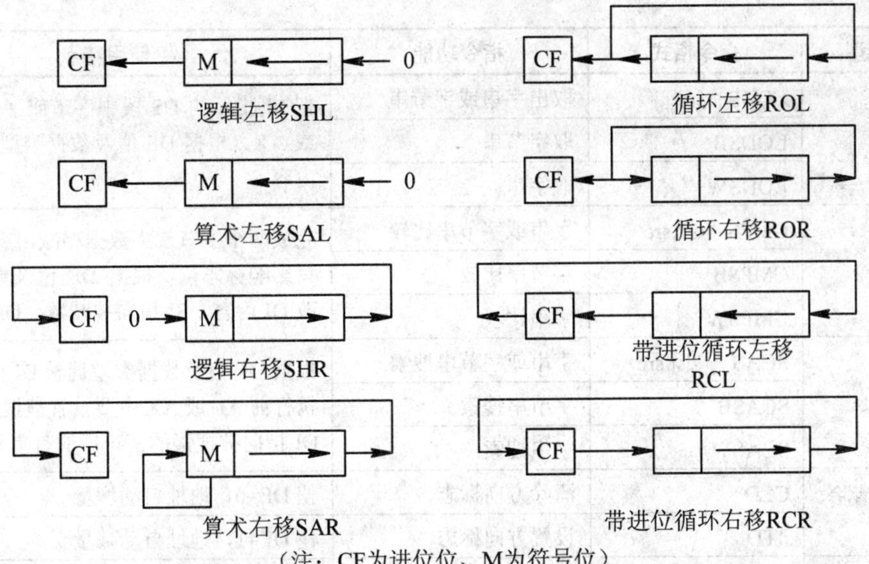

图 4-2　移位指令的操作功能示意

程序设计中常用左移 1 位和右移 1 位指令实现乘 2 或除 2 操作。带符号数的乘 2 或除 2 运算可通过算术左移和算术右移指令来实现。若移动位数超过 1 位，移位次数应放入寄存器 CL 中。

【例 4.24】分析以下移位指令的操作功能。

```
SHL  AL,1          ;AL 中内容向左移动 1 位，执行（AL）×2 操作
MOV  CL,4          ;移位次数送 CL 保存
SHL  AL,CL         ;AL 中内容向左移动 CL 中指定的 4 位，空出位补 0
SHR  AX,1          ;AX 中内容向右移动 1 位，执行（AX）/2 操作
```

注意：用左、右移位指令实现乘、除运算要比用乘、除法指令实现所需时间短得多。此外，循环移位指令可用来检测寄存器或存储单元中数据含 1 或 0 的个数，因为用循环移位指令循环 8 次，数据又恢复了，只要对 CF 进行检测，就可计出 1 或 0 的个数。

4.3.4　串操作类指令

串操作类指令是用一条指令实现对一串字符或数据的操作，指令格式和功能如表 4.3 所示。

表 4.3　串操作指令的格式及功能

指令类型	指令格式	指令功能	使用特点
串传送指令	MOVS　dst,src	字串或字节串传送	将 DS 段由 SI 指示存储单元内容送 ES 段由 DI 指示的存储单元，修改 SI 和 DI
	MOVSB	字节串传送	
	MOVSW	字串传送	
串存储指令	STOS　dst	字串或字节串存储	把 AL 或 AX 中数据存入由 DI 指示的 ES 段，根据 DF 值及数据类型修改 DI 内容。指令执行前数据预先放到 AL 或 AX 中
	STOSB	字节存储	
	STOSW	字存储	

续表

指令类型	指令格式	指令功能	使用特点
取串指令	LODS src	取出字串或字节串	把 SI 指示的 DS 段中字节或字传送至 AL 或 AX，根据 DF 值及数据类型调整 SI 中内容
	LODSB	取字节串	
	LODSW	取字串	
串比较指令	CMPS dst,src	字串或字节串比较	完成两个字节或字数据相减，结果不回送，只影响标志位，根据 DF 值及数据类型修改 DI 内容。SI 指向被减数，DI 指向减数
	CMPSB	字节串比较	
	CMPSW	字串比较	
串搜索指令	SCAS dst,src	字串或字节串搜索	根据 DF 值及数据类型调整 DI 内容。指令执行前 AL 或 AX 中要设置被搜索的内容，DI 指向被搜索的字符串的首单元
	SCASB	字节串搜索	
	SCASW	字串搜索	
方向标志清除、设置指令	CLD	清除方向标志	使 DF=0，地址自动增量
	STD	设置方向标志	使 DF=1，地址自动减量
重复操作前缀	REP	一般重复操作前缀	用在 MOVS、STOS、LODS 指令前，重复次数送 CX，每执行一次操作 CX 自动减 1，（CX）=0 结束
	REPE/REPZ	相等/为零时重复操作前缀	用在 CMPS、SCAS 指令前，每执行一次操作 CX 自动减 1，判断 ZF 是否为 0，（CX）=0 或 ZF=0 时结束
	REPNE/REPNZ	不相等/不为零时重复操作前缀	用在 CMPS、SCAS 指令前，每执行一次操作 CX 自动减 1，并判断 ZF 是否为 1，（CX）=0 或 ZF=1 时结束

串操作类指令有以下几个特点：

- 约定以 DS:SI 寻址源串，以 ES:DI 寻址目标串。源串中 DS 可通过加段超越前缀而改变，而目标串 ES 不能超越。
- 用方向标志规定操作方向。DF=0 从低地址向高地址方向处理，地址指针 SI 和 DI 增量，字节操作指针加 1，字操作指针加 2；DF=1 处理方向相反，地址指针 SI 和 DI 减量，字节操作指针减 1，字操作指针减 2。
- 在串操作指令前加重复前缀对串数据进行操作时必须用 CX 作为计数器，存放被处理数据串的个数。每执行一次串操作指令 CX 值自动减 1，减为 0 停止串操作。
- 除串比较指令和串搜索指令外，其余串操作指令不影响标志位。

【例 4.25】将内存区域 BUF1 开始存储的 100 个字节数据传送到从 BUF2 开始的存储区中。

（1）采用串传送指令的程序段如下：

```
LEA  SI, BUF1              ;源数据区首址送 SI
LEA  DI, BUF2              ;目标数据区首址送 DI
MOV CX,100                 ;串长度送 CX
CLD                        ;清方向标志，按正向传送
NEXT:MOVSB                 ;串传送一个字节
DEC  CX                    ;计数器减 1
```

```
JNZ  NEXT                    ;判断是否传送完毕，没完则继续
DONE:HLT                     ;暂停
```

（2）采用重复传送指令的程序段如下：

```
LEA  SI, BUF1                ;源数据区首址送SI
LEA  DI, UF2                 ;目标数据区首址送DI
MOV CX,100                   ;串长度送CX
CLD                          ;清方向标志，按正向传送
REP  MOVSB                   ;重复传送至(CX)=0结束
HLT                          ;暂停
```

4.3.5 控制转移类指令

控制转移类指令的功能是改变程序执行顺序，8086的指令执行顺序由代码段寄存器CS和指令指针IP的内容确定，CS和IP结合起来可给出下条指令在存储器的位置。多数情况下，要执行的下一条指令已从存储器中取出预先存于8086指令队列中。

程序转移指令通过改变IP和CS的内容实现程序转移，发生转移时，存放在CPU指令队列中的指令就被废弃，BIU将根据新的IP和CS值，从存储区中取出一条新指令直接送到EU中去执行，接着再根据程序转移后的地址逐条读取指令重新填入到指令队列中。

8086控制转移类指令根据功能可分为无条件转移、条件转移、循环控制、子程序调用和返回4类指令。

1. 无条件转移指令

无条件转移指令JMP控制给定程序转移到指定位置去执行，指令中要给出转移位置的目标地址，通常有5种形式，如表4.4所示。

表4.4 无条件转移指令格式及功能

指令格式	指令含义	指令的操作功能
JMP SHORT opr	段内直接短转移	无条件转到目标地址opr。opr为当前IP值与指令中给定8位偏移量之和，在－128～＋127范围内转移，SHORT为属性运算符
JMP NEAR PTR opr	段内直接近转移	无条件转到目标地址opr。该地址为当前IP值与指令中给定16位偏移量之和，在－32768～＋32767范围内转移，NEAR PTR是类型说明符
JMP WORD PTR opr	段内间接转移	无条件转到目标地址。寄存器寻址时将其内容送到IP中；存储器寻址时计算出有效地址和物理地址，用物理地址去读取内存中数据送给IP指针
JMP FAR PTR opr	段间直接转移	无条件转到目标地址。段地址送CS，偏移地址送IP。汇编时opr对应的偏移量和所在段地址放在操作码之后
JMP DWORD PTR opr	段间间接转移	完成段间转移，由opr的寻址方式计算出有效地址和物理地址，读取内存中连续两个字数据，低位字送IP，高位字送CS

注意：按程序转移位置可将转移指令分为段内转移（NEAR）和段间转移（FAR），段内转移是指转移的目标位置和转移指令在同一个代码段；段间转移是指转移的目标位置和转移指令不在同一个代码段，给出的指令要改变CS和IP中内容。采用控制转移类指令可满足分支结构程序、循环结构程序等的设计要求。

【例 4.26】已知(IP)=0110H，(BX)=1100H，(DS)=3000H，(31100H)=10H，(31101H)=02H。执行指令：JMP WORD PTR[BX]，分析该指令的操作功能。

解：该指令为段内间接转移，目标地址为存储器寻址方式。

操作数有效地址：EA=(BX)=1100H

操作数物理地址：PA=(DS)×10H＋EA=31100H

指令执行后，从内存单元(31100H)和(31101H)取出地址 0210H 送 IP，即(IP)=0210H，该指令将跳转到以 IP 指针为 0210H 单元的目标地址开始执行。

2. 条件转移指令

执行条件转移指令时要根据上一条指令所设置的条件码测试状态标志位，满足条件转移到指定位置执行，不满足条件顺序执行下一条指令。

根据判断标志位的不同，条件转移指令可分为判断单个标志位状态、比较无符号数高低和比较带符号数大小 3 类，转移指令前应该有 CMP、TEST、加减或逻辑运算等指令。条件转移指令的助记符、指令含义及转移条件等如表 4.5 所示。

表 4.5 条件转移指令格式及功能

指令助记符	转移条件	指令含义	指令助记符	转移条件	指令含义
JZ/JE	ZF=1	等于零/相等	JC/JB/JNAE	CF=1	进位/低于/不高于等于
JNZ/JNE	ZF=0	不等于零/不相等	JNC/JNB/JAE	CF=0	无进位/不低于/高于等于
JS	SF=1	符号为负	JBE/JNA	CF=1 或 ZF=1	低于等于/不高于
JNS	SF=0	符号为正	JNBE/JA	CF=0 且 ZF=0	不低于等于/高于
JO	OF=1	结果有溢出	JL/JNGE	SF≠OF	小于/不大于等于
JNO	OF=0	结果无溢出	JNL/JGE	SF=OF	不小于/大于等于
JP/JPE	PF=1	有偶数个“1”	JLE/JNG	ZF≠OF 或 ZF=1	小于等于/不大于
JNP/JPO	PF=0	有奇数个“1”	JNLE/JG	SF=OF 且 ZF=0	不小于等于/大于

条件转移指令均为双字节指令。第一字节为操作码，第二字节是相对转移目标地址，即转移指令本身的偏移值与目标地址的偏移值之差，范围在－128～＋127 之间。由于条件转移指令都采用段内相对寻址，使用这类指令易于实现程序在内存的浮动，条件转移指令执行后，均不影响标志位。

说明：判断单个标志位状态的指令根据某一个状态标志是“0”或“1”来决定是否转移；比较无符号数高低的指令需要利用 CF 标志来确定高低、利用 ZF 标志来确定相等；比较带符号数大小的指令需要组合 OF、SF、并利用 ZF 标志来确定相等与否。

【例 4.27】内存中有两个无符号字节数据 DAT1 和 DAT2，比较两数的大小，将其中的大数送到 MAX 单元保存，编制相应程序段。

解：根据题目要求，程序段设计如下：

```
      MOV  AL,DAT1              ;取出数据 DAT1 送 AL
      CMP  AL,DAT2              ;AL 与数据 DAT2 比较
      JA   NEXT                 ;若 DAT1＞DAT2 转 NEXT
      MOV  AL,DAT2              ;否则 DAT2 数据送 AL
NEXT: MOV  MAX,AL               ;将 AL 中保存的大数送 MAX 单元
      HLT                       ;暂停
```

本题若对两个带符号数比较大小，程序中的条件转移指令应采用 JG。

条件转移指令中有时会专门对 CX 寄存器的值进行测试，当(CX)=0 时产生转移。

指令格式：JCXZ　opr ；若(CX)=0 转移到指定位置。

JCXZ 指令常用于循环程序中对循环次数进行控制。因为 CX 寄存器在循环中常用作计数器，所以这条指令可根据 CX 寄存器内容的修改情况产生二分支。

3. 循环控制指令

循环是指多次执行一段代码程序的操作，由循环控制指令实现，根据结果的标志位状态进行操作。循环控制转向的目的地址是在以当前 IP 内容为中心的－128～＋127 范围内，指令采用 CX 作为计数器，每执行一次循环，CX 内容减 1，直到为零后循环结束。

循环控制指令如表 4.6 所示。

表 4.6　循环控制指令

指令助记符	指令的含义	循环结束测试条件
LOOP 目标标号	循环	(CX)←(CX)-1, (CX)≠0
LOOPE/LOOPZ 目标标号	等于/结果为 0 循环	(CX)←(CX)-1,ZF=1 且(CX)≠0
LOOPNE/LOOPNZ 目标标号	不等于/结果不为 0 循环	(CX)←(CX)-1,ZF=0 且(CX)≠0

LOOP 指令用于循环次数固定的场合，循环次数送入 CX，语句标号为循环入口。一条 LOOP 指令相当于下面两条指令的作用：

```
DEC   CX              ;(CX)－1
JNZ   NEXT            ;结果不为零转移到 NEXT
```

【例 4.28】计算 100 以内的自然数之和，即 S=1+2+3+…+100，采用循环程序实现。

解：程序段设计如下：

```
        MOV    CX,100           ;数据长度送 CX 计数器
        XOR    AL,AL            ;利用异或指令对 AL 清零
        MOV    BL,1             ;BL 赋初值为 1
NEXT:   ADD    AL,BL            ;加法计算(AL)←(AL)+(BL)
        INC    BL               ;对 BL 内容加 1
        LOOP   NEXT             ;(CX)－1≠0 转 NEXT
        HLT                     ;否则，累加完毕结果保存在 AL 中，程序暂停
```

4. 子程序调用和返回指令

程序设计时，往往把某些具有独立功能的程序段编写成独立的程序模块，称之为子程序（也称为过程），供一个或多个程序调用，子程序执行完毕后会返回主程序继续执行。

8086 指令系统有子程序调用指令 CALL 和返回指令 RET。子程序执行完后应返回到调用程序的 CALL 指令的下一条语句。

子程序和调用程序可以在一个代码段内，也可不在一个代码段内，前者称为段内调用，后者称为段间调用。段内和段间调用均可用直接调用或间接调用。

（1）子程序调用指令 CALL。

```
指令格式：CALL   NEAR PTR   opr    ;段内调用，opr 为子程序名
          CALL   FAR  PTR   opr    ;短间调用，opr 为子程序名
```

【例 4.29】分析以下 CALL 指令的操作功能。

```
CALL 1000H              ;段内直接调用，指令中直接给出调用地址 1000H
CALL NEAR PTR ROUT      ;NEAR PTR 为段内调用运算符，ROUT 为调用过程名
CALL 2500H:1400H        ;段间直接调用，指令给出调用过程段地址和偏移量
CALL BX                 ;段内间接调用，调用地址由 BX 给出
CALL FAR PTR SUBR       ;FAR PTR 为段内间接调用运算符，SUBR 为过程名
CALL DWORD PRT[DI]      ;段间间接调用，调用地址在 DI 所指的连续 4 个单元中
                          前 2 个字节为偏移量，后 2 个字节为段地址
```

说明：段内调用指令目的地址为 16 位地址相对位移量，CALL 指令完成(SP)←(SP)－2，将 IP 压入堆栈，然后修改 IP 内容，即(IP)←(IP)+相对位移量；段间调用目的地址包括位移量和段地址，由指令直接给出，CALL 指令完成(SP)←(SP)－2，将现行指令段地址压入堆栈，然后(SP)←(SP)－2，将现行位移量压入堆栈，最后将指令中所指示的段地址及位移量分别送入 CS 及 IP 中。为保证调用后正确返回，还要把 CALL 指令的下一条指令地址压入堆栈。

（2）子程序返回指令 RET。

RET 指令放在子程序的末尾，当子程序功能完成后，由它实现返回。该指令从堆栈中弹出返回地址送入 IP 和 CS。返回地址是执行 CALL 指令时入栈保存的。

指令格式：RET

RET　表达式

段内返回将 SP 所指示的堆栈顶部弹出返回地址为一个字的内容送入 IP 中；段间返回从堆栈顶部弹出的返回地址为 2 个字的内容，其中一个字送入 IP，另一个字送入 CS 中，以表示不同的段。

注意：段内和段间返回都可带立即数，如 RET　0100H。该指令在返回地址出栈后，将立即数 0100H 加到 SP 中，这一特性可用来冲掉在执行 CALL 指令之前压入堆栈的一些参数或参数地址。这里的立即数一定为偶数。

4.3.6　处理器控制类指令

处理器控制类指令主要用于修改状态标志位、控制 CPU 的功能等，指令的寻址方式为固定寻址，操作数隐含在操作码中。

处理器控制类指令的表示符号和功能如表 4.7 所示。

表 4.7　处理器控制类指令

指令名称	助记符	指令功能	指令名称	助记符	指令功能
进位标志设置	CLC	CF 位清 0	暂停指令	HLT	CPU 进入暂停状态
	STC	CF 位置 1			
	CMC	CF 位求反	等待指令	WAIT	CPU 进入等待状态
方向标志设置	CLD	DF 位清 0	空操作指令	NOP	CPU 空耗一个指令周期
	STD	DF 位置 1	封锁指令	LOCK	CPU 执行指令时封锁总线
中断允许控制标志设置	CLI	IF 位清 0	交权指令	ESC	将处理器的控制权交给协处理器
	STI	IF 位置 1			

对于标志位的设置，可按照程序的要求选择相关指令进行处理。

（1）HLT 暂停指令可使机器暂停工作，处理器处于停机状态，以便等待一次外部中断到来，中断结束后，退出暂停继续执行后续程序。对系统进行复位操作也会使 CPU 退出暂停状态。

（2）WAIT 等待指令使处理器处于空转状态，也可用来等待外部中断发生，但中断结束后仍返回 WAIT 指令继续等待。

（3）NOP 空操作指令不执行任何操作，其机器码占一个字节单元，在调试程序时往往用这种指令占一定数量的存储单元，以便在正式运行时用其他指令取代；执行该指令花 3 个时钟周期，也可用在延时程序中拼凑时间。

（4）LOCK 是一个一字节的前缀，可放在任何指令的前面。执行时，使引脚 LOCK 有效，在多处理器具有共享资源的系统中可用来实现对共享资源的存取控制，即通过对标志位进行测试，进行交互封锁。根据标志位状态，在 LOCK 有效期间，禁止其他的总线控制器对系统总线进行存取。当存储器和寄存器进行信息交换时，LOCK 前缀指令非常有用。

【例 4.30】利用 LOCK 封锁指令，在多处理器系统中，实现对共享资源存取的控制。

解：根据题目要求，有如下的程序段。

```
CHECK: MOV AL,1              ;AL 置 1（隐含封锁）
       LOCK  SEMA,AL         ;测试并建立封锁
       TEST  AL,AL           ;由 AL 设置标志
       JNZ  CHECK            ;封锁建立则重复
       MOV  SEMA,0           ;完成，清除封锁
```

（5）执行 ESC 指令时，协处理器可监视系统总线，并且能取得这个操作码。ESC 和 LOCK 指令都用于 8086 最大方式中，分别用来处理主机和协处理器以及多处理器间的同步关系。

4.4　中断调用指令

引入中断的概念是为了提高计算机输入输出的效率，改善计算机的整体性能。中断技术的应用随着计算机技术的发展不断扩展到多道程序、分时操作、实时处理、程序监控和跟踪等领域。

在内部中断中，除了单步中断、除法错中断、溢出中断外，还有一种软件中断。软件中断是通过专门的指令发生的，这种指令就是软中断指令 INT。

1. INT 软中断指令

指令格式：INT n

执行操作：

（1）堆栈指针 SP 减 2，标志寄存器的内容入栈，然后 TF=0、IF=0，以屏蔽中断。

（2）堆栈指针 SP 再次减 2，CS 寄存器的内容入栈。

（3）用中断类型码 n 乘 4，计算中断向量地址，将向量地址的高位字的内容送入 CS。

（4）堆栈指针 SP 再次减 2，IP 寄存器的内容入栈。将向量地址的低位字的内容送入 IP。

（5）CPU 开始执行中断服务程序。

其中，n 为中断类型码，是 0～255 的常数。

每执行一条软中断指令，CPU 就会转向一个中断服务程序，在中断服务程序的结束部分执行 IRET 指令返回主程序。

程序员编写程序时，也可以把常用的功能程序，设计为中断处理程序的形式，用"INT n"指令调用。

【例 4.31】若设 84H～87H 这 4 个单元中依次存放的内容为 02H、34H、C8H、65H。分析中断调用指令 INT 21H 的功能和操作过程。

解：该指令调用中断类型号为 21H 的中断服务程序。

执行时，先将标志寄存器入栈，然后清标志 TF、IF，阻止 CPU 进入单步中断，再保护断点，将断点处下一条指令地址入栈，即 CS、IP 入栈。

计算向量地址：21H×4=84H，从该地址取出 4 个字节数据，分别送 IP 和 CS。

接着执行(IP)←3402H，(CS)←65C8H。

最后，CPU 将转到逻辑地址为 65C8H:3402H 的单元去执行中断服务程序。

2. IRET 中断返回指令

指令格式：IRET

执行操作：

（1）从堆栈中取出一字（INT 指令保存的返回地址偏移量），送入 IP，然后使 SP 加 2。

（2）从堆栈中取出一字（INT 指令保存的返回地址段地址），送入 CS，然后使 SP 加 2。

（3）从堆栈中取出一字（INT 指令保存的标志寄存器的值），送入标志寄存器，然后使 SP 加 2。

IRET 执行后，CPU 返回到 INT 指令后面的一条指令。

需要提醒的是，INT n 指令位于主程序中，而 IRET 指令位于中断服务程序中。

3. 溢出中断指令 INTO

INTO（Interrupt if Overflow）指令可以写在一条算术运算指令的后面。若算术运算产生溢出，标志 OF=1，当 INTO 指令检测到 OF=1 则启动一个中断，否则不进行任何操作，顺序执行下一条指令。

INTO 的操作类似于 INT n，所不同的是该指令相当于型号 n=4，故向量地址为：4H×4=10H。

4.5 系统功能调用

4.5.1 DOS 功能调用

DOS 磁盘操作系统有两个 DOS 模块，IBMBIO.COM 和 IBMDOS.COM，给用户提供了更多的系统测试功能。DOS 功能调用对硬件的依赖性少，使 DOS 功能调用更方便、简单。

DOS 功能调用可完成对文件、设备、内存的管理。对用户来说，这些功能模块就是几十个独立的中断服务程序，这些程序的入口地址已由系统置入中断向量表中，在汇编语言程序中可用软中断指令直接调用。这样，用户就不必深入了解有关设备的电路和接口，只须遵照 DOS 规定的调用原则即可使用。

DOS 使用的中断类型号是 20H～3FH，为用户程序和系统程序提供磁盘读写、程序退出、系统功能调用等功能。

常用软中断功能及参数如表 4.8 所示。

表 4.8　常用 DOS 中断功能及参数

中断类型	功能	入口参数	出口参数
INT　20H	程序正常退出		
INT　21H	系统功能调用	AH=功能号，参见附录 B	参见附录 B
INT　22H	结束退出		
INT　23H	Ctrl＋Break 退出		
INT　24H	出错退出		
INT　25H	读盘	AL=驱动器号 CX=读入扇区数 DX=起始逻辑扇区号 DS：BX=内存缓冲区地址	CF=1 读盘出错 CF=0 读盘正常
INT　26H	写盘	AL=驱动器号 CX=写入扇区数 DX=起始逻辑扇区号 DS：BX=内存缓冲区地址	CF=1 写盘出错 CF=0 写盘正常
INT　27H	驻留退出		
INT　28H～2EH	DOS 保留		
INT　2FH	打印机		
INT　30H～3FH	DOS 保留		

从表 4.8 中可以看出，这些软中断完全隐含了设备的物理特性和接口方式，调用时只需要先设置好入口参数，随后安排一条软中断指令“INT　n”（n=20～3FH），即可转去执行相应的子程序。

DOS 所有的系统功能调用都是利用 INT　21H 中断指令实现的，每个功能调用对应一个子程序，并有一个编号，其编号就是功能号。DOS 拥有的功能子程序因版本而异。

1. INT　21H 系统功能调用的方法

要完成系统功能调用，基本按如下步骤：

- 将入口参数送到指定寄存器中。
- 子程序功能号送入 AH 寄存器中。
- 使用 INT　21H 指令。

2. 常用的几种 INT　21H 系统功能调用

（1）键盘输入单个字符并回显——AH=01H。

此调用没有入口参数。

此调用的功能是系统扫描键盘并等待键盘输入一个字符，有键按下时，先检查是否是 Ctrl＋Break 键，若是则将字符的键值（ASCII 码）送入 AL 寄存器中，并在屏幕上显示该字符。

例如，下列语句可实现键盘输入：

```
MOV    AH,01H        ;从键盘接收字符的 ASCII 码，保存在 AL 中
INT    21H
```

（2）显示器输出单个字符——AH=02H。

入口参数：被显示字符的 ASCII 码送入 DL 寄存器。

此调用的功能是向输出设备输出一个字符。

例如，要在屏幕上显示“$”符号，可用以下指令序列：

```
MOV     DL,'$'          ;要显示的字符送寄存器DL
MOV     AH,02H          ;调用字符显示功能
INT     21H
```

（3）直接控制台输入输出字符——AH=06H。

此调用的功能是从键盘输入一个字符，或输出一个字符到屏幕上。

如果(DL)=0FFH，表示是从键盘输入字符。当标志 ZF=0 时，表示有键被按下，将字符的ASCII 码送入 AL 寄存器中；当标志 ZF=1 时，表示没有键按下，寄存器 AL 中不是键入字符的 ASCII 码。

如果(DL)≠0FFH，表示输出一个字符到屏幕，被输出字符的 ASCII 码在 DL 中。

可见，此调用即可实现输入也可实现输出，与 01H、02H 调用的区别在于本调用不检查Ctrl＋Break。

【例 4.32】现要从键盘输入一个字符，并在屏幕上显示字符‘？’，程序序列如下：

```
MOV    DL,0FFH
MOV    AH,06H          ;从键盘输入一个字符
INT    21H
MOV    DL,'?'
MOV    AH,06H          ;在屏幕上显示字符“？”
INT    21H
```

（4）键盘输入无回显——AH=08H。

此调用同 01H 功能调用相似，不同的是输入的字符不回显。

（5）显示字符串——AH=09H。

入口参数：DS:DX 指向缓冲区中字符串的首单元。

此调用的功能是将指定的字符缓冲区（DS：DX）的字符串送屏幕显示，要求字符串必须以‘$’结束。

例如，数据段定义为：

```
DISP  DB  'PRESS  ANY  KEY  TO  CONTINUE',0AH,0DH,'$'
```

要显示 DISP 中定义的字符串，可采用以下程序段：

```
LEA  DX,DISP
MOV  AH,09H
INT  21H
```

（6）输入字符串到缓冲区——AH=0AH。

入口参数：DS:DX 指向缓冲区。

出口参数：输入的字符串及字符个数。

此调用的功能是将键盘输入的字符串写入缓冲区中。为了接收字符，缓冲区须按照三段式定义：第一段（即缓冲区的第一个字节）定义输入的限定字符个数，必须初始化；第二段（即缓冲区的第一个字节）存放实际输入的字符个数，可以不初始化；从缓冲区的第三个字节开始是第三段，存放输入的字符串。输入的字符串以回车键结束，并且回车符也会存入缓冲区，因此输入的字符串最大长度为限定的字符个数减 1，如果继续输入则报警提示并且无法输入，因此缓冲区的第一个字节的内容限定了实际输入的字符个数。如果实际键入的字符个数不到限定

个数，则用 0 填充。

例如，向 BUF 内存缓冲区输入字符串。若 BUF 缓冲区已完成相关定义，可采用程序段如下：

```
MOV  DX,OFFSET BUF
MOV  AX,SEG BUF
MOV  AH,0AH
MOV  DS,AX
INT  21H
```

（7）返回 DOS——AH=4CH。

入口参数：无

出口参数：无

此调用的功能是结束当前用户应用程序的运行，返回到 DOS 操作系统。本调用是常用的结束程序的方式。

4.5.2 BIOS 中断调用

IBM PC 系列机在只读存储器中提供了 BIOS 基本输入输出系统，它占用系统板上 8KB 的 ROM 区，又称为 ROM BIOS。它为用户程序和系统程序提供主要外设的控制功能，即系统加电自检、引导装入及对键盘、磁盘、磁带、显示器、打印机、异步串行通信口等的控制。计算机系统软件就是利用这些基本的设备驱动程序完成各种功能操作。

BIOS 调用每个功能模块的入口地址都在中断向量表中，通过软中断指令 INT n 可以直接调用。n=8～1FH 是中断类型号，每个类型号 n 对应一种 I/O 设备的中断调用，每个中断调用又以功能号区分控制功能。

关于 BIOS 中断调用的中断类型号、功能、入口参数和出口参数等将在附录 D 中给出。与之有关的中断程序设计将在第 7 章中介绍。

指令按照操作数的设置情况通常分为隐含操作数指令、单操作数指令和双操作数指令 3 种。操作数按存放位置有立即数、寄存器操作数、存储器操作数和输入/输出端口操作数 4 种类型。需要进行频繁访问的数据可放在寄存器中，这样能够保证程序执行的速度更快。批量数据的处理可使用存储器操作数。

指令中有时并不直接给出操作数，而是给出操作数的存放地址。在指令中寻找操作数有效地址的方式称为寻址方式，寻址的目的是为了得到操作数。8086 系统有立即数寻址、寄存器寻址、直接寻址、寄存器间接寻址、寄存器相对寻址、基址变址寻址、相对基址变址寻址 7 种基本寻址方式。I/O 端口的寻址方式有直接端口寻址和寄存器间接端口寻址两种。在学习时，要弄清各类寻址方式的区别和特点，结合 8086 存储器分段，重点掌握和理解存储器寻址方式中有效地址和物理地址的计算方法。

8086 指令系统按功能可分为数据传送类、算术运算类、逻辑运算类、串操作类、控制转移类、处理器控制类、中断类等指令。状态标志是 CPU 进行条件判断和控制程序执行流程的依据，大多数指令的执行不影响标志位，某些指令的执行会按照规则影响标志位，还有一些指令会按特定方式影响标志位。在实际应用中要正确理解和运用各种指令格式、功能和注意事项。有关 8086 CPU 指令集可参见附录 A。

中断是系统不可缺少的部分。在用汇编语言设计程序时，程序员除了自己书写指令序列实现要求的功能外，还可以直接调用已定义好的功能。根据这些功能实现的层次不同，分别对应 DOS 系统功能调用和 BIOS 中断调用。在数据的输入输出过程中，更多的是使用 DOS 系统功能调用。

一、选择题

1. 寄存器相对寻址方式中，要寻找的操作数位于（　　）中。

A. 通用寄存器　　B. 段寄存器　　C. 内存单元　　D. 堆栈区

2. 下列传送指令中正确的是（　　）。

A. MOV　AL,BX　　B. MOV　CS,AX

C. MOV　AL,CL　　D. MOV　[BX],[SI]

3. 下列 4 个寄存器中，不允许用传送指令赋值的寄存器是（　　）。

A. CS　　B. DS　　C. ES　　D. SS

4. 将 AX 清零并使 CF 位清零，下面指令错误的是（　　）。

A. SUB　AX,BX　　B. XOR　AX,AX

C. MOV　AX,0　　D. AND　AX,0000H

5. 指令 MOV　100[SI][BP],AX 的目的操作数的隐含段为（　　）。

A. 数据段　　B. 堆栈段　　C. 代码段　　D. 附加段

6. 设(SP)=1010H，执行 PUSH　AX 后，SP 中的内容为（　　）。

A. 1011H　　B.1012H　　C. 100EH　　D. 100FH

7. 对两个带符号整数 A 和 B 进行比较，要判断 A 是否大于 B，应采用指令（　　）。

A. JA　　B. JG　　C. JNB　　D. JNA

8. 已知(AL)=80H，(CL)=02H，执行指令 SHR　AL,CL 后的结果是（　　）。

A. (AL)=40H　　B. (AL)=20H　　C. (AL)=C0H　　D. (AL)=E0H

9. 当执行完下列指令序列后，标志位 CF 和 OF 的值是（　　）。

```
MOV   AH,85H
SUB   AH,32H
```

A. 0，0　　B. 0，1　　C. 1，0　　D. 1，1

10. JMP BX 的目标地址偏移量是（　　）。

A. SI 的内容　　B. SI 所指向的内存字单元的内容

C. IP+SI 的内容　　D. IP+[SI]

二、填空题

1. 计算机指令通常由__________和__________两部分组成；指令对数据操作时，按照数据的存放位置可分为__________。

2．寻址的含义是指__________；8086 指令系统的寻址方式按照大类可分为__________；其中寻址速度最快的是__________。

3．若指令操作数保存在存储器中，操作数的段地址隐含放在__________中；可以采用的寻址方式有__________。

4．指令 MOV AX,ES:[BX+0200H] 中，源操作数位于__________；读取的是__________段的存储单元内容。

5．堆栈是一个特殊的__________，其操作是以__________为单位按照__________原则来处理；采用__________来指向栈顶地址，入栈时地址变化为__________。

6．I/O 端口的寻址有__________两种方式；采用 8 位数时，可访问的端口地址为__________；采用 16 位数时，可访问的端口地址为__________。

7．8086 系统最多可处理__________种中断，对每一个中断都设置一个__________。

三、判断题

(   ) 1．各种 CPU 的指令系统是相同的。

(   ) 2．在指令中，寻址的目的是找到操作数。

(   ) 3．指令 MOV AX,CX 采用的是寄存器间接寻址方式。

(   ) 4．条件转移指令可以实现段间转移。

(   ) 5．串操作指令只处理一系列字符组成的字符串数据。

(   ) 6．LOOP 指令执行时，先判断(CX)是否为 0，如果为 0 则不再循环。

四、分析设计题

1．给定(DS)=2000H，(BX)=0100H，(SI)=0002H，(20100H)=12H，(20101H)=34H，(20102H)=56H，(20103H)=78H，(21200H)=2AH，(21201H)=4CH，(21202H)=B7H，(21203H)= 65H。

试指出下列各指令中源操作数的寻址方式，对于内存单元的操作数计算出其物理地址，说明每条指令执行后 AX 寄存器中的内容。

```
(1) MOV    AX,1200H
(2) MOV    AX,BX
(3) MOV    AX,[1200H]
(4) MOV    AX,[BX]
(5) MOV    AX,1100H[BX]
(6) MOV    AX,[BX+SI]
(7) MOV    AX,[1100H+BX+SI]
```

2．指出下列指令的正误，对错误指令说明其出错原因。

```
(1) MOV    DS,100                (2) MOV   [1200],23H
(3) MOV    [1000H],[2000H]       (4) MOV   1020H,CX
(5) MOV    AX,[BX+BP+0100H]      (6) MOV   CS,AX
(7) PUSH   AL                    (8) PUSH   WORD  PTR[SI]
(9) OUT    CX,AL                 (10) IN    AL,[80H]
(11) MOV   CL,3300H              (12) MOV   AX,2100H[BP]
(13) MOV   DS,ES                 (14) MOV   IP,2000H
```

```
(15) PUSH  CS                          (16) POP   CS
```

3．已知(AX)=75A4H，标志位 CF=1，分别写出下列指令执行后的结果。

```
(1) ADD  AX,08FFH                      (2) INC  AX
(3) SUB  AX,4455H                      (4) AND  AX,0FFFH
(5) OR  AX,0101H                       (6) SAR  AX,1
(7) ROR  AX,1                          (8) ADC  AX,5
```

4．给定(SS)=3000H，(SP)=1020H，(AX)=1234H，(DX)=5678H。执行下列程序段，分析每条指令执行后寄存器的内容和堆栈存储内容的变化情况。

```
PUSH  AX
PUSH  DX
POP   BX
POP   CX
```

5．分析下面程序段的功能，执行该程序段后 AX 寄存器中的内容是多少？

```
MOV  AX,0102H
MOV  BX,0010H
MOV  CL,2
SHL  BX,CL
ADD  AX,BX
```

6．已知(AX)=2040H，(DX)=380H，端口(PORT)=(80H)=1FH，(PORT＋1)=45H，指出执行下列指令后的结果是什么？

```
(1) OUT    DX,AL                       (2) OUT    DX,AX
(3) IN    AL,PORT                      (4) IN    AX,80H
(5) OUT    PORT＋1,AL                  (6) OUT    PORT+1,AL
```

7．根据以下要求写出相应的 8086 指令。

（1）把内存区域 BUF 数据区的偏移地址送入 BX 寄存器中。

（2）把 BX 和 AX 寄存器的内容相加，结果存入 AX 寄存器中。

（3）用位移量 1200H 的直接寻址方式把存储器中的一个字数据与立即数 3210H 相加，结果送回该寄存器中。

（4）用寄存器 BX 和位移量 2100H 的变址寻址方式把存储器中的一个字数据和 CX 寄存器中的内容相加，结果送回存储器。

（5）用 BX 和 SI 的基址变址寻址方式把存储器中的一个字节数据与 AL 内容相加，结果保存在 AL 寄存器中。

8．设堆栈寄存器(SS)=2250H，堆栈指示器(SP)=0140H，若在堆栈中存入 5 个字数据，则 SS、SP 的内容各是多少？如果又取出 2 个字数据，SS、SP 的内容又各是多少？

9．设寄存器 AX、BX 中保存带符号数，寄存器 CX、DX 中保存无符号数，写出实现以下功能的指令或程序段：

（1）若(CX)＜(DX)，程序转移到 NEXT1 处。

（2）若(AX)＞(BX)，程序转移到 NEXT2 处。

（3）若(CX)=0，程序转移到 NEXT3 处。

（4）若 AX 中内容为负，程序转移到 NEXT4 处。

第 5 章 汇编语言的基本表达及其运行

本章从汇编语言和汇编程序的基本概念出发，重点介绍汇编语言程序的书写规则、基本表达方法、伪指令、上机操作的环境等相关知识。

通过本章的学习，应重点理解和掌握以下内容：

- 汇编语言和汇编程序的基本概念
- 汇编语言源程序的书写规则、语句格式及程序分段
- 伪指令语句的格式、功能及应用
- 汇编语言源程序的建立、汇编、连接、调试及运行

5.1 汇编语言和汇编程序的基本概念

计算机语言从低级到高级可分为机器语言、汇编语言、高级语言。

机器语言指令用 0、1 二进制代码表示，难以记忆和理解，但它是机器唯一能直接理解和直接执行的语言。

汇编语言采用助记符表示指令代码，还使用符号地址及其他一些语法规定。汇编指令与机器指令一一对应，较容易记忆，执行速度快，占用内存空间小，但汇编语言指令功能受到微处理器的限制。

高级语言是一种面向算法的语言，类似人类的自然语言，易学易用，可移植性好。但高级语言语句与机器指令之间并无直接对应关系，执行前需要“翻译”成机器指令，这种关系带来了程序效率（时间、空间）上的损失。当然，高级语言的语句功能毕竟强大得多，用高级语言编写的各类数据处理、信息管理、学习与娱乐等程序都很方便应用。

5.1.1 汇编语言

汇编语言是一种面向 CPU 指令系统的程序设计语言，采用指令系统的助记符来表示操作码和操作数，用符号地址表示操作数地址，因而易记、易读、易修改，给用户编程带来很大方便。

一般情况下，一个助记符表示一条机器指令，所以汇编语言也是面向机器的语言，实际上，由汇编语言编写的源程序就是机器语言程序的符号表示，汇编语言源程序与其经过汇编所产生的目标代码程序之间有明显的一一对应关系。

用汇编语言编写的程序能够直接利用硬件系统的特性，可以直接对位、字节、字寄存器、存储单元、I/O 端口等进行处理，同时也能直接使用 CPU 指令系统和指令系统提供的各种寻址方式编制出高质量的程序，这种程序不但占用内存空间少，而且执行速度快。

汇编语言源程序输入计算机后不能直接被计算机识别和执行，必须借助于一种系统通用软件（汇编程序）的翻译变成机器语言程序（目标程序），然后经过连接后生成可执行文件才能执行。

5.1.2 汇编程序

用汇编语言编写的源程序在输入计算机后，需要将其翻译成目标程序，计算机才能执行相应指令，这个翻译过程称为汇编，完成汇编任务的程序称为汇编程序。

汇编程序是最早也是最成熟的一种系统软件，它除了能够将汇编语言源程序翻译成机器语言程序这一主要功能外，还能够根据用户的要求自动分配存储区域，包括程序区、数据区、暂存区等；自动把各种进制数转换成二进制数，把字符转换成 ASCII 码，计算表达式的值等；自动对源程序进行检查，给出错误信息，如非法格式、未定义的助记符、标号、漏掉操作数等。具有这些功能的汇编程序称为基本汇编 ASM（Assembler）。

在基本汇编的基础上，进一步允许在源程序中把一个指令序列定义为一条宏指令，并包含有大量伪指令的汇编程序叫做宏汇编 MASM（MacroAssembler）。它包含全部基本汇编 ASM 的功能，还增加了宏指令、结构、记录等高级汇编语言功能。

汇编程序以汇编语言源程序文件作为输入，并由它产生两种输出文件：目标程序文件和源程序列表文件。目标程序文件经连接定位后由计算机执行；源程序列表文件将列出源程序、目标程序的机器语言代码及符号表。符号表是汇编程序所提供的一种诊断手段，它包括程序中所用的所有符号和名字，以及这些符号和名字所指定的地址。如果程序出错，可以较容易地从这个符号表中检查出错误。

实际上，汇编程序不仅能识别助记符指令，而且能识别汇编程序提供的、对汇编过程起控制作用的汇编命令，即伪指令。

在编写源程序时，要严格遵守汇编语言程序的书写规范，否则会出错。MASM 以汇编语言源程序作为输入，经汇编后产生目标程序文件和源程序列表文件。目标程序文件经连接可成为计算机的可执行文件（.EXE）；源程序列表文件将列出源程序和目标程序的机器语言代码及符号表，用于对源程序进行语法检查。

汇编程序还支持多模块程序设计，将各模块汇编成相对地址的浮动目标程序，每一模块的地址均从 0 开始，然后由连接和装入程序将这些模块连接成一个完整的绝对地址目标程序，这个目标程序才是可运行的。

由 MASM 汇编生成的目标程序可直接和其他高级语言目标程序模块相连接，主程序和子程序的连接简单，经说明的外部子程序可直接调用，其绝对地址由连接程序确定。

5.2 汇编语言源程序书写格式

5.2.1 汇编语言源程序的分段结构

为了方便分析汇编语言源程序的结构，我们先看下面给出的一个完整的汇编语言源程序的例子。

【例 5.1】要求从内存中存放的 10 个无符号字节数据中找出最小数，将其值保存在 AL 寄存器中。

可以编写如下汇编语言源程序：

```
DATA  SEGMENT                                        ;定义数据段
      BUF  DB  23H,16H,08H,20H,64H,8AH,91H,35H,2BH,FFH  ;定义数据区
      CN   EQU $-BUF
DATA  ENDS
STACK SEGMENT                                        ;定义堆栈段
      STA   DB  10 DUP(?)
      TOP  EQU $-STA
STACK ENDS
CODE  SEGMENT                                        ;定义代码段
      ASSUME    CS:CODE,DS:DATA,SS:ATACK
START:MOV  AX,DATA
      MOV  DS,AX                                     ;初始化 DS
      MOV  BX,OFFSET BUF
      MOV  CX,CN
      DEC  CX
      MOV  AL,[BX]
      INC  BX
LP:   CMP  AL,[BX]                                   ;两数比较
      JBE  NEXT                                      ;若（AL）<[BX]，转 NEXT
      MOV  AL,[BX]                                   ;将小数存入 AL 中
NEXT: INC  BX
      DEC  CX
      JNZ  LP
      MOV  AH,4CH                                    ;返回 DOS
      INT  21H
CODE  ENDS
      END  START                                     ;汇编结束
```

从本例中可以看出，汇编语言源程序的结构是分段结构形式。一个汇编语言源程序是由若干个逻辑段组成，每个逻辑段以 SEGMENT 语句开始，以 ENDS 语句结束。整个源程序以 END 语句结束。每个逻辑段内有若干条语句，一个汇编源程序是由完成某种特定操作功能的语句组成的。

通常，一个汇编源程序一般由数据段、附加段、堆栈段和代码段 4 种逻辑段组成。

（1）数据段：在内存中建立一个适当容量的工作区，以存放常数、变量等程序需要对其进行操作的数据。

（2）附加段：同数据段类似，也是用来在内存中建立适当容量的工作区，以存放数据，比如串操作指令要求目的串必须在附加段内。

（3）堆栈段：在内存中建立一个适当的堆栈区，以便在中断、子程序调用时使用。堆栈段一般可以为几十个字节至几千字节。如果太小，则可能导致程序执行中出现堆栈溢出错误。

（4）代码段：包括了许多以符号表示的指令，其内容就是程序要执行的指令。

作为一个汇编源程序的主模块，下面几部分是不可缺少的：

- 必须用 ASSUME 伪指令告诉汇编程序哪个段名和哪个段寄存器相对应，即建立逻辑关系。这样对源程序模块进行汇编时才能确定段中各项的偏移量。DOS 的装入程序

在执行时，将把 CS 初始化为正确的代码段地址，在源程序中不需要再对它进行初始化；因为装入程序已经将 DS 寄存器留作他用，这是为了保证程序段在执行过程中数据段地址的正确性，所以在源程序中应该有以下两条指令对它进行初始化：

```
MOV  AX,DATA
MOV  DS,AX
```

- 同样若程序中用到了附加段，也需要用具体的指令语句对 ES 进行初始化；至于 SS 和 SP 的初始化有两种方式：一种是用具体的指令语句对 SS 和 SP 进行初始化；另一种方式是在伪指令 SEGMENT 的后面加上 STACK 指出组合类型，汇编时 SS 和 SP 会得到初始化，当然在 ASSUME 语句中仍然要有“SS:堆栈段名”。
- 在应用程序结尾应该有返回 DOS 的语句结束程序，最简单的方式是采用 DOS 的 4CH 号功能调用使汇编语言返回 DOS，即采用如下两条指令：

```
MOV  AH,4CH
INT  21H
```

如果不是主模块，则这两条指令可以不用。

由于 8086 的 1MB 存储空间是分段管理的，汇编语言源程序存放在存储器中，无论是取指令还是存取操作数，都要访问内存。因此，汇编语言源程序的编写必须遵照存储器分段管理的规定，分段进行编写。

前面已经介绍过，存储器的物理地址由段地址和偏移量经过转换而成。汇编语言源程序中的标号和变量等的段内偏移地址是在汇编过程中排定的，而段地址是在连接过程中确定的。汇编过程中形成的目标模块把源程序中由段定义语句提供的信息传递给连接程序，连接程序为各段分配段地址并把它们连成一体。

5.2.2 汇编语言源程序的语句类型和语句格式

1. 语句类型

8086 宏汇编 MASM 使用的语句可分为指令语句、伪指令语句和宏指令语句 3 种类型。

（1）指令语句。

由标号、指令和注释 3 部分组成，这类指令能够产生目标代码，是 CPU 可以执行的能够完成特定功能的语句，它主要由机器指令组成。在汇编时，一条指令语句被翻译成对应的机器码，对应着机器的一种操作。

（2）伪指令语句。

伪指令语句是为汇编程序和连接程序提供一些必要控制的管理性语句，它不产生目标代码，仅仅在汇编过程中告诉汇编程序应如何汇编，并完成相应的伪操作。

例如，告诉汇编程序已写出的汇编语言源程序有几个段，段的名字是什么，定义变量和定义过程，给变量分配存储单元，给符号赋值，给数字或表达式命名等。同时将某些信息保留下来，传送给连接程序使用。

伪指令语句也可以由标号、伪指令和注释 3 部分组成，但伪指令语句的标号后面不能有冒号，这是伪指令语句和指令语句格式上的一大差别。

例如：VAR1 DB 20H

这条伪指令是给变量 VAR1 分配一个字节的存储单元，并赋值为 20H。

这是一条完整的伪指令语句，VAR1 是它的名字部分，它代表由伪指令 DB 分配的那个单元的符号地址，又叫做变量名。这条语句经汇编以后，为 VAR1 分配一个字节单元，并将初始值 20H 装入其中。在机器代码中，这条语句不会出现，它的功能在汇编时已全部完成。

（3）宏指令语句。

宏指令语句由标号、宏指令和注释组成。

宏指令语句是由编程者按照一定的规则来定义的一种较“宏大”的指令。一般来说，一条宏指令包括多条指令或伪指令。

在程序中，往往需要在不同地方重复某几条语句的使用。为使源程序书写精练、可读性好，可以先将这几条语句定义为一条宏指令。在写程序时，凡是出现这几条语句的地方，可以用宏指令语句来代替。在汇编时，汇编程序按照宏指令的定义，在出现宏指令的地方将其展开还原。

因此，从源程序的书写来看，利用宏指令节省了篇幅，使程序简明扼要。但是这并不意味着该程序的目标代码文件缩小，使用宏指令并不能节省内存空间。关于宏指令的使用，将在后续章节详细介绍。

2. 语句格式

汇编语言程序的每条指令也称为一条语句，通常情况下，完整的语句由以下 4 项内容组成。

    [名字]　操作符　[操作数]　[;注释]

带方括号的部分表示可任选。

（1）名字字段：表示本条语句的符号地址，可以是标号或变量，是由字母打头的字符串。汇编语言程序中的标号采用冒号“:”来标记。

如　LAB1:　MOV　AX,2050H

这是一条指令语句，标号 LAB1 是它的名字，也就是这条指令第一字节的符号地址。

如　VAR1　DW　1200H

这是一条伪指令语句，变量 VAR1 是它的名字，VAR1 后面不跟冒号“:”。VAR1 也是一个符号地址，伪操作符 DW 将一个字 1200H 定义给 VAR1 和相邻的 VAR1+1 两个单元，即在 VAR1 单元中放数 00H（低字节），VAR1+1 单元中放数 12H（高字节）。

指令语句中的名字叫标号，这个标号是任选的，即不需要就可以不写。

伪指令语句中的名字可以是变量名、段名、过程名、符号名等，可以是规定必写、任选或省略，这取决于具体的伪指令。

一个标号与一条指令的地址相联系，因此标号可以作为 JMP 指令和 CALL 指令的操作数。伪指令语句中的名字一般不作为 JMP 指令和 CALL 指令的操作数，但在间接寻址时可以使用。

标号和变量都具备段属性、偏移属性、类型属性 3 种属性。

- 段属性：该属性定义了标号和变量的段起始地址，其值在一个段寄存器中。标号的段是它所出现的对应代码段，所以由 CS 指示。变量的段可以由 DS、ES、SS、CS 指示，通常由 DS 或 ES 指示。
- 偏移属性：该属性表示标号和变量相距段起始地址的字节数，即段内偏移地址。该数是一个 16 位无符号数。
- 类型属性：该属性对于标号而言，是用于指出该标号是在本段内引用还是在其他段中引用。标号的类型有 NEAR（段内引用）和 FAR（段外引用）。对于变量，其类型属性说明变量有几个字节长度。这一属性由定义变量的伪指令 DB（定义字节型）、DW（定义字型）、DD（定义双字型）等确定。

（2）操作符字段：操作符可以是机器指令、伪指令和宏指令的助记符。机器指令是指 CPU 指令系统中的指令，汇编程序将其翻译成对应的机器码。伪指令则不能翻译成对应的机器码，它只是在汇编过程中完成相应的控制操作，所以又称为汇编控制指令，如定义数据、分配存储单元、定义一个符号以及控制汇编结束等。宏指令则是有限的一组指令或伪指令定义的代号，汇编时将根据其定义展开成相应的指令或伪指令。

（3）操作数字段：是操作符的操作对象。两个及两个以上的操作数之间用逗号隔开，操作数一般有常数、变量、标号、寄存器和表达式等几种形式。

常数在程序运行过程中不会发生变化，可以是数值常数和字符串常数；变量是指存放在某些存储单元中可变的数据，通过标识符引用，可作为访问存储器指令的源操作数和目标操作数；标号是可执行的指令性语句的符号地址；表达式一般有数字表达式和地址表达式，汇编过程计算出具体数值，表达式中出现各种运算符时按照优先级别进行运算。

（4）注释字段：以“;”开头的语句注释，可以用英文或中文书写。注释字段是语句的非执行部分，因此并非每条语句都要写，而是可以根据需要来写。一般情况下，注释用来说明一段程序或几条语句的功能，以增加程序的可读性，便于修改和调试。对于初学者，在阅读其他人编写的程序时，注释部分会提供很大的帮助。

汇编语言程序要求上面 4 项内容之间必须用空格分开，否则会被认为是错误的命令。

5.3 8086 汇编语言中的表达式和运算符

汇编语言表达式是指出现在指令中，用作操作数或提供操作数地址信息的算式，其中作为操作数的表达式是在汇编过程中完成计算的，得出的结果作为操作数。因此，在这类表达式中不应该出现寄存器或存储单元内容，因为汇编程序无法完成寄存器或存储单元内容的访问。

在表达式中，运算符充当着重要的角色。8086 宏汇编有算术运算符、逻辑运算符、关系运算符、分析运算符和综合运算符共 5 种，如表 5.1 所示。

表 5.1 8086 汇编语言中的运算符

算术运算符	逻辑运算符	关系运算符	分析运算符	综合运算符
+（加法）	AND（与）	EQ（相等）	SEG（求段基值）	PTR
-（减法）	OR（或）	NE（不相等）	OFFSET（求偏移量）	段属性前缀
*（乘法）	XOR（异或）	LT（小于）	TYPE（求变量类型）	THIS
/（除法）	NOT（非）	GT（大于）	LENGTH（求变量长度）	SHORT
MOD（求余）		LE（小于或等于）	SIZE（求字节数）	HIGH
SHL（左移）		GE（大于或等于）		LOW
SHR（右移）				

1. 算术运算符

算术运算符用于完成算术运算，有+（加法）、-（减法）、*（乘法）、/（除法）、MOD（求余）、SHL（左移）、SHR（右移）共7种运算。其中加、减、乘、除运算都是整数运算，结果也是整数。除法运算得到的是商的整数部分。求余运算是指两数整除后所得到的余数。

以上7种运算可以直接对数值进行运算，但在对地址进行运算时，只有加法和减法才具有实际意义，并且要求进行加减的两个地址应在同一段内，否则运算结果就不是一个有效地址了。

2. 逻辑运算符

逻辑运算符的作用是对其操作数进行按位操作。它与指令系统中的逻辑运算指令是不相同的，运算后产生一个逻辑运算值，供给指令操作数使用，它不影响标志位。对地址不能进行逻辑运算，逻辑运算只能用于数字表达式中。

逻辑运算符有AND（与）、OR（或）、XOR（异或）和NOT（非）。其中NOT（非）是单操作数运算符，其他3个逻辑运算符为双操作数运算符。

注意，逻辑运算符虽然在写法上和逻辑指令一样，但两者功能的实现是在两个不同的阶段完成的：逻辑运算符是在汇编时完成表达式的计算的，表达式的值由汇编程序确定；而逻辑指令是在执行时完成逻辑操作的。

在由逻辑运算符构成的表达式中不应包含寄存器或需要寻址访问的存储单元内容。

3. 关系运算符

关系运算符有EQ（相等）、NE（不相等）、LT（小于）、GT（大于）、LE（小于或等于）、GE（大于或等于）共6种。

关系运算符都是双操作数运算，它的运算对象只能是两个性质相同的项目。例如，两个数或两个同一段内的存储器地址，对两个性质不同的项目进行关系比较是没有意义的。

关系运算的结果只能是两种情况，即关系成立或不成立。当关系成立时，运算结果为1，否则为0。

在由关系运算符构成的表达式中也不应包含寄存器或需要寻址访问的存储单元内容。

4. 分析运算符

分析运算符是对存储器地址进行运算的。它可以将存储器地址的3个重要属性，即段、偏移量和类型分离出来，返回到所在的位置作操作数使用。因此分析运算符又称为数值返回运算符。

分析运算符共有5个：SEG（求段地址）、OFFSET（求偏移地址）、TYPE（求变量类型）、LENGTH（求变量长度）和SIZE（求字节数）。其中LENGTH和SIZE只对数据的存储器地址操作数有意义。

（1）SEG运算符

利用运算符SEG可以得到一个标号或变量的段地址。

使用格式：SEG 变量或标号

【例5.2】假设数据段DATA对应的段地址是3000H，作如下定义后，用SEG运算符求变量所在的段地址。

```
DATA  SEGMENT                           ;定义数据段
      VAR1  DB  10H,18H,25H,34H         ;定义字节数据
      VAR2  DW  2300H,1200H             ;定义字数据
```

```
    VAR3  DD  11002200H,33004400H  ;定义双字数据
DATA  ENDS                         ;数据段结束
```

则：
```
MOV  CX,SEG VAR1        汇编成：  MOV  BX,0300H
MOV  CX,SEG VAR2        汇编成：  MOV  CX,0300H
MOV  DX,SEG VAR3        汇编成：  MOV  DX,0300H
```

可见，同一段内变量的段基址相同，用 SEG 求出的数值相等。

（2）OFFSET 运算符。

利用运算符 OFFSET 可以得到一个标号或变量的偏移地址。

使用格式：OFFSET　变量或标号

【例 5.3】对于例 5.2 所定义的数据段，采用 OFFSET 运算符求出变量 VAR1 和 VAR2 的偏移地址。

则：
```
MOV  BX, OFFSET VAR1    汇编成：  MOV  BX,0  ;变量 VAR1 的偏移地址是 0
MOV  CX, OFFSET VAR2    汇编成：  MOV  CX,4  ;变量 VAR2 的偏移地址是 4
MOV  DX, OFFSET VAR3    汇编成：  MOV  DX,8  ;变量 VAR3 的偏移地址是 8
```

（3）TYPE 运算符。

TYPE 运算符可加在变量、结构或标号的前面，所求出的是这些存储器操作数的类型部分。运算符 TYPE 的运算结果是一个数值，这个数值与存储器操作数类型属性的对应关系如表 5.2 所示。

表 5.2　TYPE 返回值与存储器操作数类型的对应关系

存储器操作数类型	TYPE 返回值
字节数据 BYTE（DB 定义）	1
字数据 WORD（DW 定义）	2
双字数据 DWORD（DD 定义）	4
NEAR 指令单元	−1
FAR 指令单元	−2

使用格式：TYPE　变量或结构或标号

【例 5.4】TYPE 运算符应用举例。

①TYPE 运算符加在变量前面，返回的是这个变量所对应的 TYPE 返回值。

对例 5.2 所定义的数据段，有：

```
MOV AL,TYPE  VAR1        ;(AL)=1，字节数据
MOV AL,TYPE  VAR2        ;(AL)=2，字数据
MOV AL,TYPE  VAR3        ;(AL)=4，双字数据
```

②TYPE 运算符加在结构前面，返回的是这个结构所包含的字节数。如以下结构：

```
STUDENT  STRUC
  NAME      DB 'WANG'
  NUMBER     DB  ?
  ENGLISH    DB  ?
  MATHS      DB  ?
  COMPUTER  DB  ?
STUDENT  ENDS
```

若执行指令：MOV　AL,TYPE STUDENT，则其结果为 (AL)=8，说明本结构 STUDENT

共包含 8 个字节。

③TYPE 运算符加在标号前面，返回的是这个标号的属性是 NEAR 还是 FAR。

当标号的属性是 NEAR 时，TYPE 运算符返回值为-1。

当标号的属性是 FAR 时，TYPE 运算符返回值为-2。

（4）LENGTH 运算符。

LENGTH 运算符放在数组变量的前面，可以求出该数组中所包含的变量或结构的个数。

在 8086 汇编语言中，LENGTH 运算符只对已经用重复操作符 DUP 定义的变量才有意义，它给出分配给变量的单元数（如字节、字或双字）。

【例 5.5】定义某个变量 ARRAY 为字节变量，采用重复操作符 DUP 说明该变量的个数。

```
ARRAY   DB  10 DUP(?)      ;此时，LENGTH  ARRAY 的结果为 10
```

（5）SIZE 运算符。

如果一个变量已经用重复操作符 DUP 加以说明，则利用 SIZE 运算符可以得到分配给该变量的字节总数。如果未用 DUP 加以说明，则得到的结果是 TYPE 运算的结果。

使用格式：SIZE　变量

计算公式：当使用重复操作符 DUP(?)，括号内的值为单项数据时，可用以下公式计算变量 ARRAY 的 SIZE 值：

SIZE ARRAY=(LENGTH ARRAY)×(TYPE ARRAY)

【例 5.6】对于变量 ARRAY，已经定义变量个数为 10，类型为字变量，计算该变量可以得到的字节总数。

```
ARRAY    DW  10 DUP(?)
```

则：SIZE ARRAY =(LENGTH ARRAY)×(TYPE ARRAY)

=10×2

=20

5．综合运算符

综合运算符可以用来建立和临时改变变量或标号的类型以及存储器操作数的存储单元类型，而忽略当前的属性，所以又称为属性修改运算符。

有 6 个综合运算符，即 PTR、段属性前缀、SHORT、THIS、HIGH 和 LOW。

（1）PTR 运算符。

运算符 PTR 用来指定或修改存储器操作数的类型，但它本身并不实际分配存储器。

使用格式：类型 PTR 存储器地址表达式

PTR 将它左边的类型指定给右边的地址表达式。这样的结果，PTR 便产生了一个新的存储器地址操作数。这个新的地址操作数具有和 PTR 右边的地址表达式一样的段基址和偏移量，即它们指示的是同一存储单元，但却有不同的类型。

在 PTR 表达式中出现的类型可以是 BYTE、WORD、DWORD、NEAR、FAR 或结构名称。

PTR 右边的地址表达式可以是标号以及作为地址指针的寄存器、变量和数值的各种组合形式。

【例 5.7】PTR 应用举例。

```
VAR1  DB  30H,40H
VAR2  DW  2050H
```

```
...
MOV  AX,WORD PTR VAR1
MOV  BL,BYTE PTR VAR2
```

在此例中，VAR1 为字节变量，对应 VAR1 存储单元保存的数据为 30H，对应 VAR1+1 存储单元保存的数据为 40H；VAR2 为字变量，对应 VAR2 存储单元保存的数据为 2050H。

在传送指令中，从字节变量 VAR1 存储单元和 VAR1+1 存储单元中取出一个字数据，赋给字寄存器 AX；从字变量 VAR2 存储单元中取出一个字节数据，赋给字节寄存器 BL。

则有：(AX)=4030H，(BL)=50H。

（2）段属性前缀。

8086 的寻址方式中，有一些是隐含指出所规定的段寄存器的。

例如，若用 BP 做基址寻址，则表明要访问的数据位于堆栈段，合成物理地址时采用 SS 内容做段地址；而用 BX 做基址寻址，则表明要访问的数据位于数据段，合成物理地址时采用 DS 内容做段地址。但有时数据不一定在数据段或堆栈段，则操作数需要进行段超越寻址——明确给出合成物理地址时采用的段寄存器，即给出完整的逻辑地址，这时应使用段属性前缀。

使用格式：段寄存器名称:地址表达式

例如：MOV AX,ES:[BX+SI]

这条指令是把附加段中偏移地址为 BX+SI 的单元中的字送 AX 寄存器，而不是到数据段去寻址这个单元。

（3）SHORT 运算符。

运算符 SHORT 用来修饰 JMP 指令中跳转地址的属性，指出跳转地址是在下一条指令地址的－128～＋127 个字节范围之内。

使用格式：SHORT 标号

【例 5.8】在 JMP 指令中使用 SHORT 运算符来进行短距离跳转。

```
        ...
        JMP  SHORT  NEXT
        ...
NEXT:   ...
```

该例中，使用 SHORT 运算符后，跳转标号 NEXT 与 JMP 指令的距离不能大于 127 个字节。

在 8086 CPU 指令系统中，使用 JMP 指令可以实现段间或段内跳转，在段内跳转时，跳转距离可以在±32KB 范围内，若用 SHORT 运算符修饰后，就只能在－128～127 字节范围内短距离跳转了。

（4）THIS 运算符。

THIS 运算符和 PTR 运算符一样，可以用来建立一个特殊类型的存储器地址操作数，而不实际为它分配新的存储单元。用 THIS 建立的存储器地址操作数的段和偏移量部分与目前所能分配的下一个存储单元的段和偏移量相同，但类型由 THIS 指定。

使用格式：THIS 类型

凡是在 PTR 中可以出现的类型，在 THIS 中也允许出现。即有 NEAR、FAR、BYTE、WORD、DWORD 或结构名称。

【例 5.9】对同一个数据区，要求既可以字节为单位，又可以字为单位进行存取。

```
AREA1  EQU  THIS  WORD
AREA2  DB  100  DUP(?)
```

此例中，AREA1 和 AREA2 实际上代表同一个数据区，共有 100 个字节，但 AREA1 的类型为 WORD，而 AREA2 的类型为 BYTE。

（5）HIGH 和 LOW 运算符。

HIGH 和 LOW 被称为字节分离运算符，它们将一个 16 位的数或表达式的高字节和低字节分离出来。

【例 5.10】定义一个符号常数 COUNT，它等值于 4A83H，将其高低字节分离出来，分别由寄存器 AH 和 AL 保存。

```
COUNT  EQU  4A38H
MOV  AH,HIGH COUNT
MOV  AL,LOW COUNT
```

汇编后：

```
MOV  AH,4AH
MOV  AL,38H
```

以上介绍了常用的算术运算符、逻辑运算符、关系运算符、分析运算符以及综合运算符等，这些运算符和常数、寄存器名、标号、变量一起共同组成表达式，放在语句的操作数字段中。只有在存储器寻址的表达式中可以使用寄存器，直接做操作数的表达式不能用寄存器。

在汇编过程中，由汇编程序先计算表达式的值，然后再翻译指令。

在计算表达式的值时，计算的优先顺序是非常重要的。如果一个表达式同时具有多个运算符，则按以下规则运算：

- 优先级高的先运算，优先级低的后运算。
- 优先级相同时，按表达式中从左到右的顺序运算。
- 括号可以提高运算的优先级，括号内的运算总是在相邻的运算之前进行。

各种运算符从高到低的优先级排列顺序如表 5.3 所示，表中同一行的运算符具有相等的优先级别。

表 5.3　各类运算符的优先级别

优先级别	运算符
1	LENGTH、SIZE、WIDTH、MASK、()、[ ]、<>
2	.（结构变量名后面的运算符）
3	:（段超越运算符）
4	PTR、OFFSET、SEG、TYPE、THIS
5	HIGH、LOW
6	+、-（一元运算符）
7	*、/、MOD、SHL、SHR
8	+、-（二元运算符）
9	EQ、NE、LT、LE、GT、GE
10	NOT
11	AND
12	OR、XOR
13	SHORT

5.4 伪指令语句

伪指令语句中使用的伪指令，无论其表示形式以及在语句中所处的位置都与 CPU 指令相似，但是两者之间有着重要的区别。首先，CPU 指令在运行时由 CPU 执行，每条指令对应 CPU 的一种特定的操作，例如传送、加法、减法等；而伪指令是给汇编程序的命令，在汇编过程中由汇编程序进行处理。例如定义数据、分配存储区、定义段、定义过程等。其次，汇编以后，每条 CPU 指令产生一一对应的目标代码；而伪指令则不产生与之相应的目标代码。

宏汇编程序 MASM 提供了约几十种伪指令，根据伪指令的功能，大致可以分为以下几类：

- 数据定义伪指令
- 符号定义伪指令
- 段定义伪指令
- 过程定义伪指令
- 宏处理伪指令
- 模块定义与连接伪指令
- 处理器方式伪指令
- 条件伪指令
- 列表伪指令
- 其他伪指令

本节介绍一些常用的基本伪指令。

5.4.1 数据定义伪指令

数据定义伪指令用来定义变量的类型，并将所需要的数据放入指定的存储单元中。也可以只给变量分配空间而不赋值，此时用符号“?”进行占位。

常用的数据定义伪指令有 DB、DW、DD、DQ 和 DT 等。

数据定义伪指令的一般格式为：

[变量名] 伪指令 操作数 [,操作数…][;注释]

方括号中的变量名为任选项，它代表所定义的第一个单元在段内的偏移地址。变量名后面不要跟冒号“:”。伪指令后面的操作数可以不止一个，如果有多个操作数时，相互之间应该用逗号“,”分开。注释项也是任选的。

1. 定义字节变量伪指令 DB

DB（Define Byte）用于定义变量的类型为字节变量 BYTE，并给变量分配字节或字节串，DB 伪指令后面的操作数每个占有 1 个字节。

2. 定义字变量伪指令 DW

DW（Define Word）用于定义变量的类型为字变量 WORD，DW 伪指令后面的操作数每个占有一个字，即 2 个字节。在内存中存放时，低位字节在前，高位字节在后。

3. 定义双字变量伪指令 DD

DD（Define Double word）用于定义变量的类型为双字变量，DD 伪指令后面的操作数每个占有 2 个字，即 4 个字节。同样，在内存中存放时，低位字在前，高位字在后。

4. 定义四字变量伪指令 DQ

DQ（Define Quadruple word）用于定义变量的类型为 4 字变量，DQ 伪指令后面的操作数每个占有 4 个字，即 8 个字节。同样，在内存中存放时，低位字在前，高位字在后。

5. 定义十字节变量伪指令 DT

DT（Define Ten byte）用于定义变量的类型为 10 个字节，DT 伪指令后面的操作数每个占有 10 个字节。一般用于存放压缩的 BCD 码。

数据定义伪指令后面的操作数可以是常数、表达式或字符串，但每项操作数的值不能超过由伪指令所定义的数据类型限定的范围。

例如，DB 伪指令定义数据的类型为字节，则其范围应该是：

无符号数：0～255

带符号数：－128～＋127

给变量赋初值时，如果使用字符串，则字符串必须放在单引号中。另外，超过两个字符的字符串只能用 DB 伪指令定义。

【例 5.11】在如下所示的数据段中，分析数据定义伪指令的使用和存储单元的初始化。

```
DATA SEGMENT                          ;定义数据段
      B1  DB  10H，30H                ;初始化分别为两个字节 10H，30H
      B2  DB  2*3+5                   ;初始化为表达式的值 0BH
      S1  DB  'GOOD!'                 ;存入 5 个字符
      W1  DW  1000H,2030H             ;初始化分别为两个字 1000H，2030H
      W2  DD  12345678H               ;初始化为双字 1234H，5678H
      S2  DB  'AB'                    ;初始化为两个字符的 ASCII 码 41H，42H
      S3  DW  'AB'                    ;初始化为 42H，41H
      S4  DW  ?                       ;定义了一个未初始化的字
DATA ENDS                             ;数据段结束
```

在数据定义的第一和第二条语句中，分别将常数和表达式的值赋予一个字节变量。第三句的操作数是包含 5 个字符的字符串。第 4、5 句，分别给字变量和双字变量赋初值。在第 6、7 句，注意伪指令 DB、DW 的区别，虽然操作数均为“AB”两个字符，但存入变量的内容高低字节恰恰相反。

除了常数、表达式和字符串外，问号“?”也可以作为数据定义伪指令的操作数，此时仅给变量保留相应的存储单元，而不赋予变量某个确定的初值：一个“?”代表一个操作数。

当同样的操作数重复多次时，可以采用重复操作符“DUP”来表示。

其使用格式为：n DUP(初值[,初值…])

圆括号中为重复的内容，n 为重复次数。如果用“n DUP(?)”作为数据定义伪指令的唯一操作数，则汇编程序产生一个相应的数据区，但不赋予任何初始值。此外，重复操作符 DUP 可以嵌套。

【例 5.12】在如下所示的数据段中，分析重复操作符 DUP 的使用和存储单元的初始化。

```
DATA SEGMENT                          ;定义数据段
      BUF1  DB  ?                     ;分配字节变量存储单元，不赋初值
      BUF2  DB  8  DUP(0)             ;为变量分配 8 个字节，赋初值为 0
```

```
        BUF3  DW  5  DUP(?)                  ;为变量分配5个字，不赋初值
        BUF4  DW  10 DUP(0,1,?)              ;分配字变量存储单元，对其部分初始化
        BUF5  DB  50 DUP(2,2 DUP(4),6)       ;分配字节变量存储单元，对其初始化
    DATA ENDS                                ;数据段结束
```

数据段中的第 2 条语句给字节变量 BUF2 分配 8 个存储单元，并赋初值为 0。第 3 句给字变量 BUF3 分配 5 个字单元，即 10 个存储单元，不预先赋初值。第 4 句给字变量 BUF4 分配初始数据为 0、1、?且重复次数为 10 的存储空间，共占 30 个字节。第 5 句给字节变量 BUF5 定义为一个数据区，其中包含重复 50 次的内容：2、4、4、6，共占 200 个字节。

5.4.2 符号定义伪指令

符号定义伪指令的用途是给一个符号重新命名或定义新的类型属性等。这些符号可以包括汇编语言的变量名、标号名、过程名、寄存器名、指令助记符等。

常用的符号定义伪指令有 EQU、=、LABLE。

1. EQU 伪指令

使用格式：名字 EQU 表达式

EQU 伪指令的作用是将表达式的值赋予一个名字，以后可以用这个名字来代替上述表达式。使用格式中的表达式可以是一个常数、变量、寄存器名、指令助记符、数值表达式或地址表达式等。

【例 5.13】分析 EQU 伪指令的作用。

```
    COUNT  EQU  100                ;COUNT代表常数100
    VAL    EQU  ASCII-TABLE        ;VAL代表变量ASCII与TABLE（地址之差）
    SUM    EQU  30*25              ;SUM代表数值表达式
    ADR    EQU  ES:[BP+DI+10]      ;ADR代替地址表达式ES:[BP+DI+10]（汇编时不计算）
    C      EQU  CX                 ;C代替寄存器CX（仅代表名称）
    M      EQU  MOV                ;M代替指令助记符MOV
```

利用 EQU 伪指令，可以用一个名字代表一个数值，或用一个较简短的名字来代替一个较长的名字。

如果源程序中需要多次引用某一表达式，则可以利用 EQU 伪指令给其赋一个名字，以代替程序中的表达式，从而使程序更加简洁，便于阅读。以后如果改变了表达式的值，也只需要修改一处，而不必修改多处，使程序易于维护。

需要注意的是，一个符号一经 EQU 伪指令赋值后，在整个程序中，不允许再对同一符号重新赋值。

2. =（等号）伪指令

使用格式：名字 = 表达式

“=”（等号）伪指令的功能与 EQU 伪指令基本相同，主要区别在于在同一程序中它可以对同一个名字重复定义。

```
例如：COUNT  EQU  10               ;正确，COUNT代替常数10
      COUNT  EQU  10＋20           ;错误，COUNT不能再次定义
但：  COUNT =10                    ;正确，COUNT代替常数10
      COUNT =10+20                 ;正确，COUNT可以重复定义
```

3. LABLE 伪指令

LABLE 伪指令的用途是在原来标号或变量的基础上定义一个类型不同的新的标号或变量。

使用格式：变量名或标号名　LABLE　类型符

变量的类型可以是 BYTE、WORD、DWORD，标号的类型可以是 NEAR、FAR。

利用 LABLE 伪指令可以使同一个数据区兼有 BYTE 和 WORD 两种属性，这样在以后的程序中可根据不同的需要分别以字节为单位，或以字为单位存取其中的数据。

【例 5.14】用 LABLE 伪指令定义变量和标号。

```
VAL1   LABLE   BYTE               ;VAL1 是字节型变量
VAL2   DW 20  DUP(?)              ;VAL2 是字型变量
```

VAL1 和 VAL2 变量的存储地址相同，但类型不同。

```
NEXT1   LABLE   FAR               ;NEXT1 为 FAR 型标号
NEXT2:  MOV AX,1200H              ;NEXT2 为 NEAR 型标号
…
JMP  NEXT2                        ;段内转移
JMP  NEXT1                        ;段间转移
```

5.4.3 段定义伪指令

段定义伪指令的用途是在汇编语言程序中定义逻辑段，用它来指定段的名称和范围，并指明段的定位类型、组合类型及类别。

常用的段定义伪指令有 SEGMENT、ENDS 和 ASSUME 等。

1. SEGMENT/ENDS 伪指令

使用格式：　段名　SEGMENT　[定位类型]　[组合类型]　['类别']

　　　　　　…（段内语句系列）

　　　　　　段名　ENDS

SEGMENT 伪指令用于定义一个逻辑段，给逻辑段赋予一个段名，并以后面的任选项规定该逻辑段的其他特性。

SEGMENT 伪指令位于一个逻辑段的开始，ENDS 伪指令则表示一个逻辑段的结束。这两个伪操作成对出现，二者前面的段名必须一致。两个语句之间的部分即是该逻辑段的内容。例如，对于代码段，段内语句系列主要有 CPU 指令及其他伪指令、宏指令；对于数据段、附加段和堆栈段，段内语句系列主要是定义数据区的伪指令，也可以包含宏指令。

SEGMENT 伪指令后面还有三个任选项。如果使用了任选项，三者的顺序必须符合格式中的规定。这些任选项是给汇编程序和连接程序的命令，它告诉汇编程序和连接程序如何确定边界以及如何组合几个不同的段等。

（1）定位类型：定位类型选项告诉汇编程序按何种规则确定逻辑段在存储器中的起始位置，用来规定对段起始边界的要求。

定位类型有以下 4 种选择：

- BYTE：表示逻辑段从任意字节开始，即可以从任何地址开始。此时本段的起始地址紧接在前一个段的后面。

- WORD：表示逻辑段从规则字的边界开始。两个字节为一个字，此时本段的起始地址最低一位必须是 0，即从偶地址开始。
- PARA：表示逻辑段从一个节的边界开始。通常 16 个字节称为一个节，故本段的起始地址最低 4 位必须为 0，应为××××0H。
- PAGE：表示逻辑段从页边界开始。通常 256 个字节称为一页，故本段的起始地址最低 8 位必须为 0，应为×××00H。

如果省略定位类型任选项，则默认其为 PARA。

（2）组合类型：SEGMENT 伪指令的第 2 个任选项是组合类型，它告诉连接程序当装入存储器时不同模块的同名逻辑段如何进行组合。

组合类型共有 6 种选择：

- NONE：表示本段与其他逻辑段不发生关系，每段都有自己的基地址。这是任选项默认的组合类型。
- PUBLIC：连接时，对于不同程序模块中的逻辑段，只要具有相同的类别名，就把这些段顺序连接成为一个逻辑段装入内存。
- STACK：组合类型为 STACK 时，其含义与 PUBLIC 基本一样，即不同程序中的逻辑段，如果类别名相同，则顺序连接成为一个逻辑段。不过组合类型 STACK 仅限于连接各个堆栈段。
- COMMON：连接时，对于不同程序中的逻辑段，如果具有相同的类别名，则都从同一个地址开始装入，因而各个逻辑段将发生重叠。最后，连接以后的段的长度等于它们中最长的逻辑段长度，重叠部分的内容是最后一个逻辑段的内容。
- MEMORY：几个逻辑段连接时，连接程序将把本段定位在被连接在一起的其他所有段之上，如果被连接的逻辑段中有多个段的组合类型都是 MEMORY，则汇编程序只将首先遇到的段作为 MEMORY 段，而其余的段均当作 COMMON 段来处理。
- AT 表达式：这种组合类型表示本逻辑段根据表达式的值定位段基址。例如 AT 5800H，表示本段的段基址为 5800H，则本段从存储器的物理地址 5800H 开始装入。

（3）类别：SEGMENT 伪指令的第 3 个任选项是类别，类别必须放在单引号内。

类别的作用是在连接时决定各逻辑段的装入顺序。当几个程序模块进行连接时，其中具有相同类别名的逻辑段被装入连续的内存区，类别名相同的逻辑段，按出现的先后顺序排列。没有类别名的逻辑段，与其他无类别名的逻辑段一起连续装入内存。

2. ASSUME 伪指令

使用格式：ASSUME 段寄存器名:段名[,段寄存器名:段名[,…]]

段寄存器名可以是 CS、DS、SS、ES。段名可以是曾用 SEGMENT 伪指令定义过的某一个段名或者组名，以及在一个标号和变量前面加上分析运算符 SEG 所构成的表达式。

ASSUME 伪指令告诉汇编程序，将某一个段寄存器设置为某一个逻辑段的段址，即明确指出源程序中的逻辑段与物理段之间的关系，当汇编程序汇编一个逻辑段时，即可利用相应的段寄存器寻址该逻辑段中的指令或数据。在一个源程序中，ASSUME 伪指令应该放在可执行程序开始位置的前面。

还需要指出，ASSUME 伪指令只是通知汇编程序有关段寄存器与逻辑段的关系，并没有给段寄存器赋予实际的初值。所以，在程序的操作部分，要用指令来完成给段寄存器赋初值，如 DS 和 ES。但 CS 的值在程序初始化时由 DOS 系统自动给出，因此一般不在程序中赋值。ASSUME 伪指令如果没有涉及 SS 寄存器，且 SS 也没有赋值，则使用系统设置的堆栈。

5.4.4 过程定义伪指令

在程序设计中，经常将一些重复出现的语句组定义为子程序。子程序又称为过程，可以采用 CALL 指令来调用。

1. 过程定义伪指令 PROC/ENDP 的格式

使用格式：过程名　　PROC　　[NEAR]/FAR

```
过程名    PROC    [NEAR]/FAR
        …(语句系列)
          RET
        …(语句系列)
过程名    ENDP
```

其中，PROC 伪指令定义一个过程，赋予过程一个名字，并指出该过程的类型属性为 NEAR 或 FAR。如果没有指明类型，则默认为 NEAR。伪指令 ENDP 标志过程的结束。上述两个伪指令前面的过程名必须一致。

2. 过程的调用

当一个程序段被定义为过程后，程序中其他地方就可用 CALL 指令来调用这个过程。过程名实质上是过程入口的符号地址，它和标号一样，也有段属性、偏移属性、类型属性。

一般来说，被定义为过程的程序段中应该有返回指令 RET，在位置上不一定是最后一条指令，子程序中也可能有不止一条 RET 指令，但 RET 一定是子程序中最后执行的指令。执行 RET 指令后，返回到 CALL 指令的下一条指令。过程的定义和调用均可以嵌套。

5.4.5 结构定义伪指令

结构是相互关联的一组数据的某种组合形式。使用结构，需要进行下面介绍的这几方面的工作。

1. 结构的定义

用伪指令 STRUC 和 ENDS 把相关数据定义语句组合起来，便构成一个完整的结构。

使用格式：

```
结构名    STRUC
  …(数据定义语句序列)
结构名    ENDS
```

【例 5.15】用结构制作一张学生成绩表，学生的信息包括姓名、学号、各门课成绩。

```
STUDENT  STRUC
   NAME1     DB 'WANG'
   NUMBER    DB  ?
   ENGLISH   DB  ?
   MATHS     DB  ?
   COMPUTER  DB  ?
STUDENT  ENDS
```

此例中，STUDENT 称为结构名，数据定义语句序列中的变量名叫做结构字段名。

一个结构经定义后，仅仅告诉汇编程序存在着这样一种形式的类型，并不为它分配实际的存储单元，只有用这种类型定义变量，变量才按照结构定义的内容被分配空间。因此，在使用结构之前仅定义是不够的。还必须进行预置，即定义变量，分配实际的存储单元。

2. 结构的预置

结构定义完成后，就如同在高级语言中完成了某些数据类型的定义。汇编语言中，结构这种数据类型是通过结构变量来使用的。

对结构进行预置的格式如下：

结构变量名　结构名 (字段值表)

其中：

（1）结构名是结构定义时用的名字。

（2）结构变量名是程序中具体使用的变量，它与具体的存储空间以及数据相联系，程序中可直接引用它。

（3）字段值表用来给结构变量赋初值，表中各字段的排列顺序以及类型应该与结构定义时一致，各字段之间以逗号分开。

通过结构预置语句，可以对结构中的某些字段进行初始化。但通过预置进行结构变量的初始化有一定的限制和规定：

1）在结构定义中具有一项数据的字段才能通过预置来代替初始定义的值，而用 DUP 定义的字段或一个字段后有多个数据项的字段，则不能在预置时修改其定义时的值。

【例 5.16】结构定义中的结构变量初值的预置。

```
DATA  STRUC
    A1   DB   30H                    ;简单元素，可以修改
    A2   DB   10H,20H                ;多重元素，不能修改
    A3   DW   ?                      ;简单元素，可以修改
    A4   DB   'ABCD'                 ;可用同长度的字符串修改
    A5   DW   10 DUP(?)              ;多重元素，不能修改
DATA  ENDS
```

2）若有些字段的内容采用定义时的初值，则在预置语句中这些字段的位置仅写一个逗号即可。若所有的字段都如此，则仅写一对尖括号即可。

【例 5.17】对前面定义的 STUDENT 结构，采用结构变量来代表学生的信息。设有三个学生，则可有：

```
S1   STUDENT <'ZHANG',11,87,90,89>
S2   STUDENT <'WANG',12,68,83,71>
32   STUDENT <'LI',13,92,86,95>
```

这样，就在存储器中为 3 个学生建立了成绩档案，把他们的姓名、学号以及 3 门课成绩都放在了指定的位置。

3. 结构的引用

程序中引用结构变量和其他变量一样，可直接写结构变量名。若要引用结构变量中的某一字段，则采用如下形式：

结构变量名.结构字段名

或者，先将结构变量的起始地址的偏移量送到某个地址寄存器，然后再用：

[地址寄存器].结构字段名

例如：若要引用结构变量 S1 中的 ENGLISH 字段，以下两种用法都是正确的：

（1）MOV　AL,S1.ENGLISH

（2）MOV　BX,OFFSET S1

　　 MOV　AL,[BX].ENGLISH

5.4.6　模块定义与连接伪指令

编写规模较大的汇编语言源程序时，可将整个程序划分为几个独立的源程序，称之为模块。将各模块分别进行汇编，生成各自的目标程序，最后将它们连接成为一个完整的可执行程序。各模块之间可相互进行符号访问，也就是说，在一个模块中定义的符号可以被另一个模块引用。通常称这类符号为外部符号，而将那些在一个模块中定义，只在同一模块中引用的符号称为局部符号。

为进行模块之间的连接和实现相互的符号访问，以便进行变量传送，通常使用 NAME、END、PUBLIC、EXTRN 等伪指令。

1. NAME 伪指令

NAME 伪指令用于给源程序汇编以后得到的目标程序指定一个模块名，连接时需要使用这个目标程序的模块名。

使用格式：　NAME　模块名

NAME 前面不允许再加标号，如果程序中没有 NAME 伪指令，则汇编程序将 TITLE 伪指令（TITLE 为列表伪指令）后面“标题名”中的前 6 个字符作为模块名。如果源程序中既没有使用 NAME，也没有使用 TITLE 伪指令，则汇编程序将源程序的文件名作为目标程序的模块名。

2. END 伪指令

END 伪指令表示源程序到此结束，指示汇编程序停止汇编，对于 END 后面的语句可以不予理会。

使用格式：END　[标号]

END 伪指令后面的标号表示程序执行的启动地址。END 伪指令将标号的段基值和偏移地址分别提供给 CS 和 IP 寄存器。方括号中的标号是任选项，如果有多个模块连接在一起，则只有主模块的 END 语句使用标号。

3. PUBLIC 伪指令

PUBLIC 伪指令说明本模块中的某些符号是公共的，即这些符号可以提供给将被连接在一起的其他模块使用。

使用格式：PUBLIC　符号[,…]

其中的符号可以是本模块中定义的变量、标号或数值的名字，包括用 PROC 伪指令定义的过程名等。PUBLIC 伪指令可以安排在源程序的任何地方。

4. EXTRN 伪指令

EXTRN 伪指令说明本模块中所用的某些符号是外部的，即这些符号在将被连接在一起的其他模块中定义，在定义这些符号的模块中还必须用 PUBLIC 伪指令加以说明。

使用格式：EXTRN　名字:类型[,…]

其中的名字必须是其他模块中定义的符号，上述格式中的类型必须与定义这些符号的模块中的类型说明一致。

如果为变量，类型可以是 BYTE、WORD、DWORD 等；如果为标号和过程，类型可以是 NEAR 或 FAR；如果是数值，类型可以是 ABS 等。

5.4.7 程序计数器$和 ORG 伪指令

1. 程序计数器$

字符“$”在 8086 宏汇编中具有一种特殊的意义，称为程序计数器。

汇编程序对段定义的处理过程中，每遇到一个新段名就在段表中填入该段名，同时为该段设置一个初值为 0 的位置计数器。然后对该段进行汇编，对申请分配存储器的语句及产生目标代码的语句都将其占用的存储器字节数累加在该段的位置计数器中。随着汇编的进行，位置计数器的值不断变化，字符“$”便表示位置计数器的当前值，它可以在数值表达式中使用。

在程序中，“$”出现在表达式里，它的值为程序下一个所能分配的存储单元的偏移地址。

2. ORG 伪指令

ORG 是起始位置设定伪指令，用来指出源程序或数据块的起点。

段内存储器的分配是从 0 开始依次顺序分配的。因此，位置计数器的值是从 0 开始递增累计的。但在程序设计中，若需要将存储单元分配在指定位置，而不是从位置计数器的当前值开始，便可以使用 ORG 语句，利用 ORG 伪指令可以改变位置计数器的值。

使用格式：ORG　数值表达式

ORG 伪指令把位置计数器的值设置为表达式的值，在 ORG 语句后面的占用存储器的语句便从此值开始进行分配。

【例 5.18】已知数据段中 VAR1 的偏移量为 2，占 3 个字节，初始数据为 20H、30H、40H；VAR2 的偏移量为 8，占 2 个字节，初始数据为 5678H。VAR1 和 VAR2 之间有 3 个字节的距离，采用 ORG 完成数据段存储器的分配。

```
DATA  SEGMENT
       ORG 2                     ;预置 VAR1 的偏移量为 2
  VAR1  DB 20H,30H,40H           ;VAR1 的初始数据
        ORG $+3                  ;预置 VAR2 的偏移量为 8
  VAR2  DW 5678H                 ;VAR2 的初始数据
DATA  ENDS
```

5.5 汇编语言程序上机过程

5.5.1 汇编语言的工作环境及上机步骤

1. 汇编语言的运行环境

目前要 8086 汇编语言程序一般都在 IBM PC 及其兼容机上运行。因此，要求机器具有一些基本配置即可，汇编语言对机器无特殊要求。

8086 汇编语言在机器基本硬件环境的基础上，采用一些建立汇编语言源程序和支持程序运行的软件即可。

软件工具主要包括：

（1）DOS 操作系统：汇编语言程序的建立和运行都是在 DOS 操作系统的支持下进行的。目前多采用 MS-DOS，因此要先进入 MS-DOS 状态，然后开始汇编语言的操作。

（2）编辑程序 EDIT.COM：编辑程序是用来输入和建立汇编语言源程序的一种通用的系统软件，通常源程序的修改也是在编辑状态进行的。编写程序时，程序员可选择任意自己喜欢的编辑软件，只要保证汇编语言源程序的后缀名为.ASM 即可。

（3）宏汇编程序 MASM.EXE：用于将汇编语言源程序汇编成目标程序。

（4）连接程序 LINK.EXE：用于将目标程序连接成可执行文件。

（5）动态调试程序 DEBUG.COM：这类程序作为一种辅助工具，帮助进行程序的调试。

2. 运行汇编语言程序的步骤

一般情况下，在计算机上运行汇编语言程序的步骤为：

（1）进入 DOS 操作系统。从 Windows 进入 DOS 状态的方法有以下两种：

方法一：开始菜单→程序→附件→命令提示符→进入 DOS 命令窗口。

方法二：开始菜单→运行→输入命令 cmd →DOS 命令窗口。

注意：DOS 命令分为内部命令和外部命令，内部命令随每次启动的 COMMAND.COM 装入并常驻内存，外部命令是单独可执行文件。内部命令在任何时候都可使用，外部命令需要保证命令文件在当前目录中，或在 Autoexec.bat 文件已被加载的路径下。

（2）用编辑程序（EDIT.COM）建立扩展名为.ASM 的汇编语言源程序文件。

在 EDIT 状态下用<ALT>键可激活命令选项，用光标上下左右移动可选择相应命令功能，也可选择反白命令关键字进行操作，用<ESC>键可退出 EDIT。程序输入完毕退出 EDIT 前一定要将源程序文件存盘，以便进行汇编及连接。

（3）用汇编程序（MASM.EXE）将汇编语言源程序文件汇编成用机器码表示的目标程序文件，其扩展名为.OBJ。

（4）如果在汇编过程中出现语法错误，可根据错误的信息提示（如错误位置、错误类型、错误说明）用编辑软件重新调入源程序进行修改。

汇编错误分为警告错误（Warning Errors）和严重错误（Severe Errors）两种。警告错误指一般性错误，严重错误指无法进行正确汇编的错误。出错时要对错误进行分析，找出原因，然后调用屏幕编辑程序加以修改，修改后再重新汇编，一直到汇编无错为止。当所有错误都修改完毕后，汇编生成目标文件（.OBJ 文件）。

（5）汇编没有错误时采用连接程序（LINK.EXE）把目标文件转化成可执行文件，其扩展名为.EXE。

（6）生成可执行文件后，在 DOS 命令状态下直接键入文件名执行该文件，也可采用调试程序 DEBUG.COM 对文件进行相应处理。

上述过程可用图 5-1 表示。

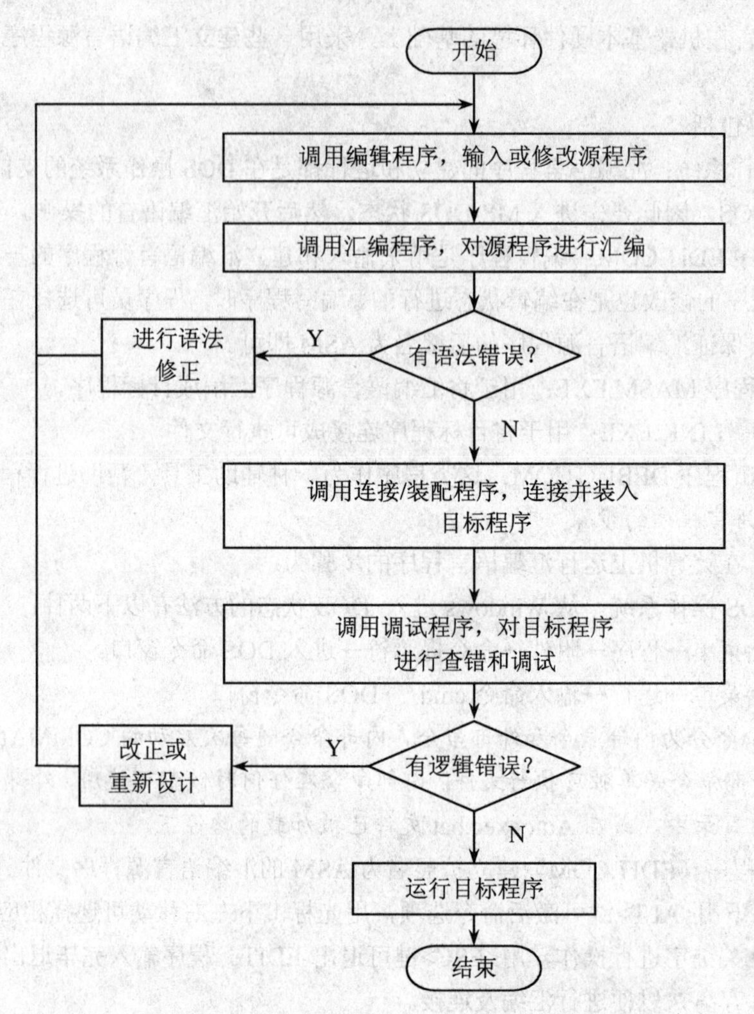

图 5-1　建立、汇编和运行汇编语言程序流程

5.5.2　汇编语言源程序的建立

在 DOS 系统中输入 EDIT 命令，可以进入 EDIT 屏幕编辑软件，然后输入汇编语言源程序。本例中给出的程序是例 5.1，要求从内存中存放的 10 个无符号字节数据中找出最小数，将其值保存在 AL 寄存器中。

设定源程序的文件名为 ABC.ASM。

```
DATA  SEGMENT
      BUF  DB  23H,16H,08H,20H,64H,8AH,91H,35H,2BH,7FH
      CN   EQU $-BUF
DATA  ENDS
STACK SEGMENT STACK 'STACK'
      STA  DB  10 DUP(?)
      TOP  EQU $-STA
STACK ENDS
CODE  SEGMENT
```

```
        ASSUME    CS:CODE,DS:DATA,SS:STACK
START:MOV  AX,DATA
      MOV  DS,AX
      MOV  BX,OFFSET BUF
      MOV  CX,CN
      DEC  CX
      MOV  AL,[BX]
      INC  BX
LP:   CMP  AL,[BX]
      JBE  NEXT
      MOV  AL,[BX]
NEXT: INC  BX
      DEC  CX
      JNZ  LP
      MOV  AH,4CH
      INT  21H
CODE  ENDS
      END  START
```

键入以下命令：

C:\>EDIT ABC.ASM

将上述源程序逐条输入到计算机中，此时屏幕的显示状态如图 5-2 所示。

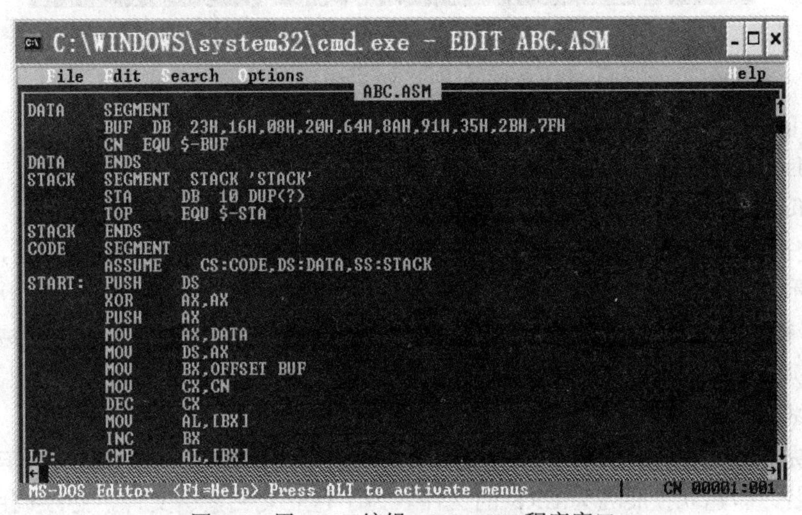

图 5-2　用 EDIT 编辑 ABC.ASM 程序窗口

程序输入完毕后一定要将源程序文件存入盘中，以便进行汇编及连接，也可以再次调出源程序进行修改。

5.5.3　将源程序文件汇编成目标程序文件

对源程序文件汇编时，汇编程序将对.ASM 文件进行两遍扫描。如果源程序文件中出现语法错误，则汇编结束后将指出源程序中的错误，这时可用编辑程序再次修改源程序中的错误，然后再次汇编，直到最后得到没有错误的目标程序，即扩展名为.OBJ 的文件。

汇编程序的主要功能是：

（1）检查源程序中存在的语法错误，并给出错误信息。

（2）源程序经汇编后没有错误，则产生目标程序文件（扩展名为.OBJ）。

（3）若程序中使用了宏指令，则汇编程序将展开宏指令。

源程序建立以后，在DOS状态下，采用宏汇编程序MASM对源程序文件进行汇编。

在当前路径下键入命令：

C:\>MASM ABC.ASM

其操作过程如图5-3所示。

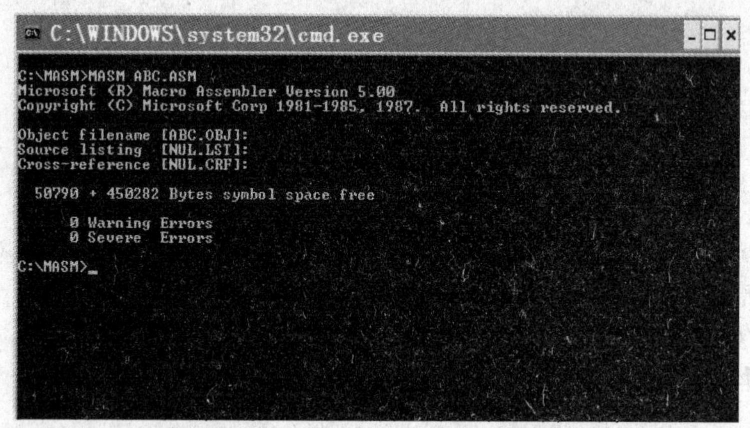

图5-3 MASM宏汇编程序工作窗口

汇编程序调入后，首先显示软件版本号，然后出现三个提示行：

object file name[ABC.OBJ]:

source listing[NUL.LST]:

cross reference[NUL.CRF]:

第1个提示行是询问目标程序文件名，方括号内为机器规定的默认文件名，通常直接键入回车，表示采用默认的文件名，也可以键入指定文件名。

第2个提示行是询问是否建立列表文件，若不建立，可直接键入回车；若要建立，则输入文件名再键入回车。列表文件中同时列出源程序和机器语言程序清单，并给出符号表，有利于程序的调试。

第3个提示行是询问是否要建立交叉索引文件，若不要建立，直接键入回车；若要建立，则输入文件名，即建立扩展名为.CRF的文件。为了建立交叉索引文件，必须调用CREF.EXE程序。

调入汇编程序以后，当逐条回答了上述各提示行的询问之后，汇编程序就对源程序进行汇编。如果汇编过程中发现源程序有语法错误，则列出有错误的语句和错误代码。这时，就要对错误进行分析，找出原因和问题，然后再调用屏幕编辑程序加以修改，修改以后再重新汇编，一直到汇编无错误为止。

5.5.4 用连接程序生成可执行程序文件

经汇编以后产生的目标程序文件（.OBJ 文件）并不是可执行程序文件，必须经过连接以后才能成为可执行文件。

连接程序 LINK 并不是专为汇编语言程序设计的，如果一个程序是由若干个模块组成的，每个模块分别汇编出各自的目标文件，连接时可以用“+”把各个目标文件连接在一起形成一个可执行文件。这些目标文件可以是汇编产生的，也可以是高级语言编译程序产生的。

在当前路径下键入命令：

C:\>LINK ABC.OBJ

连接过程如图 5-4 所示。

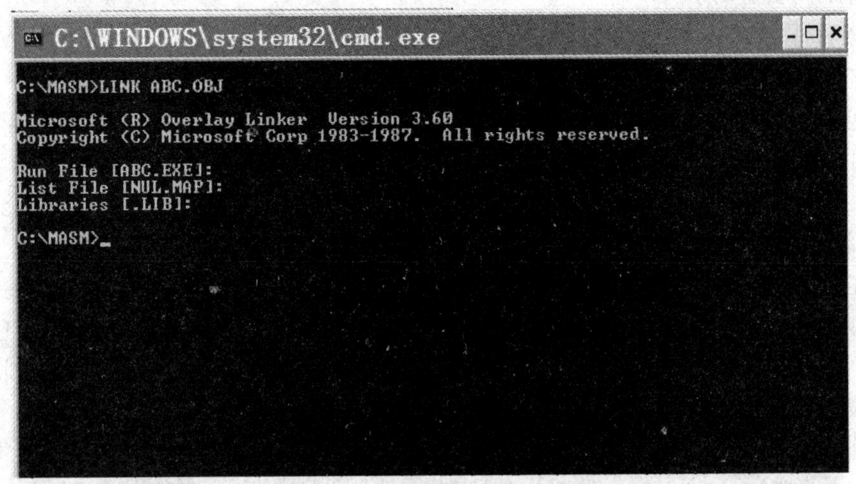

图 5-4　LINK 连接程序工作窗口

连接程序 LINK 调入后，屏幕上先显示版本号，然后出现三个提示行，按要求回答：

Run File[ABC.EXE]:

List File[NUL.MAP]:

Libraries[.LIB]:

第 1 个提示行询问要产生的可执行文件文件名，直接键入回车采用方括号内规定的隐含文件名即可。

第 2 个提示行询问是否要建立连接映像文件（给出每个段在内存中的分配情况），若不建立则直接回车；若要建立，键入文件名后再回车。

第 3 个提示行询问是否用到库文件，若无特殊需要直接键入回车即可。

上述提示行回答以后，连接程序开始连接，如果连接过程中出现错误，则显示出错误信息，根据提示的错误原因，要重新调入编辑程序加以修改，然后重新汇编，再经过连接，直到没有错误为止。连接以后，便可以产生可执行程序文件（.EXE 文件）。

5.5.5　程序的执行

当建立了正确的可执行文件后，就可以直接在 DOS 状态下执行该程序。

如：C:\>ABC

由于本程序当中没有用到 DOS 中断调用进行输入输出操作，所以在屏幕上看不到程序执行的结果。我们可以采用调试程序 DEBUG 来进行检查。

5.5.6 程序的调试与运行

汇编语言源程序的语法错误和格式错误可以用汇编和连接程序发现和指出，逻辑上的错误除了观察外还可以用调试程序（DEBUG.COM）来排除。

DEBUG.COM 文件用于检测和调试用户程序，它具备的功能有：

- 设置断点和启动地址。
- 单步跟踪。
- 子程序跟踪。
- 条件跟踪。
- 检查修改内存和寄存器。
- 移动内存以及读写磁盘。
- 汇编一行和反汇编等。

在 DEBUG 状态下，可以对程序进行动态调试，一边运行一边调试，根据观察到的各寄存器、内存单元、各标志位的变化情况来判断出错情况。

1. DEBUG 程序的调用

在 DOS 的提示符下，可以直接键入 DEBUG　ABC.EXE，如图 5-5 所示是在 U 命令下显示的内容，其中“－”号为 DEBUG 提示符。注意，在 DEBUG 命令后面应输入可执行文件名称才有意义。

```
C:\WINDOWS\system32\cmd.exe - DEBUG ABC.EXE

C:\MASM>DEBUG ABC.EXE
-U
08A6:0000 1E            PUSH    DS
08A6:0001 33C0          XOR     AX,AX
08A6:0003 50            PUSH    AX
08A6:0004 B8A508        MOV     AX,08A5
08A6:0007 8ED8          MOV     DS,AX
08A6:0009 BB0000        MOV     BX,0000
08A6:000C B90A00        MOV     CX,000A
08A6:000F 49            DEC     CX
08A6:0010 8A07          MOV     AL,[BX]
08A6:0012 43            INC     BX
08A6:0013 3A07          CMP     AL,[BX]
08A6:0015 7602          JBE     0019
08A6:0017 8A07          MOV     AL,[BX]
08A6:0019 43            INC     BX
08A6:001A 49            DEC     CX
08A6:001B 75F6          JNZ     0013
08A6:001D B44C          MOV     AH,4C
08A6:001F CD21          INT     21
-
```

图 5-5　DEBUG 调试程序工作窗口

2. 程序的运行过程

本程序在 DEBUG 状态下，可以采用 T 命令逐条跟踪指令的执行情况，也可采用 G 命令连续执行。

图 5-6 所示为采用 T 命令执行的最后结果。从图中可见，当程序执行完毕后，10 个无符号字节数据中找出的最小数 08H 保存在 AL 寄存器中。

3. DEBUG 的主要命令

为方便大家的使用，DEBUG 的主要命令及功能列于表 5.4 中。

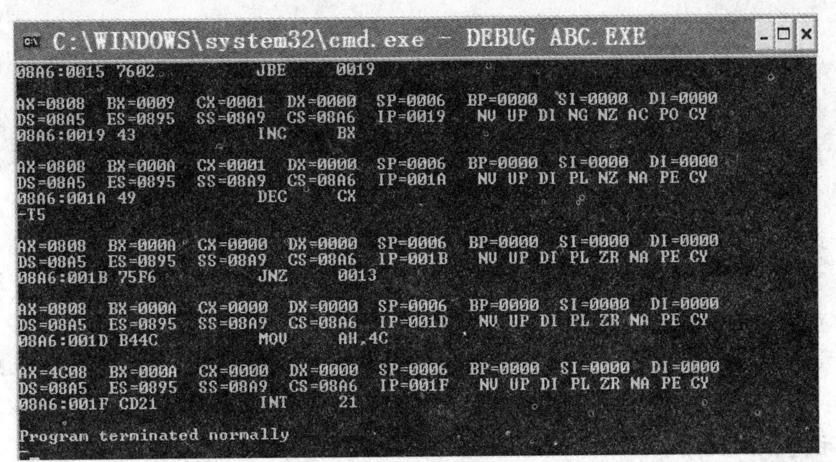

图 5-6　程序运行结果窗口

表 5.4　DEBUG 的主要命令及功能

命令名	含义	使用格式	功能
D	显示存储单元命令	-D[address]	按指定地址范围显示存储单元内容
		-D[range]	按指定首地址显示存储单元内容
E	修改存储单元内容命令	-E　address[list]	用指定内容表替代存储单元内容
		-E　address	逐个单元修改存储单元内容
F	填写存储单元内容命令	-F range list	将指定内容填写到存储单元
R	检查和修改寄存器内容命令	-R	显示 CPU 内所有寄存器内容
		-R　register　name	显示和修改某个寄存器内容
		-RF	显示和修改标志位状态
G	运行命令	-G[=address1][address2]	按指定地址运行
T	跟踪命令	-T[=address]	逐条指令跟踪
		-T[=address][value]	多条指令跟踪
A	汇编命令	-A[address]	按指定地址开始汇编
U	反汇编命令	-U[address]	按指定地址开始反汇编
		-U[range]	按指定范围的存储单元开始反汇编
N	命名命令	-N　filespecs [filespecs]	将两个文件标识符格式化
L	装入命令	-L address drive sector sector	装入磁盘上指定内容到存储器
		-L[address]	装入指定文件
W	写命令	-W address drive sector sector	把数据写入磁盘指定的扇区
		-W[address]	把数据写入指定的文件
Q	退出命令	-Q	退出 DEBUG

任何计算机都是在程序的控制下进行相应工作的，而每种程序设计语言都有自己的特点和运行环境。要熟练运用一种语言进行程序设计，就要熟悉和掌握该种语言的指令系统、语法规则、书写要求和程序运行环境。

汇编语言是面向机器的程序设计语言，它使用指令助记符、符号地址及标号编制程序，与机器有着直接的关系。宏汇编中提供了大量的伪指令和宏指令，使程序的设计扩充了许多功能。汇编语言具有执行速度快、面向机器硬件等特点，在过程控制、软件开发等应用中得到了广泛的使用。由于汇编语言可充分利用和发挥计算机硬件的特性与优势，也成为编写高性能软件最有效的程序设计语言。

汇编语言源程序采用分段结构，每个段都定义了相关工作环境和任务，应该熟悉汇编语言源程序的基本格式，正确运用语句格式来书写程序段，掌握伪指令的功能和应用。并通过上机操作，熟悉编辑程序、汇编程序、连接程序和调试程序等软件工具的使用，掌握源程序的建立、汇编、连接、运行、调试等技能，为下一章的程序设计打下良好基础。

一、选择题

1．汇编语言源程序中可执行的操作指令位于（　　）中。

A．数据段　　B．附加数据段　　C．堆栈段　　D．代码段

2．汇编语言语句中标号和变量有规定的属性，以下内容不是属性的是（　　）。

A．段属性　　B．地址属性　　C．偏移属性　　D．类型属性

3．采用 LINK 连接程序，被连接的文件扩展名应是（　　）。

A．.ASM　　B．.OBJ　　C．.EXE　　D．.COM

4．变量 DATA 的定义为：DATA　DW　1234H，现想把字节数据 12H 取入到 AL 寄存器，可以实现该功能的语句是（　　）。

A．MOV AL,BYTE PTR DATA　　B．MOV AL,HIGH DATA

C．MOV AL,BYTE PTR DATA＋1　　D．MOV AL,DATA

5．语句 DA1 DB 2 DUP(1,3,5)汇编后，与该语句功能等同的语句是（　　）。

A．DA1　DB　1,3,5　　B．DA1　DB　2,1,3,5

C．DA1　DB　1,3,5,2　　D．DA1　DB　1,3,5,1,3,5

二、填空题

1．完整的汇编语句包括__________、__________、__________和__________4 个字段。

2．标号和变量应具备的 3 个属性分别是__________、__________和__________。

3．计算机中的指令通常可分为__________、__________和__________。

4．汇编是指__________，如果没有语法错误，汇编后一定会生成__________文件。

5．汇编程序的主要功能是__________。

三、判断题

（　　）1．一个汇编源程序必须定义一个数据段。

（　　）2．伪指令是在汇编中用于管理和控制计算机相关功能的指令。

（　　）3．程序中的“$”可指向下一个所能分配存储单元的偏移地址。

（　　）4．OFFSET 算出标号或变量的偏移属性，SEG 算出标号或变量的段属性。

（　　）5．汇编源程序必须在 DOS 操作系统下的 EDIT 环境中编辑。

（　　）6．合法的汇编源程序不一定要用伪指令。

（　　）7．在 MASM 过程中能够发现汇编源程序所有的错误。

（　　）8．连接后生成的可执行文件需要在 DEBUG 下通过命令执行。

四、简答题

1．完整的汇编源程序应该由哪些逻辑段组成？各逻辑段的主要作用是什么？

2．简述在机器上建立、编辑、汇编、连接、运行、调试汇编语言源程序的过程和步骤。

3．什么是伪指令？程序中经常使用的伪指令有哪些？简述其主要功能。

4．什么是宏指令？宏指令在程序中如何被调用？

五、程序功能分析题

1．已知数据段 DATA 从存储器实际地址 02000H 开始，作如下定义：

```
DATA  SEGMENT
    VAR1  DB  2 DUP(0,1,?)
    VAR2  DW  50 DUP(?)
    VAR3  DB  10 DUP(0,1,2 DUP(4),5)
DATA  ENDS
```

求出 3 个变量经 SEG、OFFSET、TYPE、LENGTH 和 SIZE 运算的结果。

2．已知数据区定义了下列语句，分析变量在内存单元的分配情况以及数据的预置情况。

```
DATA  SEGMENT
   A1  DB  20H,52H,2 DUP(0,?)
   A2  DB  2 DUP(2,3 DUP(1,2),0,8)
   A3  DB  'GOOD!'
   A4  DW  1020H,3050H
   A5  DD  A3
DATA  ENDS
```

3．已知 3 个变量的数据定义如下：

```
DATA  SEGMENT
     VAR1  DB ?
     VAR2  DB 10
     VAR3  EQU 100
DATA  ENDS
```

分析以下给定的指令是否正确，有错误时加以改正。

（1）MOV VAR1,AX

（2）MOV VAR3,AX

（3）MOV BX,VAR1

```
MOV  [BX],10
```

（4）CMP VAR1,VAR2

（5）VAR3 EQU 20

4．执行下列指令后，AX寄存器中的内容是什么？

```
TABLE  DB  10,20,30,40,50
ENTRY  DW  3
       ⋮
MOV   BX,OFFSET  TABLE
ADD   BX,ENTRY
MOV  AX,[BX]
```

AX= _____

第 6 章　汇编语言程序设计

本章详细讲述汇编语言程序设计的基本步骤，通过实例分析，说明程序的基本结构，按照程序设计的基本步骤讲解各种结构的程序设计方法。

通过本章的学习，应重点理解和掌握以下内容：

- 汇编语言程序设计基本步骤
- 顺序程序结构及设计方法
- 分支程序结构及设计方法
- 循环程序结构及设计方法
- 子程序设计的基本过程及设计方法

6.1　汇编语言程序设计基本步骤和典型结构

6.1.1　汇编语言程序设计的基本步骤

设计一个良好的汇编语言程序应按照系统的设计要求，除了实现指定的功能和正常运行以外，还应满足：

（1）程序要结构化，简明、易读和易调试。

（2）执行速度快。

（3）占用存储空间少（即存储容量小）。

在一些计算机的应用场合，如智能化的仪器仪表、电脑化的家用电器等设备中的监控程序，一般都采用汇编语言编写程序。这就要求它的功能要强，程序要短，存储容量不能太大，才能达到微型化及价格低的目的。

在某些实时控制、跟踪等程序中，程序的执行速度问题显得特别突出。如对一些生产过程中的某些参数进行实时控制，若参数变化速度很快，而程序执行速度太慢，就会发生失控现象。当然速度和容量有时是矛盾的，要根据实际情况进行权衡。

用汇编语言设计程序，一般按下述步骤进行：

（1）分析问题，抽象出描述问题的数学模型。

在程序设计的准备阶段，首先要对待解决的问题有一个确切的理解，明确问题的环境限制，弄清已知条件、原始数据、输入信息、对运算精度的要求、处理速度的要求，以及最后应获得的结果。

有些实际问题比较简单，有现成的数学公式和数学模型可以利用。对于一个复杂的问题，就需要建立一个数学模型来描述其处理过程，这时往往需要经过若干次实验，取得大量数据，利用数理统计方法对客观现象和过程进行有限度的抽象，既要考虑其普遍性，又要考虑其特殊性，最后归纳总结而成。程序设计人员必须对建立的数学模型有深刻而清晰的理解。

对问题用简洁而严明的数学方法进行严格的或近似的描述，建立一个数学模型以后，才能把一个实际问题变成能用计算机处理的问题。

（2）确定解决问题的算法或解题思想。

所谓算法就是确定解决问题的方法和步骤。一类问题可同时存在几种算法，评价算法好坏的指标是程序执行的时间和占用的存储空间、设计该算法和编写程序所投入的人力、理解该算法的难易程度、可扩充性和可适应性等。

如果已有了数学模型，能够直接和间接利用一些现有的计算方法当然是最好不过的事了，但有时往往是没有现成的计算方法可用，那么就得根据人们在解决实际问题及逻辑思维的常规推理方法中找出算法。

【例 6.1】在 10 个无符号整数中找出最小数，确定其程序的算法和解题思路。

本题中，若是用人工方法在一组数据中找出最小数，首先从第一个数据开始，假设它是最小数，用它和第二个数作比较，取两个数据中的最小数。再将这个最小数与下一个数进行比较，保留最小数，一直将全部数组中的数据两两比较完毕，最小的数也就保留下来了。

按照上述分析，可以归纳算法为：建立一个数据指针指向数据区的首单元，将第一个数取出送入某个寄存器中，与下一个数作比较，若下一个数较小，就将它取出送入指定寄存器中，否则寄存器中的内容保持不变。然后调整数据指针，将寄存器中的数据与指针所指示的数据进行比较，重复上述过程。这样，两两比较下去，直到全部数据比较完毕。最后寄存器中保留的就是最小数据。

（3）绘制流程图或结构图。

解题算法或思路确定后，应选择合适的方法将这种算法或思路表达出来。

采用自然语言描述算法比较容易理解和进行交流，但自然语言表达时可能存在二义性、不明确性，所以在描述一些复杂情况的算法时，不易追随其中的逻辑流程，并且编写程序也比较困难，这种表达方法只适用于对简单问题的描述。

用程序设计语言描述算法比较简洁，但有些程序设计语言的逻辑结构不易看清楚，而且鉴于一种程序设计语言的极限性，交流起来也不太方便。因此，现在多使用半自然语言来描述算法，这种半自然语言也称为类程序设计语言。

流程图描述算法是传统上常用的方法。流程图是一种用特定的图形符号加上简单的文字说明来表示数据处理过程的步骤。它指出了计算机执行操作的逻辑次序，而且表达非常简洁、清晰，设计者可以从流程图上直接了解系统执行任务的全部过程以及各部分之间的关系，便于排除设计错误。

流程图种类比较多，如逻辑流程图、算法流程图、结构流程图、功能流程图等。对于一个复杂的问题，可以画多级流程图，先画功能框图，再逐步求精画出系统的每一个部分。也就是将一个复杂的问题分解成一个个功能模块，先画出模块间的结构图，再对每一个功能模块画出算法流程图。

对于在 10 个无符号整数中找出最小数的问题，其程序流程图比较简单，易于画出。根据算法，将解决问题的顺序描述出来即可。具体内容如图 6-1 所示。

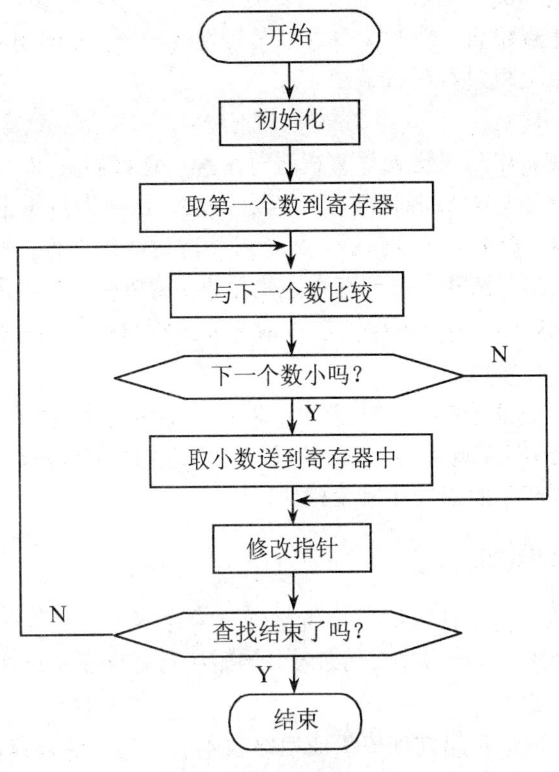

图 6-1　例 6.1 程序流程图

（4）分配存储空间和工作单元。

8086 存储器结构要求存储空间分段使用。因此，可以根据需要分别定义数据段、堆栈段、代码段、附加段，每种段可以有多个。工作单元可以设置在数据段和附加段中，也可以设置在 CPU 内部的数据寄存器中。

如在上例中，可以把 10 个数据存放在数据段 DS，利用寄存器 BX 作为指向数组元素的地址指针，用寄存器 CX 作计数器，用寄存器 AL 暂存每次比较后较小的数。

（5）编制程序。

用计算机的指令助记符或语句实现算法的过程称为编程。编制程序时，必须严格按语言的语法规则书写，这样编写出来的程序称为源程序。没有语法错误的汇编语言源程序经过汇编后成为机器语言的目标程序，经过连接成为可执行程序。

编制汇编程序时要考虑以下几点：

- 程序结构尽可能简单、层次清楚，合理分配寄存器，选择常用、简单、直接、占用内存少、运行速度快的指令序列。
- 尽量采用结构化程序设计方法设计源程序。
- 尽量提高源程序的可读性和可维护性，养成勤加注释的习惯。

（6）程序静态检查。

程序编好后，首先要进行静态检查，看程序是否具有所要求的功能，选用的指令是否合适，程序的语法和格式上是否有错误，指令中引用的语句标号名称和变量名是否定义正确，程序执行流程是否符合算法和流程图等，当然也要适当考虑字节数要少，执行速度又快的因素。容易产生错误的地方要重点检查。静态检查可以及时发现问题，及时进行修改。静态检查编写的程序没有错误，就可以上机进行运行调试。

（7）上机调试。

汇编语言源程序编制完毕后，送入计算机进行汇编、连接和调试。

系统提供的汇编程序可以检查源程序中的语法错误，调试人员根据指出的语法错误修改程序，然后重新进行汇编，直至无语法错误，再连接生成可执行文件。如果最终的可执行文件的执行没有达到预期的功能和效果，可能存在逻辑错误，这种错误往往不容易观察，此时可利用 DEBUG 调试工具调试程序，根据程序的单步或部分执行得到的结果来定位错误。发现错误仍然需要回到编辑环境进行修改。

对于复杂的问题，往往要分解成若干个子问题，分别由几个人编写，而形成若干个程序模块，经过分别汇编后，最终通过连接把它们组装在一起形成总体程序。调试过程和单模块程序一样，只是需要定位有问题的语句在哪个模块。

6.1.2 结构化程序的概念

在计算机发展的初期，由于计算机硬件价格贵、内存容量小和程序运算速度慢，因此要求程序的运行时间尽可能短，占用内存尽可能少。当时衡量程序质量好坏的主要标准是占用内存的大小和运行时间的长短。

随着计算机的发展，特别是超大规模集成电路技术的兴起，使计算机硬件价格大大下降，内存容量不断扩大，运算速度大幅度提高。因此，减少时间和节省内存已不是主要矛盾，而应使程序具有良好的结构、清晰的层次、容易理解和阅读、容易修改和查错，这就对传统的设计方法提出了挑战，产生了结构化程序设计方法。

所谓结构化程序设计是指程序的设计、编写和测试都采用一种规定的组织形式进行，使编制的程序结构清晰，易于读懂，易于调试和修改，充分显示出模块化程序设计的优点。

任何程序都可以由顺序结构、分支（条件选择）结构和循环结构这 3 种基本结构组成。每一个结构只有一个入口和一个出口，3 种结构的任意组合和嵌套就构成了结构化的程序。

1. 顺序结构

顺序结构是按照语句实现的先后次序执行一系列的操作，它没有分支、循环和转移，如图 6-2（1）所示。

2. 分支结构（条件选择结构）

分支结构根据不同情况做出判断和选择，以便执行不同的程序段。分支的意思是在两个或多个不同的操作中选择其中的一个。分为双分支结构和多分支结构，如图 6-2（2）和（3）所示。

3. 循环结构

循环结构是重复执行一系列操作，直到某个条件出现为止。循环实际上是分支结构的一种扩展，循环是否继续是依靠条件判断语句来完成的。按照条件判断的位置，可以把循环分为“当型循环”和“直到型循环”。第一种情况是先作条件判断，第二种情况是先执行循环，然后判断是否继续循环。程序流程如图 6-2（4）和（5）所示。

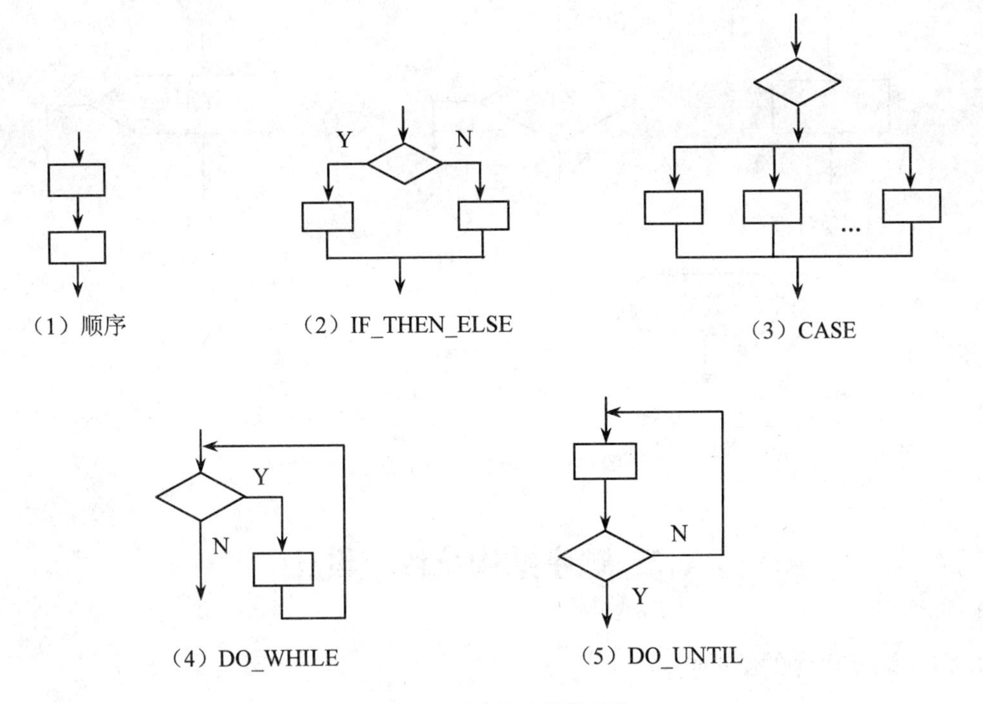

图 6-2　五种基本逻辑结构

6.1.3　流程图画法规定

在程序设计过程中，特别是一些大型程序设计过程中，人们往往用流程图作为程序设计的辅助手段。流程图用一些简单形象的图形直观地描述一个程序流向的过程图，还可以描述系统的全局结构。

流程图一般由执行框、选择框、起始框、终止框、指向线等基本部分组成。

1. 执行框

执行框中写出某一段程序或某一个模块的功能，其特点是具有一个入口和一个出口。执行框用矩形来表示，如图 6-3（1）所示。

2. 选择框

选择框用来表示进行条件判断，然后产生分支。选择框用菱形框或用带尖角的六边形表示，框内写明比较、判断的条件。它有一个入口和两个出口，在每个出口处都要写明条件判断的结果。条件成立，一般都用“是”或“Y”表示；若条件不成立，则用“否”或“N”说明。选择框如图 6-3（2）表示。

3. 开始框和结束框

表示程序的开始或结束，开始框只有一个出口，没有入口；结束框只有一个入口，没有出口。开始和结束用带圆弧边的矩形框表示，如图 6-3（3）和（4）所示。

4. 指向线

指向线表示程序流程的路径和方向，用箭头表示。箭尾指出上一步操作来自何方，箭头指出下一步操作去何处。

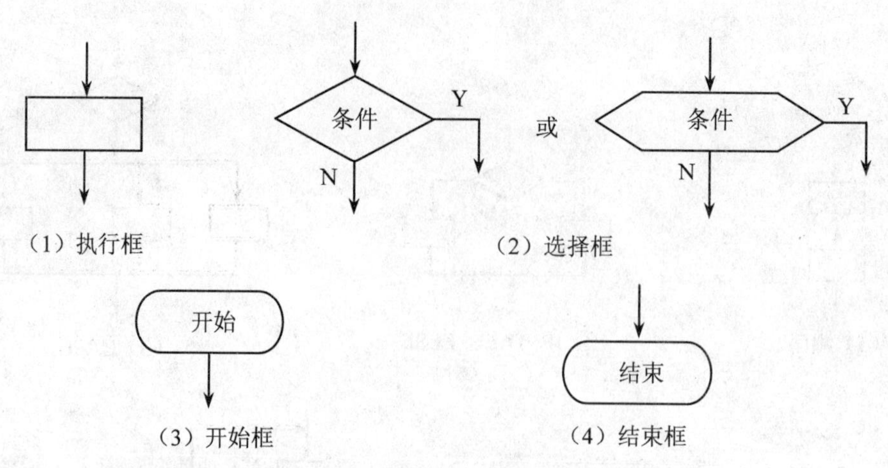

图 6-3　流程图的表示方法

6.2　顺序结构及程序设计

6.2.1　顺序程序的结构特点

顺序结构程序从开始执行到最后一条指令为止，指令指针 IP 中的内容呈线性增加；从流程图上看，顺序结构程序只有一个开始框，一至几个执行框和一个结束框。

程序中的指令一条一条地顺序执行，无分支，无循环，无转移。

顺序程序是一种十分简单的程序，设计这种程序的方法也很简单，只要遵照算法步骤依次写出相应的指令即可。这种程序设计方法也称为线性方法。

在进行顺序结构程序设计时，主要考虑的是如何选择简单有效的算法，如何选择存储单元和工作单元。其实，这种结构程序多是各种其他程序结构中的局部程序段。分支程序就是在顺序程序基础上加上条件判断构成分支流程，循环程序中的赋初值部分和循环体都是顺序程序结构。

6.2.2　顺序结构的程序设计

顺序结构的程序一般为简单的程序，例如表达式计算程序、查表程序就属于这种程序。

1. 表达式计算

【例 6.2】已知 X 和 Y 是数据段中的两个无符号字节单元，用程序完成表达式 $Z=(X^2+Y^2)/2$ 的计算。

分析：程序数据段中涉及两个字节变量 X、Y 和一个字变量 Z，数据量比较小，只定义数据段和代码段。至于堆栈段，因为程序除了返回 DOS 用到了中断，其他部分并没有用到子程序调用或中断，即对堆栈的应用很少，采用系统提供的堆栈完全够用，因此堆栈段也可以不定义。

编制源程序如下：

```
DATA  SEGMENT                ;数据段定义
      X  DB  15
```

```
        Y  DB  34
        Z  DW  ?
DATA   ENDS
CODE   SEGMENT              ;代码段定义
       ASSUME   CS:CODE,DS:DATA
START:MOV  AX,DATA
       MOV  DS,AX           ;初始化数据段
       MOV  AL,X            ;X中的内容送AL
       MUL  X               ;计算X*X
       MOV  BX,AX           ;X*X的乘积送BX
       MOV  AL,Y            ;Y中的内容送AL
       MUL  Y               ;计算Y*Y
       ADD  AX,BX           ;计算X2+Y2
       SHR  AX,1            ;用逻辑右移指令实现除2
       MOV  Z,AX            ;结果送Z单元
       MOV  AH,4CH
       INT  21H             ;返回DOS
CODE   ENDS
       END  START           ;汇编结束
```

2. *查表程序*

对于一些复杂的运算，如计算平方值、立方值、方根、三角函数等一些输入和输出间无一定算法关系的问题，都可以用查表的方法解决，实现的程序既简单，求解速度又快。

查表的关键在于组织表格。表格中应包括所有可能的值，且按顺序排列。查表操作就是利用表格首地址加上索引值得到结果所在单元的地址。索引值通常就是被查的数值。

【例6.3】数据或程序的加密或解密。

为了使数据能够保密，可以建立一个密码表，利用XLAT指令查表将数据加密。

例如从键盘上输入0～9间的数字，加密后存入内存中，密码可选择为：

原始数字：0、1、2、3、4、5、6、7、8、9

加密数字：7、5、9、1、3、6、8、0、2、4

该加密程序源程序设计如下，程序从键盘接收一个数字，加密后存入MIMA单元：

```
DATA   SEGMENT
       TABLE  DB 7,5,9,1,3,6,8,0,2,4       ;密码表
       NUM  DB ?
       MIMA  DB ?
DATA   ENDS
CODE   SEGMENT
       ASSUME  CS:CODE,DS:DATA
START: MOV  AX,DATA
       MOV  DS,AX                          ;初始化DS
       MOV  BX,OFFSET TABLE                ;BX指向表格首单元
       MOV  AH,01H
       INT  21H                            ;从键盘接收一数字
       SUB  AL,30H                         ;ASCII转换为二进制数
```

```
            MOV  NUM,AL                   ;保存到内存中
            MOV  AH,0
            ADD  BX,AX                    ;BX 指向要查找的位置
            MOV  DL,[BX]                  ;取出要查找的内容
            MOV  MIMA,DL                  ;保存到内存中
            MOV  AH,4CH
            INT  21H                      ;返回 DOS
    CODE    ENDS
            END  START                    ;汇编结束
```

上例表格中的内容为一个字节数据，被查内容恰好为索引值。如果表格中的内容为一个字数据，被查内容需要作某种变换后才能成为索引值。

【例 6.4】已知在内存中从 TAB 单元起存放 0～100 的平方值。在 X 单元中有一个待查数据，用查表的方法求出 X 的平方值送到 RESU 单元中。

此程序同样只定义代码段和数据段。X 单元中的数据不会超过 100，可定义为字节。考虑到数据溢出的问题，TAB 和 RESU 均定义为字单元。

源程序设计如下：

```
DATA    SEGMENT
        TAB  DW  0,1,2,4,9,16,25          ;此处省略了 6 以后平方值的部分数据
        X  DB  ?
        RESU   DW  ?
DATA    ENDS
CODE    SEGMENT
        ASSUME DS:DATA,CS:CODE
START:  MOV  AX,DATA
        MOV  DS,AX                        ;初始化 DS
        MOV  BX,OFFSET TABLE              ;BX 指向表格首单元
        MOV  AL,X                         ;X 中内容取出送至 AL 中
        MOV  AH,0                         ;X 中的值扩展成字
        SHL  AX,1                         ;计算 X*2
        ADD  BX,AX                        ;BX 指向要查找的位置
        MOV  DX,[BX]                      ;取出要查找的内容
        MOV  RESU,DX                      ;结果保存到内存中
        MOV  AH,4CH
        INT  21H                          ;返回 DOS
CODE    ENDS
        END  START                        ;汇编结束
```

3. *其他程序*

【例 6.5】通过键盘输入一个两位的十进制数，存入内存 RESULT 单元，要求以二进制数的形式存放。

分析：通过键盘输入的数据为十进制数的 ASCII 码，例如要输入十进制数 35，则先输入字符“3”，计算机中接收为 33H；再输入 5，计算机中接收为 35H。程序中必须作相应的变换，把“33H”和“35H”合成 35 后再存储到 RESULT 单元。

方法如下：

（1）AL ← 键盘输入第一个十进制数字（数字的 ASCII 码）
（2）AL ← ASCII 码-30H
（3）BL ← AL 中的内容
（4）AL ← 从键盘输入第二个十进制数字
（5）AL ← ASCII 码-30H
（6）AL ←(AL)*10
（7）AL ←(AL)+(BL)
（8）RESULT ←(AL)

源程序设计如下：

```
DATA   SEGMENT
       MESS   DB 'PLEASE INPUT SECOND NUMBER:',0AH,0DH,'$'   ;输入提示
       RESULT   DB ?
DATA   ENDS
CODE   SEGMENT
       ASSUME  DS:DATA,CS:CODE
START: MOV  AX,DATA
       MOV  DS,AX                           ;初始化 DS
       MOV  DX,OFFSET MESS                  ;DX 指向提示信息
       MOV  AH,9
       INT  21H                             ;显示提示信息
       MOV  AH,1
       INT  21H                             ;输入第一个十进制数字
       SUB  AL,30H                          ;转换成二进制数
       MOV  BL,AL                           ;保存到 BL 中
       MOV  AH,1
       INT  21H                             ;读入第二个十进制数字
       SUB  AL,30H                          ;转换成二进制数
       XCHG AL,BL                           ;第一个十进制数字与第二个交换
       MOV  CL,10
       MUL  CL                              ;第一个十进制数字乘以 10
       MOV  BH,0
       ADD  AX,BX                           ;AL*10+BL
       MOV  RESULT,AL                       ;保存结果
       MOV  AH,4CH
       INT  21H                             ;返回 DOS
CODE   ENDS
       END  START                           ;汇编结束
```

【例 6.6】根据屏幕提示，从键盘上输入字符串，处理后在屏幕上显示出来。

本题可利用 DOS 系统功能调用 INT 21H 中的 0AH 和 09H 号调用。

源程序设计如下：

```
DATA SEGMENT
       BUF DB 30
```

```
        ACTL DB ?
        STR DB 30 DUP(?)
        MESS DB 'What's your name?',0DH,0AH, '$'
        DMESS DB  0DH,0AH, 'Hello,$'
DATA ENDS
CODE SEGMENT
        ASSUME CS:CODE,DS:DATA
START:MOV AX,DATA
        MOV DS,AX
        LEA DX,MESS
        MOV AH,9
        INT 21H                         ;显示 'What's your name?'
        LEA DX,BUF
        MOV AH,10
        INT 21H                         ;从键盘接收用户输入的信息
        MOV AL,ACTL                     ;取得键入字符串的实际长度
        MOV AH,0
        MOV SI,AX
        LEA BX,STR
        MOV [BX+SI],BYTE PTR '!'        ;在键入的字符串后加 '!'
        MOV [BX+SI+1],BYTE PTR '$'      ;在 '!' 后加 '$'，以便显示
        LEA DX,DMESS                    ;显示 'Hello!'
        MOV AH,9
        INT 21H
        LEA DX,STR                      ;显示键入的字符串
        MOV AH,9
        INT 21H
        MOV AH,4CH
        INT 21H
CODE  ENDS
        END START
```

6.3 分支结构及程序设计

6.3.1 分支程序的结构形式

8086 指令系统具有各类条件转移指令，使得计算机系统具有很强的逻辑判断能力，且能够根据逻辑判断选择执行不同的程序段。

分支程序有双分支结构和多分支结构两种形式。其中双分支又有两种情况：一种是两个分支都有语句要执行，相当于高级语言中的 IF_THEN_ELSE 语句，它的流程图如图 6-4（1）所示；第二种情况是只有一个分支有语句，另一个分支没有任务执行，相当于高级语言中的 IF_THEN 语句，流程图如图 6-4（2）所示。

多分支程序适用于有多种条件的情况，根据不同的条件进行不同的处理，相当于嵌套 IF 的语句或高级语言中的 CASE 语句，流程图如图 6-4（3）所示。

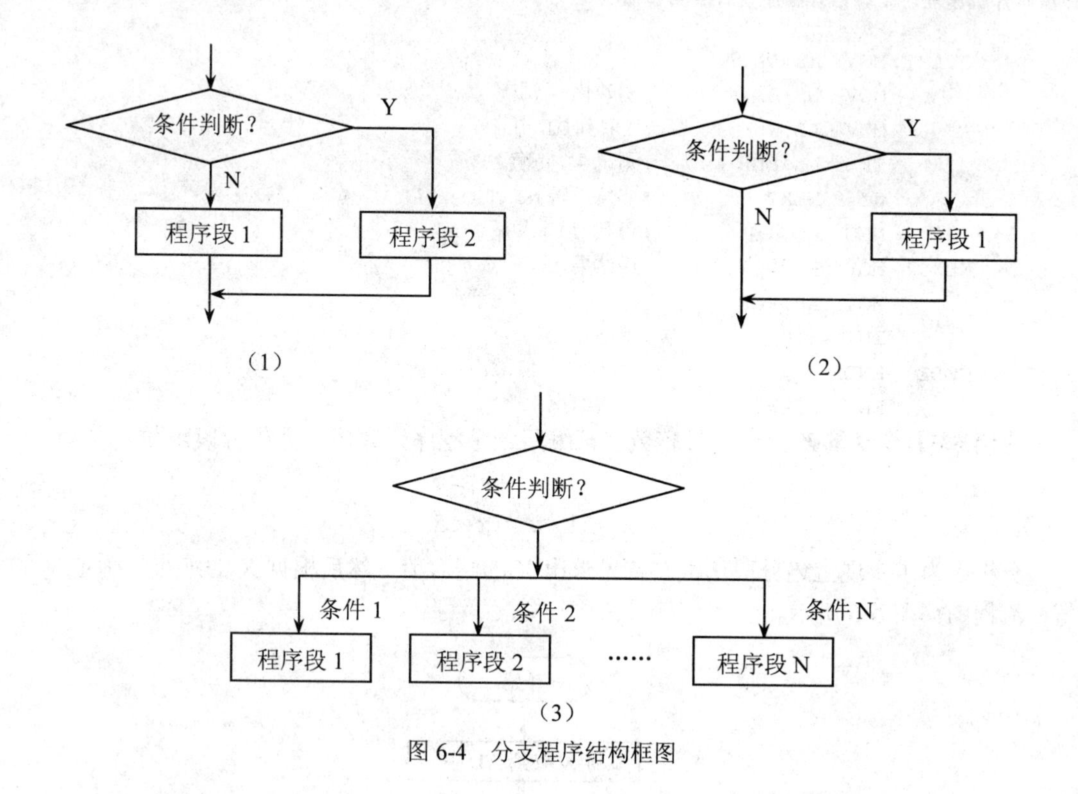

图 6-4　分支程序结构框图

6.3.2　分支结构的程序设计

1. 简单的双分支程序设计

简单的双分支程序段是组成其他复杂程序的基本单元。遇到这一类问题先要明确需要判断的条件是什么、要用哪一个条件转移语句、条件成立的分支要完成什么任务、条件不成立的分支要完成哪些操作。画出程序流程图，细化已经确定的算法，最后根据流程图写出源程序。

【例 6.7】已知在内存中有一个字节单元 NUM，存有带符号数据，要求计算出其绝对值后放入 RESULT 单元中。

分析：根据数学中的绝对值可知，正数的绝对值是其本身，而负数的绝对值是其相反数；而要计算一个数的相反数，只需用 0 减去这个数，由此可采用 8086 指令系统中的求补指令 NEG。

程序流程图如图 6-5 所示。

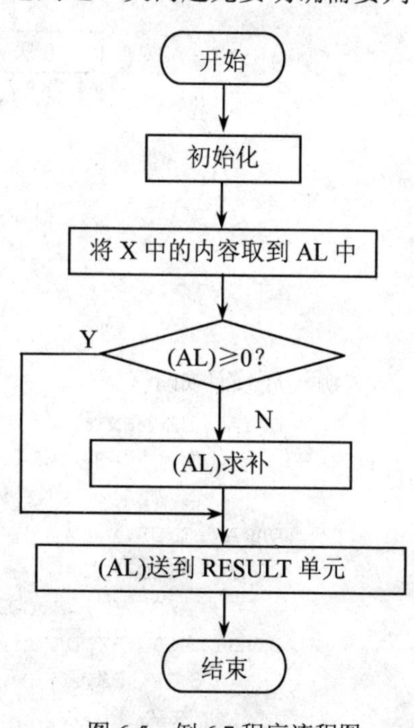

图 6-5　例 6.7 程序流程图

源程序设计如下：

```
DATA   SEGMENT
       X        DB  -25
       RESULT   DB  ?
DATA   ENDS
CODE   SEGMENT
       ASSUME  DS:DATA,CS:CODE
```

```
START:MOV  AX,DATA
      MOV  DS,AX          ;初始化
      MOV  AL,X           ;X 取到 AL 中
      TEST AL,80H         ;测试 AL 正负
      JZ   NEXT           ;非负，转 NEXT
      NEG  AL             ;否则(AL)求补
NEXT: MOV  RESULT,AL      ;送结果
      MOV  AH,4CH
      INT  21H            ;返回 DOS
CODE  ENDS
      END  START          ;汇编结束
```

【例 6.8】设变量 X 为带符号整数，试编写一个程序，完成下面的分段函数。

$$y=\begin{cases}0 & |x|\geqslant 5\\ 1-x & |x|<5\end{cases}$$

分析：为了实现上述分段函数，首先求出 X 的绝对值，然后根据 X 的绝对值确定 Y 的取值，流程图如图 6-6 所示。

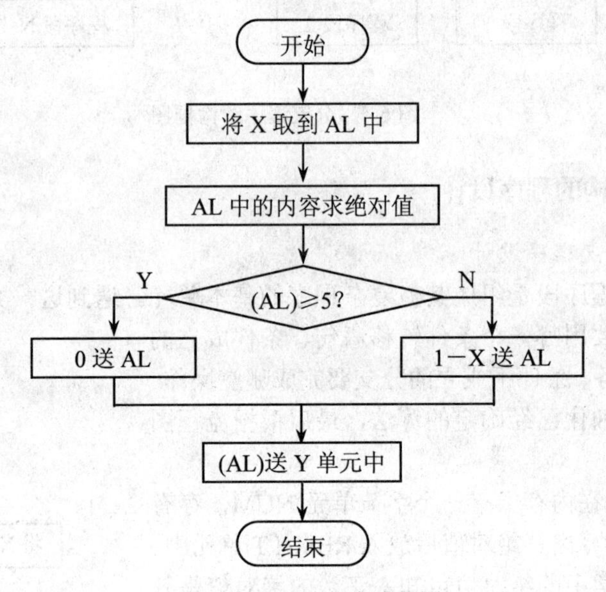

图 6-6 例 6.8 程序流程图

源程序设计如下：

```
DATA  SEGMENT
      X DB -36
      Y DB  ?
DATA  ENDS
CODE  SEGMENT
      ASSUME  CS:CODE;DS:DATA
START:MOV  AX,DATA
      MOV  DS,AX                ;初始化 DS
      MOV  AL,X                 ;X 取到 AL 中
```

```
        CMP  AL,0              ;判断 AL 中数的正负
        JGE  NEXT              ;非负，转 NEXT
        NEG  AL                ;否则 AL 中的内容求补
NEXT:   CMP  AL,5              ;|X|和 5 比较
        JGE  P1                ;≥5，转 P1
        MOV  AL,1              ;否则 1 送 AL
        MOV  BL,X              ;X 送 BL 中
        SUB  AL,BL             ;求 1－X 送 AL 中
        JMP  EXIT              ;转 EXIT
P1:     MOV  AL,0              ;0 送 AL 中
EXIT:   MOV  Y,AL              ;结果送 Y 单元
        MOV  AH,4CH
        INT  21H               ;返回 DOS
CODE    ENDS
        END  START             ;汇编结束
```

2. *多分支程序设计*

多分支结构中有若干个条件，每个条件对应一个基本操作。分支程序就是判断产生的条件，哪个条件成立，就执行哪个条件对应的程序段。即从若干分支中选择一个分支执行。

多分支结构的实现有条件选择法、转移表法和地址表法等。

（1）条件选择法。

一个条件选择指令可实现两路分支，多个条件选择指令就可以实现多路分支。这种方法适用于分支数较少的情况。

【例 6.9】从键盘输入一个十六进制数码，将其转换成二进制数在内存中存储起来。若输入的不是十六进制数码，则显示“INPUT ERROR!”。

分析：十六进制数码包括阿拉伯数字“0～9”和英文字母“A～F”，通过 DOS 系统功能调用接收的按键为数字的 ASCII 码。10 个阿拉伯数字“0～9”的 ASCII 码是 30H～39H，英文字母“A～F”的 ASCII 是 41H～46H。程序中必须先判断输入的内容是否为十六进制数码，是则完成 ASCII 码到二进制的转换，否则显示出错信息。

转换方法：若接收的按键是阿拉伯数字，将 ASCII 码减去 30H，若是“A～F”中的某一个英文字母，将 ASCII 码减去 37H。流程图如图 6-7 所示。

源程序设计如下：

```
DATA    SEGMENT
        MESS DB 'PLEASE  INPUT:',0AH,0DH,'$'
        ERR  DB 'INPUT  ERROR!',0AH,0DH,'$'
        NUM  DB ?
DATA    ENDS
CODE    SEGMENT
        ASSUME  DS:DATA,CS:CODE
START:  MOV  AX,DATA
        MOV  DS,AX
        MOV  DX,OFFSET  MESS
        MOV  AH,9
        INT  21H
```

```
        MOV  AH,9
        INT  21H
        CMP  AL,30H
        JB   ERR1
        CMP  AL,39H
        JA   NEXT
        SUB  AL,30H
        JMP  LL
NEXT:   CMP  AL,41H
        JB   ERR1
        CMP  AL,46H
        JA   ERR1
        SUB  AL,37H
LL:     MOV  NUM,AL
        JMP  EXIT
ERR1:   MOV  DX,OFFSET ERR
        MOV  AH,9
        INT  21H
EXIT:   MOV  AH,4CH
        INT  21H
CODE    ENDS
        END  START
```

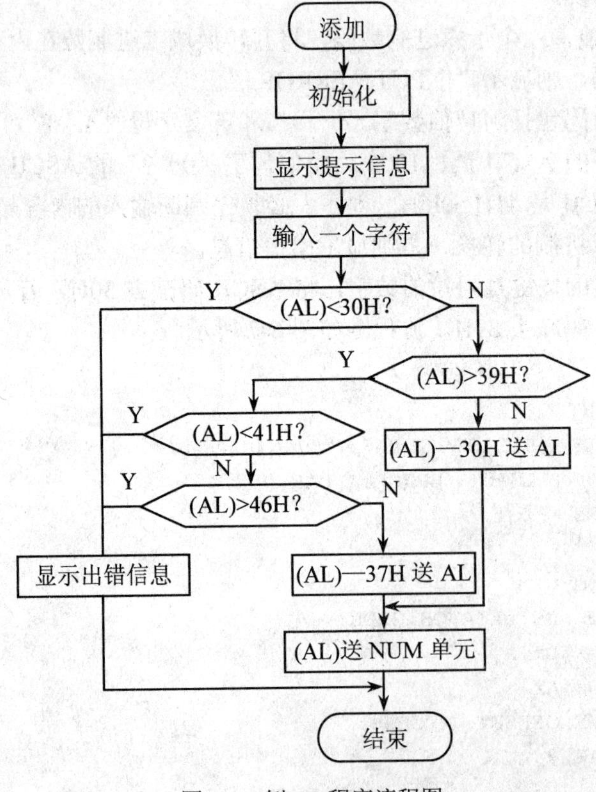

图 6-7　例 6.9 程序流程图

本例只接受大写的十六进制数字“A～F”，若要接受小写的还需要增加另外的分支语句，留给读者思考。

【例 6.10】编写程序，完成以下分段函数的计算。

$$Y=\begin{cases} 1 & X>0 \\ 0 & X=0 \\ -1 & X<0 \end{cases}$$

（X 为单字节带符号数据）

分析：X 为内存中的一个带符号数，首先判断其正负，若为负，－1 作为函数值；若为正，再判断是否为 0，如果为 0，函数返回值为 0，否则返回值为 1。流程图如图 6-8 所示。

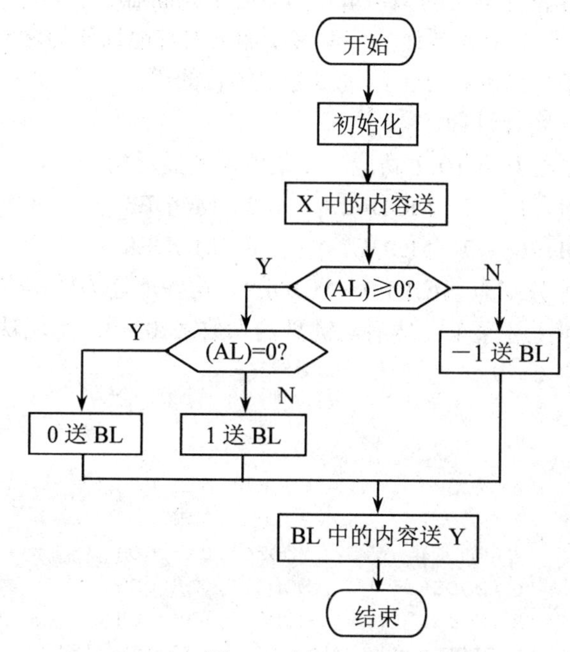

图 6-8　例 6.10 程序流程图

源程序设计如下：

```
DATA   SEGMENT
       X  DB  -25
       Y  DB  ?
DATA   ENDS
CODE   SEGMENT
       ASSUME  CS:CODE,DS:DATA
START: MOV  AX,DATA
       MOV  DS,AX           ;初始化
       MOV  AL,X            ;X 取到 AL 中
       CMP  AL,0            ;(Al)和 0 比较
       JGE  BIG             ;大于等于 0，转 BIG
       MOV  BL,-1           ;否则，－1 送 BL
       JMP  EXIT            ;转到结束位置
BIG:   JE   EE              ;(Al)是否为 0，为 0 转 EE
```

```
        MOV  BL,1           ;否则为大于 0，1 送 BL
        JMP  EXIT           ;转到结束位置
EE:     MOV  BL,0           ;0 送 BL
EXIT:   MOV  Y,BL           ;(BL)送 Y 单元
        MOV  AH,4CH
        INT  21H
CODE    ENDS
        END  START          ;汇编结束
```

（2）转移表法。

转移表法实现多分支的设计思想是：把转移到各分支程序段的转移指令依次放在一张表中，这张表称为转移表。把离表首单元的偏移量作为条件来判断各分支转移指令在表中的位置。当进行多分支条件判断时，把当前的条件——偏移量加上表首地址作为转移地址，转移到表中的相应位置，继而执行无条件转移指令，达到多分支的目的。

下面用实例来说明具体实现过程。

【例 6.11】假设某一系统共有 10 个功能，以菜单形式显示如下：

0 MODE0　1 MODE1　2 MODE2　3 MODE3　4 MODE4

5 MODE5　6 MODE6　7 MODE7　8 MODE8　9 MODE9

相应的程序段入口地址分别为 MODE0～MODE9，这些地址为转移表内各个转移指令的目标地址。整个程序先显示上述菜单，然后从键盘输入数字 0～9，实现功能选择，为简单起见，各个功能分别显示数字 0～9。

源程序设计如下：

```
DATA    SEGMENT
        MESS DB  '0  MODE0     1  MODE1',0AH,0DH
             DB  '2  MODE2     3  MODE3',0AH,0DH
             DB  '4  MODE4     5  MODE5',0AH,0DH
             DB  '6  MODE6     7  MODE7',0AH,0DH
             DB  '8  MODE8     9  MODE9',0AH,0DH
             DB  'PLEASE INPUT ANY  KEY',0AH,0DH,'$'
        ERR  DB  'INPUT  ERROR',0AH,0DH,'$'
DATA    ENDS
CODE    SEGMENT
        ASSUME   DS:DATA,CS:CODE
START:  MOV   AX,DATA
        MOV   DS,AX                 ;初始化
        MOV   DX,OFFSET  MESS
        MOV   AH,9                  ;显示菜单
        INT   21H
INKEY:  MOV   AH,1
        INT   21H                   ;键盘输入选择，按键 ASCII 送 AL
        SUB   AL,30H                ;AL 中内容减 30H
        CMP   AL,0                  ;和 0 比较
        JL    ERR1                  ;小于 0，出错，显示提示信息
        CMP   AL,9                  ;和 9 比较
        JG    ERR1                  ;大于 9，出错，显示提示信息
        MOV   AH,0                  ;否则，0 送 AH
```

```
        MOV   BX,OFFSET  TABLE       ;BX 指向转移表首单元
        ADD   AX,AX                  ;AX 中内容乘以 2 送 AX（每条 JMP 指令占 2B）
        ADD   BX,AX                  ;形成偏移地址
        MOV   DL,0AH                 ; 显示换行
        MOV   AH,02H
        INT   21H
        MOV   DL,0DH                 ;显示回车
        INT   21H
        JMP   BX                     ;转到转移表相应位置
ERR1:   MOV   DX,OFFSET  ERR
        MOV   AH,09H
        INT   21H                    ;错误提示
        JMP   INKEY                  ;转 INKEY，重新输入按键
TABLE:  JMP   SHORT  MODE0           ;形成转移表，转移指令为短转移
        JMP   SHORT  MODE1           ;每条 JMP 指令占 2B 空间
        JMP   SHORT  MODE2
        JMP   SHORT  MODE3
        JMP   SHORT  MODE4
        JMP   SHORT  MODE5
        JMP   SHORT  MODE6
        JMP   SHORT  MODE7
        JMP   SHORT  MODE8
        JMP   SHORT  MODE9
MODE0:  MOV   AH,02H
        MOV   DL,'0'
        INT   21H                    ;功能模式 0，显示'0'
        JMP   EXIT                   ;转到结束位置
MODE1:  MOV   AH,02H
        MOV   DL,'1'
        INT   21H                    ;功能模式 1，显示'1'
        JMP   EXIT                   ;转到结束位置
MODE2:  MOV   AH,02H
        MOV   DL,'2'
        INT   21H                    ;功能模式 2，显示'2'
        JMP   EXIT                   ;转到结束位置
MODE3:  MOV   AH,02H
        MOV   DL,'3'
        INT   21H                    ;功能模式 3，显示'3'
        JMP   EXIT                   ;转到结束位置
MODE4:  MOV   AH,02H
        MOV   DL,'4'
        INT   21H                    ;功能模式 4，显示'4'
        JMP   EXIT                   ;转到结束位置
MODE5:  MOV   AH,02H
        MOV   DL,'5'
        INT   21H                    ;功能模式 5，显示'5'
        JMP   EXIT                   ;转到结束位置
MODE6:  MOV   AH,02H
```

```
        MOV   DL,'6'
        INT   21H                         ;功能模式 6，显示'6'
        JMP   EXIT                        ;转到结束位置
MODE7:  MOV   AH,02H
        MOV   DL,'7'
        INT   21H                         ;功能模式 7，显示'7'
        JMP   EXIT                        ;转到结束位置
MODE8:  MOV   AH,02H
        MOV   DL,'8'
        INT   21H                         ;功能模式 8，显示'8'
        JMP   EXIT                        ;转到结束位置
MODE9:  MOV   AH,02H
        MOV   DL,'9'
        INT   21H                         ;功能模式 9，显示'9'
EXIT:   MOV   AH,4CH
        INT   21H
CODE    ENDS
        END   START
```

在上述程序中，TABLE 为转移表的首地址，每条段内无条件短转移指令占用两个字节，所以 0 号功能的转移指令距转移表首单元的偏移地址为 0；1 号功能的转移指令距转移表首单元的偏移地址为 2；2 号功能的转移指令距转移表首单元的偏移地址为 4；依此类推。要将功能号乘以 2 再加上表首地址才能定位到转移表中对应的跳转指令。

（3）地址表法。

地址表法中的表位于数据段，存放的是分支程序段的入口地址。如果是段内转移，则入口地址为段内偏移地址，占用一个字单元；如果是段间转移，则入口地址为 32 位地址指针，占用 2 个字单元。下面举例说明其实现方法。

【例 6.12】将例 6.11 中的功能用地址表法实现。

源程序设计如下：

```
DATA   SEGMENT
       TABLE  DW   MODE0,MODE1,MODE2,MODE3,MODE4     ;各个分支形成的地址表
                DW   MODE5,MODE6,MODE7,MODE8,MODE9     ;每个地址占 2B，段内转移
       MESS  DB   '0  MODE0     1   MODE1',0AH,0DH
             DB   '2  MODE2     3   MODE3',0AH,0DH
             DB   '4  MODE4     5   MODE5',0AH,0DH
             DB   '6  MODE6     7   MODE7',0AH,0DH
             DB   '8  MODE8     9   MODE9',0AH,0DH
             DB   'PLEASE  INPUT ANY  KEY',0AH,0DH,'$'
       ERR    DB   'INPUT  ERROR',0AH,0DH,'$'
DATA   ENDS
CODE   SEGMENT
       ASSUME    DS:DATA,CS:CODE
START: MOV   AX,DATA
       MOV   DS,AX                         ;初始化
       MOV   DX,OFFSET  MESS
       MOV   AH,9
```

```
        INT   21H                          ;显示菜单
INKEY:  MOV   AH,1
        INT   21H                          ;输入按键，ASCII送AL
        SUB   AL,30H                       ;AL中内容减30H
        CMP   AL,0                         ;按键值和0比较
        JL    ERR1                         ;小于0，出错，转ERR1
        CMP   AL,9                         ;按键值和9比较
        JG    ERR1                         ;大于9，出错，转ERR1
        MOV   AH,0                         ;0送AH，完成AL中内容扩展
        MOV   BX,OFFSET  TABLE             ;BX指向地址表首单元
        ADD   AX,AX                        ;AX中内容乘以2（表内每个地址占2B）
        ADD   BX,AX                        ;BX中内容和AX中内容相加
        MOV   DL,0AH                       ;显示回车、换行
        MOV   AH,02H
        INT   21H
        MOV   DL,0DH
        INT   21H
        JMP   WORD  PTR  [BX]              ;BX指示字单元内容为转移地址，段内间接转移
ERR1:   MOV   DX,OFFSET  ERR
        MOV   AH,9
        INT   21H                          ;显示出错提示信息
        JMP   INKEY                        ;转INKEY位置
MODE0:  MOV   AH,02H                       ;功能模式0，显示'0'
        MOV   DL,'0'
        INT   21H
        JMP   EXIT                         ;转到结束位置
MODE1:  MOV   AH,02H                       ;功能模式1，显示'1'
        MOV   DL,'1'
        INT   21H
        JMP   EXIT                         ;转到结束位置
MODE2:  MOV   AH,02H                       ;功能模式2，显示'2'
        MOV   DL,'2'
        INT   21H
        JMP   EXIT                         ;转到结束位置
MODE3:  MOV   AH,02H                       ;功能模式3，显示'3'
        MOV   DL,'3'
        INT   21H
        JMP   EXIT                         ;转到结束位置
MODE4:  MOV   AH,02H                       ;功能模式4，显示'4'
        MOV   DL,'4'
        INT   21H
        JMP   EXIT                         ;转到结束位置
MODE5:  MOV   AH,02H                       ;功能模式5，显示'5'
        MOV   DL,'5'
        INT   21H
        JMP   EXIT                         ;转到结束位置
```

```
MODE6: MOV   AH,02H                       ;功能模式 6，显示'6'
       MOV   DL,'6'
       INT   21H
       JMP   EXIT                         ;转到结束位置
MODE7: MOV   AH,02H                       ;功能模式 7，显示'7'
       MOV   DL,'7'
       INT   21H
       JMP   EXIT                         ;转到结束位置
MODE8: MOV   AH,02H                       ;功能模式 8，显示'8'
       MOV   DL,'8'
       INT   21H
       JMP   EXIT                         ;转到结束位置
MODE9: MOV   AH,02H                       ;功能模式 9，显示'9'
       MOV   DL,'9'
       INT   21H
EXIT:  MOV   AH,4CH
       INT   21H                          ;程序结束
CODE   ENDS
       END   START                        ;汇编结束
```

注意：在 TABLE 这个地址表中存有入口地址 MODE0 ~ MODE9，为段内转移，每个地址占两个字节，即 0 号功能的入口地址距表首单元的偏移址为 0，1 号功能的入口地址距表首单元的偏移地址为 2，依此类推。

6.4 循环结构及程序设计

6.4.1 循环程序的结构形式

1. 循环程序的组成

一个循环结构的程序主要由以下 4 个部分组成：

（1）循环初始化部分。进入循环程序前，要进行循环程序初始状态的设置，包括循环计数器初始化、地址指针初始化、存放运算结果的寄存器或内存单元的初始化等。

（2）循环体。是完成循环工作的主要部分，要重复执行这段操作。不同的程序要解决的问题不同，因此循环体的具体内容也有所不同。

（3）循环参数修改部分。为保证每次循环的正常执行，相关信息（如计数器的值、操作数的地址指针等）要发生有规律的变化，为下一次循环做准备。

（4）循环控制部分。是循环程序设计的关键部分。每个循环程序必须选择一个恰当的循环控制条件来控制循环的运行和结束。当循环次数已知时可使用循环计数器来控制；当循环次数未知时，可根据具体情况设置控制循环结束的条件。

2. 循环程序的结构

在程序设计中，常见的循环结构有两种：一种是先执行循环体，然后判断循环是否继续进行；另一种是先判断是否符合循环条件，符合则执行循环体，否则退出循环。两种循环结构如图 6-9 和图 6-10 所示。

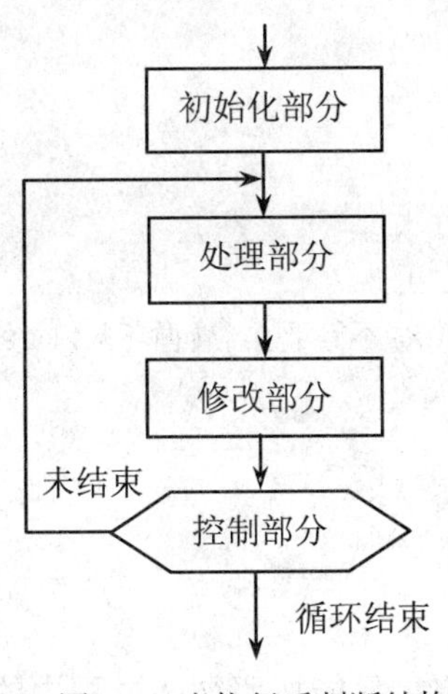

图 6-9 先执行后判断结构

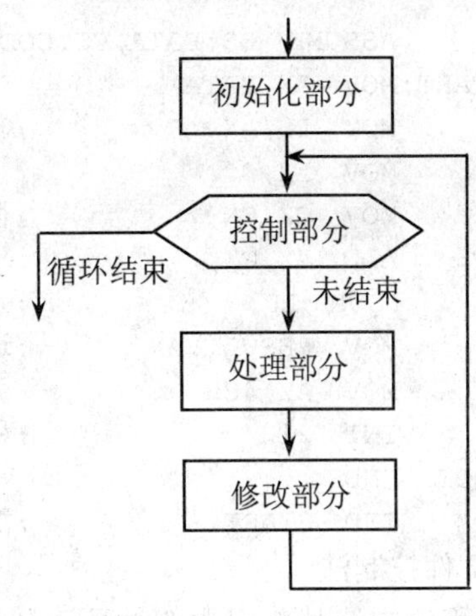

图 6-10 先判断后执行结构

3. 循环控制的方法

（1）计数控制法。

如果循环次数已知，可采用计数控制方法。假设循环次数为 N，实现计数控制有两种方法：一是正计数法，即计数器从 1 计数到 N；二是倒计数法，即从 N 减数到 0。

【例 6.13】利用程序完成求 1～100 的累加和，结果送到 RESULT 单元中。

采用正计数法，源程序设计如下：

```
DATA   SEGMENT
       RESULT  DW  ?          ;结果需要用 16 位空间存储
       CN  EQU 100            ;循环次数
DATA   ENDS
CODE   SEGMENT
       ASSUME  DS:DATA,CS:CODE
START:MOV  AX,DATA
       MOV  DS,AX             ;初始化
       MOV  AX,0
       MOV  CX,1              ;循环初始化
LP:    ADD  AX,CX             ;求累加和
       INC  CX                ;计数器加 1
       CMP  CX,CN             ;CX 和计数终止值比较
       JBE  LP                ;小于等于终止值，转循环入口处 LP
       MOV  RESULT,AX         ;送结果
       MOV  AH,4CH
       INT  21H               ;程序结束
CODE   ENDS
       END  START             ;汇编结束
```

采用倒计数法，源程序设计如下：

```
DATA   SEGMENT
       RESULT  DW  ?
       CN  EQU 100
DATA   ENDS
CODE   SEGMENT
```

```
        ASSUME  DS:DATA,CS:CODE
START:MOV   AX,DATA
        MOV  DS,AX              ;初始化
        MOV  AX,0
        MOV  CX,CN              ;循环初始化
LP:     ADD  AX,CX              ;求累加和
        LOOP  LP                ;(CX)先减 1，(CX)不等于 0，转循环入口 LP
        MOV  RESULT,AX          ;送结果
        MOV  AH,4CH
        INT  21H                ;程序结束
CODE    ENDS
        END  START              ;汇编结束
```

（2）条件控制法。

在循环程序中，某些问题的循环次数预先不能确定，只能按照循环过程中的某个特定条件是否满足来决定循环是否继续执行。对于这类问题，可通过测试该条件是否成立来实现对循环的控制。这种方法称为条件控制。

【例 6.14】通过键盘输入一个字符串，送入数据段的存储区中，以回车结束，统计字符串中数字的个数。程序设计的流程图如图 6-11 所示。

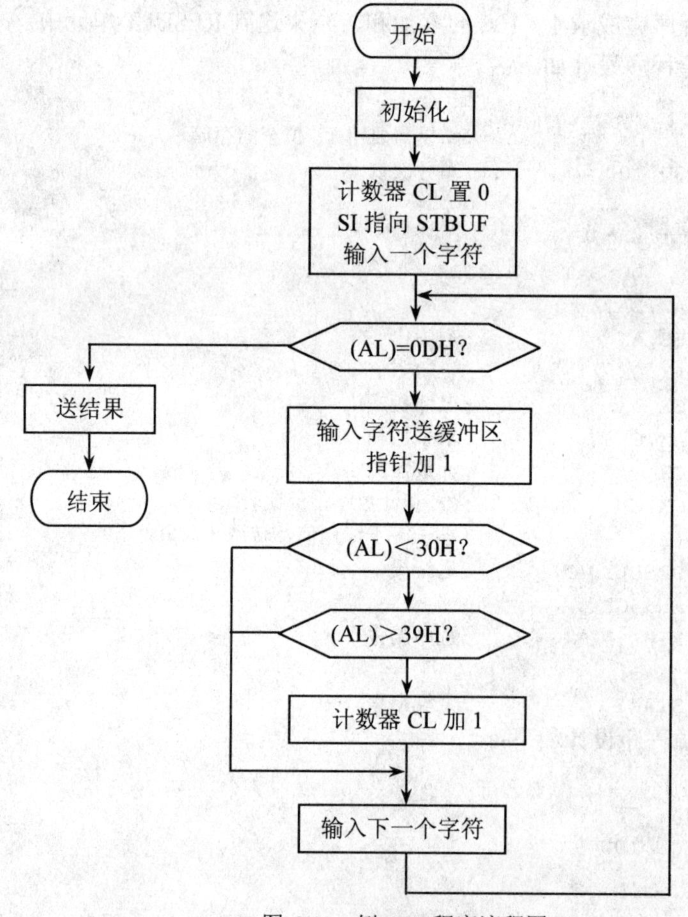

图 6-11　例 6.14 程序流程图

源程序设计如下：

```
DATA   SEGMENT
       MESS    DB 'PLEASE INPUT STRING:',0AH,0DH,'$'
       STBUF   DB 100 DUP(?)
       CN      DB ?
DATA   ENDS
CODE   SEGMENT
       ASSUME  DS:DATA,CS:CODE
START:MOV  AX,DATA
       MOV  DS,AX                ;初始化 DS
       MOV  DX,OFFSET MESS
       MOV  AH,9
       INT  21H                  ;显示提示信息
       MOV  SI,OFFSET STBUF      ;SI 指向数据区首单元
       MOV  CL,0                 ;计数器清 0
       MOV  AH,1
       INT  21H                  ;输入第一个字符
LP:    CMP  AL,0DH               ;输入字符和回车符比较
       JZ   EXIT                 ;是回车符，转结束位置
       MOV  [SI],AL              ;否则，字符存入数据区
       INC  SI                   ;指针加 1
       CMP  AL,30H               ;输入字符和'0'比较
       JB   NEXT                 ;小于'0'转 NEXT
       CMP  AL,39H               ;否则输入字符和'9'比较
       JA   NEXT                 ;大于'9'转 NEXT
       INC  CL                   ;否则计数器加 1
NEXT:  MOV  AH,1
       INT  21H                  ;输入下一个字符
       JMP  LP                   ;转循环入口处
EXIT:  MOV  CN,CL                ;送结果
       MOV  AH,4CH
       INT  21H                  ;返回 DOS
CODE   ENDS
       END  START                ;汇编结束
```

（3）混合控制法。

混合控制法是前两种控制方法的结合。结束循环的条件是已达到预定的循环次数或出现了某种退出循环的条件。

【例 6.15】已知在内存中有一字符串，长度为 CN。找出这个字符中的第一个空格，若找到，将其地址送到 ADDR 单元，并将 FLAG（字节单元）置 1，否则将 FLAG 清零。

分析：这是一个单循环，控制循环退出的情况有两种：一种是未找到空格，循环计数器到达终止值；另一种是找到空格，计数器不一定到终止值就退出循环。

结合串操作指令实现该功能，源程序设计如下：

```
DATA   SEGMENT                          ;同时兼作数据段和附加段
       STR   DB   'WHAT IS YOUR NAME?',0AH,0DH,'$'
       CN    EQU  $-STR                 ;CN 的值实为 STR 的长度
```

```
        ADDR  DW ?                       ;偏移地址是16位的无符号数
        FLAG  DB ?
DATA    ENDS
CODE    SEGMENT
        ASSUME  CS:CODE,DS:DATA,ES:DATA
START:  MOV   AX,DATA
        MOV   DS,AX                      ;初始化DS和ES
        MOV   ES,AX
        MOV   CX,CN                      ;设计数器初值
        MOV   DI,OFFSET STR              ;DI指向字符串首单元
        MOV   AL,20H                     ;空格ASCII送AL
        REPNZ SCASB                      ;在字符串中寻找空格
        JNZ   NEXT                       ;(CX)=0，未找到，转NEXT
        DEC   DI                         ;找到，地址指针减1
        MOV   ADDR,DI                    ;空格所在的偏移地址送ADDR
        MOV   FLAG,1                     ;1送FLAG单元
        JMP   EXIT                       ;转结束位置
NEXT:   MOV   FLAG,0                     ;0送FLAG单元
EXIT:   MOV   AH,4CH
        INT   21H                        ;返回DOS
CODE    ENDS
        END   START                      ;汇编结束
```

6.4.2 循环程序的设计

1. 单循环程序程序设计

单循环程序就是循环体内不再包含循环结构。下面通过一些例题来说明单循环程序的设计思路和方法。

【例 6.16】在数据段中以 BUF 为首地址的区域中，存放了 CN 个带符号字节数据，要求将其中的正数送入 PLUS 开始的存储区，负数存入 MINUS 开始的存储区。

源程序设计如下：

```
DATA    SEGMENT                          ;同时兼做数据段和附加段
        BUF     DB   12,-15,0,9,-7,-25,-65,34,2,11,-1,-2,4,8
        CN      EQU  $-BUF               ;CN的值实为BUF的字节数据个数
        PLUS    DB   CN DUP(?)
        MINUS   DB   CN DUP(?)
DATA    ENDS
CODE    SEGMENT
        ASSUME DS:DATA,CS:CODE,ES:DATA
START:  MOV  AX,DATA
        MOV  DS,AX                       ;初始化DS、ES
        MOV  ES,AX
        MOV  SI,OFFSET BUF               ;SI指向源操作数首单元
        MOV  DI,OFFSET PLUS              ;DI指向正数区首单元
        MOV  BX,OFFSET MINUS             ;BX指向负数区首单元
        MOV  CX,CN                       ;循环次数送CX
```

```
LP:     LODSB                               ;取源操作数到AL，SI自动增1
        TEST AL,80H                         ;测试AL中数的正负
        JZ   BIG                            ;为正数或0转BIG位置
        MOV  [BX],AL                        ;否则AL送负数区
        INC  BX                             ;负数区指针加1
        JMP  NEXT                           ;转NEXT
BIG:    STOSB                               ;(AL)存到正数区，DI自动增1
NEXT:   LOOP LP                             ;若CX中内容减1不为0，转LP
        MOV  AH,4CH
        INT  21H                            ;返回DOS
CODE    ENDS
        END  START                          ;汇编结束
```

【例 6.17】编写程序完成求 1＋2＋3＋…＋N 的累加和，直到累加和超过 1000 为止。统计被累加的自然数的个数送 CN 单元，累加和送 SUM。

流程图如图 6-12 所示，源程序设计如下：

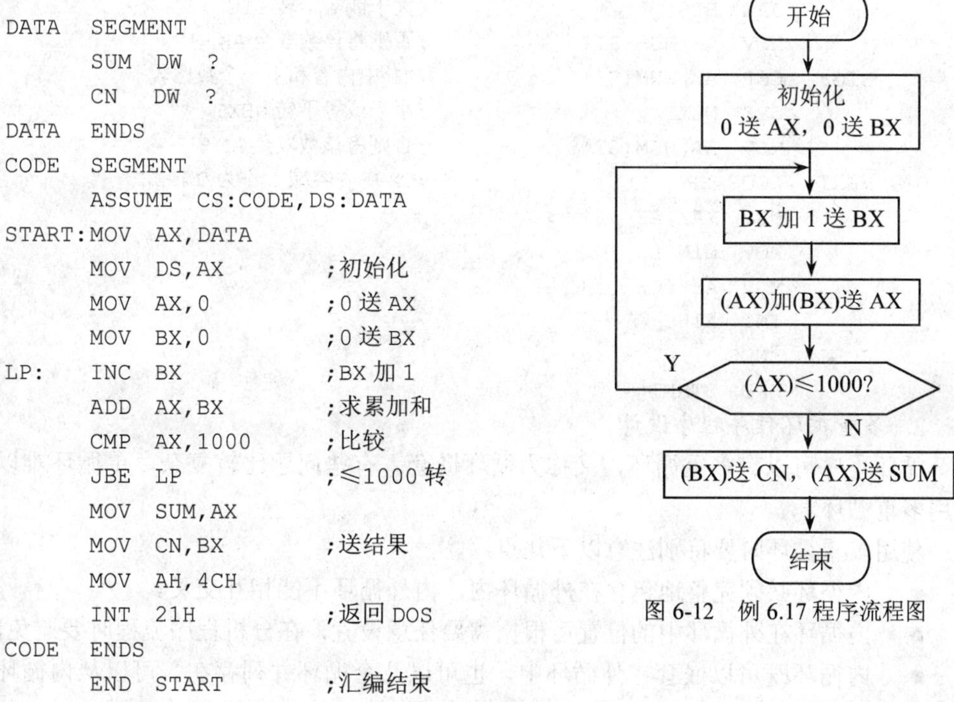


```
DATA   SEGMENT
       SUM  DW  ?
       CN   DW  ?
DATA   ENDS
CODE   SEGMENT
       ASSUME  CS:CODE,DS:DATA
START:MOV  AX,DATA
       MOV  DS,AX           ;初始化
       MOV  AX,0            ;0送AX
       MOV  BX,0            ;0送BX
LP:    INC  BX              ;BX加1
       ADD  AX,BX           ;求累加和
       CMP  AX,1000         ;比较
       JBE  LP              ;≤1000转
       MOV  SUM,AX
       MOV  CN,BX           ;送结果
       MOV  AH,4CH
       INT  21H             ;返回DOS
CODE   ENDS
       END  START           ;汇编结束
```

图 6-12　例 6.17 程序流程图

【例 6.18】从 NUM 单元起存有 10 个无符号字节数据，要求找出其中的最大数和最小数，分别存入 MAX 和 MIN 单元。

分析：求 10 个无符号数的最大数和最小数，需要进行多次比较。首先取出第一个数据，将它作为最大数和最小数分别存入 AH 和 AL 中，然后读取第二个数据，将它分别与最大数和最小数比较，如果它比 AH 中的内容大，将它送入 AH 中；若它比 AL 中的内容小，将它送入 AL 中。再读取第三个数，重复上述过程，共需比较 9 次。

源程序设计如下：

```
DATA    SEGMENT
        NUM  DB  15,23,12,28,120,10,7,0,45,67
```

```
        CN    EQU $-NUM
        MAX   DB  ?
        MIN   DB  ?
DATA    ENDS
CODE    SEGMENT
        ASSUME  DS:DATA,CS:CODE
START: MOV  AX,DATA
        MOV  DS,AX                     ;初始化
        MOV  SI,0                      ;SI 指针初始化
        MOV  CX,CN                     ;循环次数送 CX
        MOV  AH,NUM[SI]                ;寄存器相对寻址，第一个数送入 AH
        MOV  AL,NUM[SI]                ;寄存器相对寻址，第一个数送入 AL
        DEC  CX                        ;CX 值减 1
LP:     INC  SI                        ;指针调整
        CMP  AH,NUM[SI]                ;AH 中内容和下一个数比较
        JAE  BIG                       ;大于或等于转 BIG
        MOV  AH,NUM[SI]                ;否则将该数取至 AH 中
BIG:    CMP  AL,NUM[SI]                ;AL 中内容和下一个数比较
        JBE  NEXT                      ;小于或等于转 NEXT
        MOV  AL,NUM[SI]                ;否则将该数取至 AL 中
NEXT:   LOOP LP                        ;CX 中内容减 1 不为 0 转 LP
        MOV  MAX,AH
        MOV  MIN,AL
        MOV  AH,4CH
        INT  21H
CODE    ENDS
        END  START
```

2. *多重循环程序程序设计*

循环程序可以有多重循环，又称为循环嵌套。有些问题比较复杂，单循环难以解决，必须用多重循环。

使用多重循环时要特别注意以下几点：

- 内循环必须完整地包含在外循环内，内外循环不能相互交叉。
- 内循环在外循环中的位置可根据需要任意设置，在分析程序流程时要避免出现混乱。
- 内循环既可以嵌套在外循环中，也可以几个循环并列存在。可以从内循环直接跳到外循环，但不能从外循环直接跳到内循环。
- 防止出现死循环，无论是内循环还是外循环，注意不要使循环回到初始化部分，否则将出现死循环。
- 每次完成外循环再次进入内循环时，初始条件必须重新设置。

【例 6.19】数据段中有一组带符号数据，存放在从 NUM 单元开始的区域中，试编程实现将它们按从小到大的顺序排序，要求排序后依然放在原来的存储区中。

分析：此例要求按升序排序，可有多种方法。

方法一：将第一个数与后面的 N-1 个数逐一比较，在比较过程中，如果后面的数小于第一个数，则将它们互换位置，否则第一个数继续与下一个数进行比较。这样经过 N-1 次比较

后，最小数就放到了第一个存储单元。然后从第二个数开始，将它与其后的 N-2 个数逐一比较，经过 N-2 次比较后，第二个最小值将被放到第二个存储单元……依此类推，即可实现对存储单元中的一组数据按升序排列。排序算法可以用双重循环结构实现，内循环执行一次，完成一次比较；外循环执行一次，得到一个最小数。外循环执行 N-1 次，即可完成对数据的升序排列。算法流程图如图 6-13 所示。

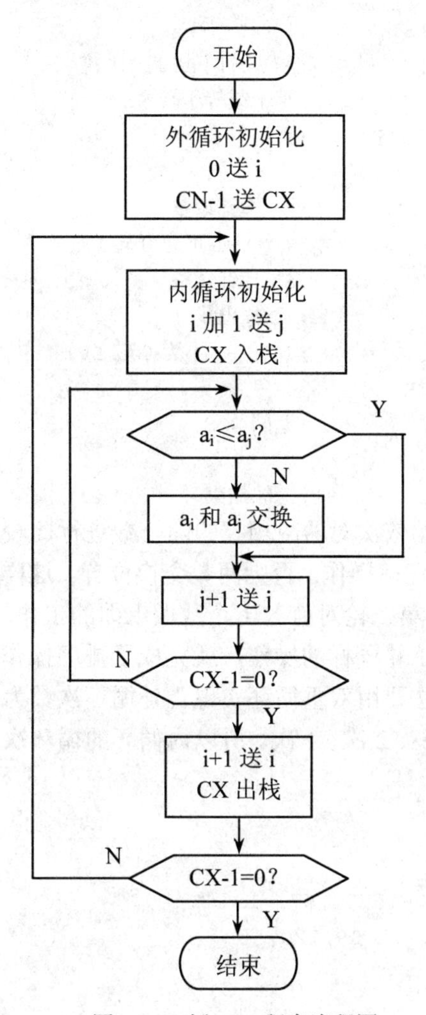

图 6-13　例 6.19 程序流程图

源程序设计如下：

```
DATA   SEGMENT
       A    DB  23,-15,34,67,-19
            DB  0,-12,89,120,55
       CN   EQU $-A
DATA   ENDS
CODE   SEGMENT
       ASSUME  CS:CODE,DS:DATA
START: MOV   AX,DATA
```

```
        MOV    DS,AX          ;初始化
        MOV    SI,0           ;指针 SI 初始化
        MOV    CX,CN-1        ;循环次数送 CX
LP1:    MOV    DI,SI
        INC    DI             ;SI 加 1 送 DI
        PUSH   CX             ;(CX)入栈
        MOV    AL,A[SI]
LP2:    CMP    AL,A[DI]       ;A[SI]同 A[DI]比较
        JLE    NEXT           ;小于或等于转 NEXT
        XCHG   AL,A[DI]       ;否则互换
        MOV    A[SI],AL
NEXT:   INC    DI             ;DI 指针调整
        LOOP   LP2            ;(CX)-1 不为 0 转 LP2
        INC    SI             ;SI 指针调整
        POP    CX             ;(CX)出栈
        LOOP   LP1            ;(CX)-1 不为 0 转 LP1
        MOV    AH,4CH
        INT    21H            ;返回 DOS
CODE    ENDS
        END    START          ;汇编结束
```

方法二：从第一个数开始依次对两两相邻的两个数进行比较，如果次序符合要求（即第 i 个数小于第 i+1 个数），不做任何操作；否则两数交换位置。这样经过第一轮的两两比较（N-1 次），最大数则放到了最后。第二轮对前 N-1 个数做上面的工作，则把次大数放到了倒数第二个单元……依此类推，做 N-1 轮同样的操作，就完成了排序操作。

通过上述分析可知该算法要用双重循环实现。外循环次数为 N-1 次，内循环次数分别为 N-1 次、N-2 次、N-3 次、……、2 次、1 次。所以内循环的循环次数和外循环的计数器值有关，即等于外循环计数器的值。

源程序设计如下：

```
DATA    SEGMENT
        A    DB  23,-15,34,67,-19
             DB   0,-12,89,120,55
        CN   EQU $-A
DATA    ENDS
CODE    SEGMENT
        ASSUME  CS:CODE,DS:DATA
START:MOV    AX,DATA
        MOV    DS,AX          ;初始化
        MOV    CX,CN-1        ;外循环次数送计数器 CX
LP1:    MOV    SI,0           ;数组起始下标 0 送 SI
        PUSH   CX             ;外循环计数器(CX)入栈
LP2:    MOV    AL,A[SI]       ;A[SI]取出送 AL
        CMP    AL,A[SI+1]     ;A[SI]和 A[SI+1]比较
        JLE    NEXT           ;小于或等于转 NEXT
```

```
        XCHG  AL,A[SI+1]    ;否则A[SI]和A[SI+1]交换
        MOV   A[SI],AL
NEXT:   INC   SI            ;数组下标加1
        LOOP  LP2           ;(CX)-1不为0转LP2
        POP   CX            ;否则退出内循环，将(CX)出栈
        LOOP  LP1           ;(CX)-1不为0转LP1
        MOV   AH,4CH
        INT   21H           ;返回DOS
CODE    ENDS
        END   START         ;汇编结束
```

为了提高程序效率，可以将上述排序算法做一个改进，采用另外一种结束循环的方法。设立一个交换标志，每次进入外循环就将该标志置1；在内循环中每做一次交换操作就将该标志清零。每次内循环结束后，测试交换标志的值，若为1，说明上一轮两两比较未发生交换操作，数组已经是有序排列，否则进入下一轮外循环。

改进后的源程序设计如下：

```
DATA    SEGMENT
        A    DB  23,-15,34,67,-19,0,-12,89,120,55
        CN   EQU $-A
DATA    ENDS
CODE    SEGMENT
        ASSUME  CS:CODE,DS:DATA
START:MOV   AX,DATA
        MOV   DS,AX         ;初始化
        MOV   CX,CN-1       ;外循环次数送计数器CX
LP1:    MOV   SI,0          ;数组起始下标0送SI
        PUSH  CX            ;外循环计数器(CX)入栈
        MOV   DL,1          ;交换标志送1
LP2:    MOV   AL, A[SI]     ;A[SI]取出送AL
        CMP   AL,A[SI+1]    ;A[SI]和A[SI+1]比较
        JLE   NEXT          ;小于或等于转NEXT
        XCHG  AL,A[SI+1]    ;否则A[SI]和A[SI+1]交换
        MOV   A[SI],AL
        MOV   DL,0          ;并将交换标志清零
NEXT:   INC   SI            ;数组下标加1
        LOOP  LP2           ;(CX)-1不为0转LP2
        POP   CX            ;否则退出内循环，将(CX)出栈
        DEC   CX            ;计数器(CX)减1调整
        CMP   DL,0
        JZ    LP1
        MOV   AH,4CH
        INT   21H
CODE    ENDS
        END   START
```

6.5 子程序结构及程序设计

6.5.1 子程序基本概念

在程序设计中，常把多处用到的同一个程序段或具有一定功能的程序段抽取出来，存放在某一存储区域中，需要执行时使用调用指令转到这段程序，执行完再返回原来的程序，这种程序段称为子程序。

子程序是模块化程序设计的重要手段。在执行中需要反复执行的程序段或具有通用性的程序段都可以编成子程序。调用子程序的程序称为主程序，主程序中调用指令的下一条指令地址称为返回地址，有时也称为断点。

程序中采用子程序结构具有以下优点：

- 简化程序设计过程，节省程序设计时间。
- 缩短程序长度，节省计算机汇编源程序的时间和程序的存储空间。
- 增加程序的可读性，便于对程序进行修改和调试。
- 便于复杂问题的模块化、结构化和自顶向下的程序设计。

6.5.2 子程序结构形式

下面通过一段程序实例来说明子程序的基本结构及主程序与子程序间的调用关系。

【例 6.20】设计一个子程序，完成统计一组字数据中的正数和 0 的个数。

源程序设计如下：

```
DATA   SEGMENT
       ARR  DW  -12,45,67,0,-34,-90,89,67,0,87   ;每个数据占 2 个字节
       CN   EQU ($-ARR)/2        ;CN 的值实为 ARR 的数据个数
       ZER  DW  ?
       PLUS DW  ?
DATA   ENDS
CODE   SEGMENT
       ASSUME  DS:DATA,CS:CODE
START:MOV  AX,DATA
       MOV  DS,AX                ;初始化 DS
       MOV  SI,OFFSET ARR        ;数组首地址送 SI
       MOV  CX,CN                ;数组元素个数送 CX
       CALL PZN                  ;调用近过程 PZN
       MOV  ZER,BX               ;0 的个数送 BX
       MOV  PLUS,AX              ;正数的个数送 PLUS
       MOV  AH,4CH
       INT  21H                  ;返回 DOS
       ;子程序名：PZN
       ;子程序功能：统计一组字数据中的正数和 0 的个数
       ;入口参数：数组首地址在 SI 中，数组个数在 CX 中
```

```
        ;出口参数：正数个数在AX中，0的个数在BX中
        ;使用寄存器：AX、BX、CX、DX、SI及标志寄存器
PZN     PROC  NEAR
        PUSH  SI
        PUSH  DX
        PUSH  CX                          ;保护现场
        XOR   AX,AX                       ;计数器清零
        XOR   BX,BX
PZN0:   MOV   DX,[SI]                     ;取一个数组元素送DX
        CMP   DX,0                        ;DX中内容和0比较
        JL    PZN1                        ;小于0转PZN1
        JZ    ZN                          ;等于0转ZN
        INC   AX                          ;否则为正数，AX中内容加1
        JMP   PZN1                        ;转PZN1
ZN:     INC   BX                          ;为0，BX中内容加1
PZN1:   ADD   SI,2                        ;数组指针加2调整
        LOOP  PZN0                        ;(CX)-1，若(CX)≠0则继续循环
        POP   CX                          ;恢复现场
        POP   DX
        POP   SI
        RET                               ;返回主程序
PZN     ENDP                              ;子程序定义结束
CODE    ENDS                              ;代码段结束
        END  START                        ;汇编结束
```

本例中，主程序调用语句和子程序位于同一个代码段，属于近调用。通过对子程序的分析，可看出子程序的基本结构包括以下几个部分：

（1）子程序说明。主要用来说明子程序的名称、功能、入口参数、出口参数、占用工作单元的情况，使用户能清楚地知道该子程序的功能和调用方法。本部分并不是必需的，但能增强程序可读性。

（2）保护现场和恢复现场。由于汇编语言所处理的对象主要是CPU寄存器或内存单元，而主程序在调用子程序时已经占用了一定的寄存器或内存单元，子程序执行时可能又要用到这些单元，为保证主程序在子程序返回后仍按原有状态继续正常执行，在执行子程序具体功能前需要对这些寄存器或内存单元的内容加以保护，称之为保护现场，子程序执行完毕后需要恢复现场。注意程序中的入栈指令与出栈指令要成对出现，且出栈顺序应与入栈顺序相反。

（3）子程序体。这一部分内容根据具体要求用来实现相应的功能。

（4）子程序返回。子程序返回语句和主程序中调用语句相互对应，才能正确实现子程序的调用和返回。调用指令用来保护返回地址，返回指令用来恢复返回地址，保护和恢复都用堆栈进行操作。

6.5.3 子程序定义和参数传递

1. 子程序的定义

子程序又称为过程（Procedure），采用过程定义伪指令进行定义。

定义格式如下：

```
Procedurename    proc    Attribute
                   ⋮
           (子程序体)
                   ⋮
Procedurename    endp
```

其中过程名（Procedurename）为标识符，它是子程序的入口地址；属性（Attribute）是指类型属性，有两种选择：NEAR 或 FAR，缺省时为 NEAR。若子程序调用语句和子程序定义部分在同一个代码段，过程属性使用 NEAR；若子程序调用语句和子程序定义部分不在同一个代码段，则选择 FAR。

【例 6.21】子程序调用语句和子程序定义在同一代码段，为近调用。

源程序形式如下：

```
MAIN    SEGMENT
       ASSUME  CS:MAIN
          ⋮
        CALL   SUB1                    ;子程序调用语句
          ⋮
SUB1    PROC   NEAR                    ;子程序定义部分，NEAR 过程
        PUSH   AX
        PUSH   BX
        PUSH   CX
        PUSH   DX
          ⋮
        POP    DX
        POP    CX
        POP    BX
        POP    AX
        RET
SUB1    ENDP
          ⋮
MAIN    ENDS
```

这里的 MAIN 和 SUB1 分别为主程序和子程序的名字。因调用程序和子程序在同一个代码段，所以 SUB1 选择 NEAR 属性。这样，当 MAIN 调用 SUB1 保护返回地址时，只需保护 IP 指令即可。

【例 6.22】调用程序和过程不在同一个代码段，属于远调用。

源程序形式如下：

```
CODE1  SEGMENT
     ASSUME  CS:CODE1
        ⋮
      CALL    SUB2                     ;子程序调用语句，近调用
        ⋮
SUB2   PROC    FAR                     ;子程序定义部分，NEAR 过程
```

```
          ⋮
      RET
SUB2   ENDP
          ⋮
CODE1  ENDS
CODE2  SEGMENT
          ⋮
        CALL    SUB2                    ;子程序调用语句，远调用
          ⋮
CODE2  ENDS
```

这里的SUB2被调用两次，一次在代码CODE1中，属于近调用，另一次位于代码段CODE2中，属于远调用。因此，SUB2的属性应定义成FAR，这样CODE2中调用SUB2时才不会出现错误。

2. 子程序的参数传递

主程序在调用子程序之前，必须把需要加工处理的数据传递给子程序，这些被加工处理的数据称为入口参数；当子程序执行完毕返回主程序时，应把本次加工处理的结果传递给主程序，这些结果称为出口参数。把主程序向子程序传递入口参数以及子程序向主程序传递出口参数称为主程序和子程序间的参数传递。汇编语言中实现参数传递的方法主要有寄存器传递、堆栈传递和存储器传递3种。

（1）寄存器传递。

这种方式是在调用子程序之前把参数放到约定的寄存器中，由这些寄存器将参数带入子程序中，执行子程序后的结果也放到约定的寄存器中带回主程序。该方法适合传递参数较少的场合。

【例6.23】在内存中有一字单元ADR，存有16位BCD码（组合BCD码），要求编写程序完成将其转换成4个字节的非组合BCD码，放到以BUF为首单元的存储区中。

分析：根据题意，可将被分离的字数据放入AX中，用寄存器DI指向存放结果的首单元。实现BCD码的分离可以用截取低4位后右移4位的方法连续进行4次完成。子程序流程图如图6-14所示。

源程序设计如下：

```
DATA   SEGMENT
       ADR  DW  3425H
       BUF  DB  4 DUP(?)
DATA   ENDS
STA    SEGMENT  STACK
       TOP  DB  100 DUP(?)
STA    ENDS
CODE   SEGMENT
       ASSUME  CS:CODE,DS:DATA,SS:STA
START: MOV  AX,DATA
       MOV  DS,AX
       MOV  AX,ADR
       MOV  DI,OFFSET BUF+3
```

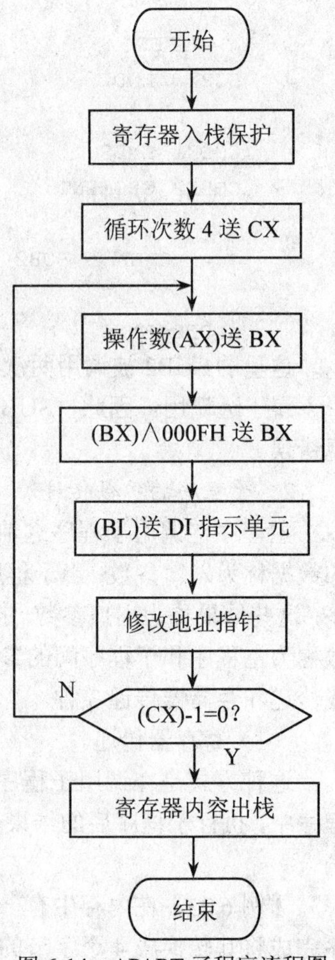

图 6-14 APART 子程序流程图

```
        CALL APART
        MOV  CX,4
        CALL DISP
        MOV  AH,4CH
        INT  21H
;子程序名：APART
;功能：将 16 位组合 BCD 码分离成非组合 BCD 码
;入口参数：AX 为被分离的字，DI 指向结果末单元
;出口参数：DI 指向存放结果首单元
;若(AX)=3425H，BUF 中依次存储 03H，04H，02H，05H
APART  PROC  NEAR
        PUSH BX
        PUSH CX
        PUSH DX
        MOV  CX,4
   STA:MOV  BX,AX
        AND  BX,000FH
        MOV  [DI],BL
        DEC  DI
        SHR  AX,1
        SHR  AX,1
        SHR  AX,1
        SHR  AX,1
        LOOP STA
        INC  DI
        POP  DX
        POP  CX
        POP  BX
        RET
APART   ENDP
;子程序名：DISP
;功能：显示连续 4 个字节的非组合 BCD 码
;入口参数：DI 指向被显示数据首单元
;出口参数：DI 指向被显示数据首单元
;所用寄存器：AH，CX，DL，DI
;示例：BUF 起依次存储 03H、04H、02H、05H，则显示 3425
DISP   PROC   NEAR
        PUSH DI
        PUSH AX
        PUSH CX
        PUSH DX
        MOV  CX,4
LP:     MOV  DL,[DI]
        ADD  DL,30H
        MOV  AH,02H
```

```
        INT  21H
        INC  DI
        LOOP LP
        POP  DX
        POP  CX
        POP  AX
        POP  DI
        RET
DISP    ENDP
CODE    ENDS
        END  START
```

（2）堆栈传递。

主程序与子程序传递参数时，可以把要传递的参数放在堆栈中，这些参数既可以是数据，也可以是地址。具体方法是在调用子程序前将参数送入堆栈，在子程序中通过出栈方式取得参数，执行完毕后再将结果依次压入堆栈。返回主程序后，通过出栈获得结果。由于堆栈具有后进先出的特性，所以在多重调用中各重参数的层次很分明。

堆栈的优点是适合多个参数的传递，但在应用过程中，存取参数时一定要清楚参数在堆栈中存放的具体位置。

【例 6.24】已知在内存中有两个字节数组，分别求两个数组的累加和并存入对应的存储空间，要求用子程序实现。

分析：完成求累加和的子程序可通过堆栈传递参数。将数组首地址和数组长度送入堆栈，然后调用子程序完成求和功能。

源程序设计如下：

```
DATA   SEGMENT
       ARRA  DB  13,24,45,36,34,90,87,6
       CNA   EQU $-ARRA
       SUMA  DW  ?
       ARRB  DB  1,23,4,56,65,67,78,81,65,0
       CNB   EQU $-ARRB
       SUMB  DW  ?
DATA   ENDS
STACK SEGMENT  STACK
       STA  DB  100 DUP(?)
STACK ENDS
CODE   SEGMENT
       ASSUME  DS:DATA,CS:CODE,SS: STACK
START:MOV  AX,DATA
       MOV  DS,AX                          ;初始化 DS
       MOV  SI,OFFSET ARRA
       PUSH SI                             ;数组 ARRA 首单元地址送入堆栈
       MOV  AX,CNA
       PUSH AX                             ;数组 ARRA 长度送入堆栈
       CALL SUM                            ;调用子程序
```

```
        MOV  SI,OFFSET ARRB
        PUSH  SI                              ;数组 ARRB 首单元地址送入堆栈
        MOV  AX,CNB
        PUSH AX                               ;数组 ARRB 长度送入堆栈
        CALL SUM                              ;调用子程序
        MOV  AH,4CH
        INT  21H                              ;返回 DOS
;子程序名：SUM
;子程序功能：完成一组数据累加和
;入口参数：数组首地址在堆栈中
;出口参数：求得的和保存在主程序所定义的数据存储单元中
SUM     PROC  NEAR
        PUSH  AX
        PUSH  BX
        PUSH  CX
        PUSH  BP
        PUSHF                                 ;保护现场
        MOV  BP,SP                            ;堆栈指针送 BP
        MOV  BX,[BP+14]                       ;取数组首地址
        MOV  CX,[BP+12]                       ;取数组长度
        MOV  AX,0                             ;累加器清 0
LP1:    ADD  AL,[BX]
        ADC  AH,0                             ;求累加和
        INC  BX                               ;调整指针
        LOOP LP1                              ;循环控制
        MOV  [BX],AX                          ;保存结果
        POPF
        POP  BP
        POP  CX
        POP  BX
        POP  AX                               ;恢复现场
        RET  4                                ;返回并清理参数
SUM     ENDP
CODE    ENDS
        END  START
```

本例只给出了无符号数据的累加过程，如果是带符号数据将如何处理？请读者思考。

本例中除了采用堆栈传递参数，实际上还采用了存储器传递参数，如存储结果（即出口参数）分别存入存储空间 SUMA 和 SUMB。

（3）存储器传递。

存储器传递是把入口参数或出口参数放在约定的内存单元中。主程序和子程序间可利用指定的存储区来交换信息。主程序在调用前将入口参数按约定的次序存入存储区中，子程序执行时按约定从存储区中取入口参数进行处理，所得结果也按约定好的次序存入指定存储区。

6.5.4 子程序设计举例

【例 6.25】设计一个程序，实现十进制数到十六进制数的转换功能。

分析：从键盘输入一个十进制数（范围为 0～65535），要求将它转换为十六进制数并在屏幕上显示出来。程序中可实现重复输入、重复显示，每个数据占一行，输入时以非数字键结束。

本题采用子程序结构，整个程序包括一个主程序和三个子程序。

这三个子程序分别是：

（1）KEYDTOB：将键盘输入的十进制数转换为二进制数。

入口参数：键盘输入一位十进制数放到 AL 中。

出口参数：二进制数在 BX 中。

（2）BTOHSCR：将二进制数转换为十六进制数并在屏幕上显示。

入口参数：BX 中的二进制数。

出口参数：十六进制数放在 DL 中并输出显示。

（3）CRLF：产生回车换行，无入口参数，也无出口参数。

本题的程序框图如图 6-15 所示。

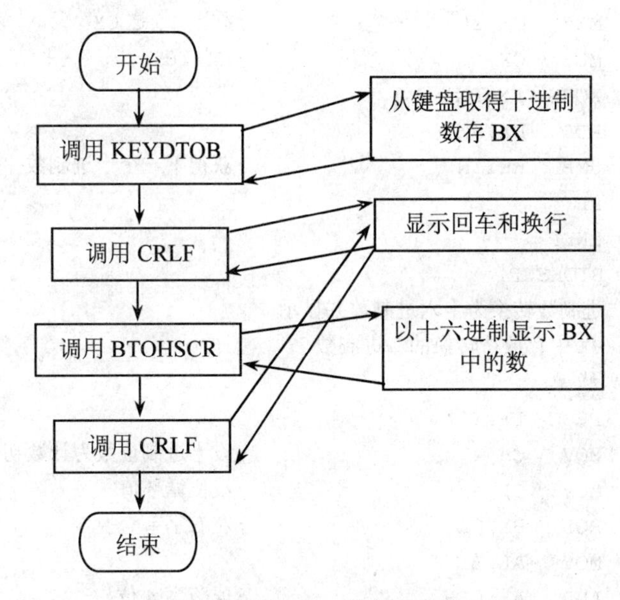

图 6-15　例 6.25 程序流程图

源程序设计如下：

```
STA      SEGMENT  STACK
         TOP  DB  100 DUP(?)
STA         ENDS
DECTOHEX  SEGMENT
            ASSUME  CS:DECTOHEX,SS:STA
REPEAT:     CALL  KEYDTOB                  ;调用“键盘输入二进制”
            CALL  CRLF                     ;调用“显示回车换行程序”
            CALL  BTOHSCR                  ;调用“二进制到十六进制，并显示”
            CALL  CRLF                     ;调用“显示回车换行程序”
            JMP   REPEAT
;子程序名：KEYDTOB
```

```
;功能：将输入的十进制数转换为二进制数
;入口参数：无
;出口参数：BX 中存放转换后的二进制数
KEYDTOB  PROC  NEAR
         MOV   BX,0                  ;BX 清零
KEYIN:   MOV   AH,01H                ;从键盘输入一位十进制数
         INT   21H
         SUB   AL,30H                ;ASCII 转换为二进制
         CMP   AL,0
         JB    EXIT                  ;<0，退出
         CMP   AL,9
         JA    EXIT                  ;>9，退出
         MOV   AH,0                  ;AL 中的字节数据转换为字数据
         XCHG  AX,BX
         MOV   CX,10                 ;乘数 10 送 CX
         MUL   CX                    ;AX*10
         XCHG  AX,BX
         ADD   BX,AX
         JMP   KEYIN                 ;获得下一个十进制数
EXIT:    RET
KEYDTOB  ENDP
;子程序名：BTOHSCR
;功能：将二进制数转换为十六进制数并显示
;入口参数：BX 中存放待转换的二进制数
;出口参数：无
BTOHSCR  PROC  NEAR
         MOV   CH,4                  ;设十进制位数为计数初值
ROTATE:  MOV   CL,4                  ;设位循环值
         ROL   BX,CL                 ;左右字节交换
         MOV   AL,BL
         AND   AL,0FH                ;屏蔽高 4 位
         ADD   AL,30H                ;转换为 ASCII 码
         CMP   AL,3AH
         JB    PRINT                 ;<9，转 PRINT
         ADD   AL,07H                ;否则加 7 调整
PRINT:   MOV   DL,AL
         MOV   AH,02H
         INT   21H
         DEC   CH                    ;计数器减 1
         JNZ   ROTATE                ;不为 0 转循环入口
         RET                         ;返回主程序
BTOHSCR  ENDP
CRLF     PROC  NEAR
         MOV   DL,0DH                ;显示回车符
         MOV   AH,02H
```

```
         INT   21H
         MOV   DL,0AH              ;显示换行符
         INT   21H
         RET                       ;返回主程序
CRLF     ENDP
DECTOHEX ENDS
         END
```

【例 6.26】从键盘输入一个十六进制数（范围为 0～ffffH，小写字母），要求将它转换为十进制数并在屏幕上显示出来，当输入 0～9、a～f 以外的字符时结束。

源程序设计如下：

```
STAC      SEGMENT  STACK
    STA  DB  100 DUP(?)
STAC        ENDS
HEXTODEC    SEGMENT
            ASSUME  CS:HEXTODEC,SS:STAC
START:      CALL  HEXTOBIN
            CALL  CRLF
            CALL  BINTODEC
            CALL  CRLF
            JMP   START
            MOV  AH,4CH
            INT  21H
HEXTOBIN    PROC  NEAR
            MOV   BX,0
NEWCHAR:    MOV   AH,01H
            INT   21H
            SUB   AL,30H
            JL    EXIT
            CMP   AL,10
            JL    ADD_TO
            SUB   AL,27H
            CMP   AL,0AH
            JL    EXIT
            CMP   AL,10H
            JGE   EXIT
ADD_TO:     MOV   CL,4
            SHL   BX,CL
            MOV   AH,0
            ADD   BX,AX
            JMP   NEWCHAR
EXIT:       RET
BINTODEC    PROC  NEAR
            MOV   CX,10000
            CALL  DEC_DIV
```

```
                MOV   CX,1000
                CALL  DEC_DIV
                MOV   CX,100
                CALL  DEC_DIV
                MOV   CX,10
                CALL  DEC_DIV
                MOV   CX,1
                CALL  DEC_DIV
                RET
BINTODEC        ENDP
;子程序名：DEC_DIV
;功能：除法运算
;入口参数：BX 中存放被除数，CX 中存放除数
;出口参数：BX 中存放余数
DEC_DIV         PROC  NEAR
                MOV   AX,BX
                MOV   DX,0
                DIV   CX
                MOV   BX,DX
                MOV   DL,AL
                ADD   DL,30H
                MOV   AH,02H
                INT   21H
                RET
DEC_DIV         ENDP
;子程序名：CRLF
;功能：显示回车换行
CRLF            PROC  NEAR
                MOV   DL,0AH
                MOV   AH,02H
                INT   21H
                MOV   DL,0DH
                INT   21H
                RET
CRLF            ENDP
HEXTODEC        ENDS
                END  START
```

本例中没有包含对 A～F 的十六进制数码的判断，留给读者思考。另外，本程序的执行需要按“CTRL+C”结束，读者也可以对其进行改善。

【例 6.27】已知附加段中有一个首地址为 ARR 的字符串，删除该字符串中与数据段中 KEYWORD 相同的元素。删除操作由子程序 DEL_UL 实现，将 KEYWORD 取入 AL 中、DI 指向数组的首地址作入口参数。

程序中要调用子程序，所以要定义堆栈段。程序流程图如图 6-16 所示。

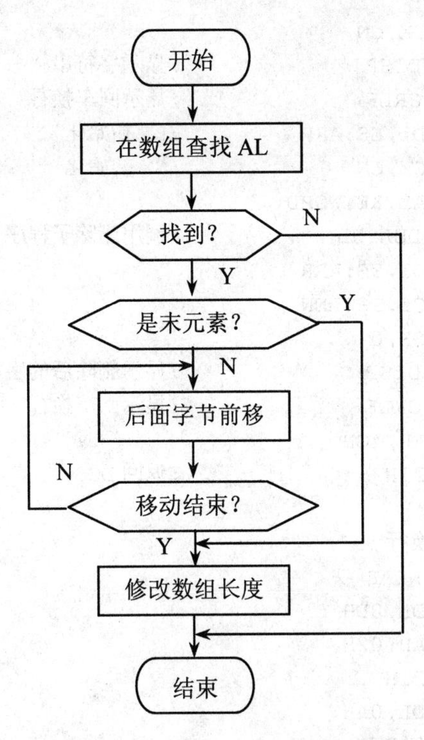

图 6-16　例 6.27 程序流程图

源程序设计如下：

```
DATA     SEGMENT
         KEYWORD  DB  'U'
DATA     ENDS
EDATA    SEGMENT
         ARR  DB 'WHAT IS YOUR NAME?'
         CN   EQU $-ARR
         LEN  DB CN
EDATA    ENDS
STAC     SEGMENT  STACK
    STA  DB  100 DUP(?)
STAC     ENDS
CODE     SEGMENT
         ASSUME  CS:CODE,DS:DATA,ES:EDATA,SS:STAC
START:   MOV  AX,DATA
         MOV  DS,AX
         MOV  AX,EDATA
         MOV  ES,AX
         MOV  AL,KEYWORD
         MOV  DL,AL
         MOV  AH,02H
         INT  21H                 ;显示待删除字符
         CALL CRLF                ;显示回车换行
         LEA  DI,ES:ARR
```

```
            MOV  CX,CN
            CALL DISP                     ;显示字符串
            CALL CRLF                     ;显示回车换行
            LEA  DI,ES:ARR                ;DI 初始化
            MOV  CX,CN                    ;CX 初始化
            MOV  AL,KEYWORD
            CALL DEL_UL                   ;调用删除子程序
            LEA  DI,ES:ARR
            MOV  CL,ES:LEN
            MOV  CH,0
            CALL DISP                     ;显示删除后的字符串
            CALL CRLF                     ;显示回车换行
            MOV  AH,4CH
            INT  21H                      ;返回 DOS
;子程序名：CRLF
;功能：显示回车换行
CRLF        PROC NEAR
            MOV  DL,0DH
            MOV  AH,02H
            INT  21H
            MOV  DL,0AH
            INT  21H
            RET
CRLF        ENDP
;子程序名：DEL_UL
;子程序功能：删除字符串中的指定字符
;入口参数：AL 中存放待删除字符；CX 中存放字符串长度；DI 中存放字符串首地址
;出口参数：LEN 存放处理后的字符串长度
DEL_UL      PROC  NEAR                    ;定义删除子程序
            CLD                           ;清除 DF
            PUSH  DI
            PUSH  CX                      ;保护现场
            REPNZ SCASB                   ;寻找 AL
            JZ    DELETE                  ;找到，转 DELETE
            JMP   EXIT                    ;否则转 EXIT
DELETE:     JCXZ  DEC_CNT                 ;是末尾元素转 DEC_CNT
NEXT:       MOV   BL,ES:[DI]
            MOV   ES:[DI-1],BL            ;否则字符后移
            INC   DI                      ;调整指针
            LOOP  NEXT                    ;(CX)先减 1，若(CX)不为 0 转 NEXT
DEC_CNT:    DEC   LEN                     ;修改字符串长度
EXIT:       POP   CX
            POP   DI                      ;恢复现场
            RET                           ;返回主程序
DEL_UL      ENDP
;子程序名：DISP
;功能：显示字符串
;入口参数：CX 中存放被显示字符个数，DI 中存放字符串首地址
```

```
DISP      PROC  NEAR
          PUSH  CX
          PUSH  DI
LP:       MOV   DL,ES:[DI]
          MOV   AH,02H
          INT   21H
          INC   DI
          LOOP  LP
          POP   DI
          POP   CX
          RET
DISP      ENDP
CODE      ENDS
          END   START
```

汇编语言源程序可以采用顺序结构、分支结构、循环结构、子程序等基本程序结构组合而成。

顺序结构是按照语句实现的先后次序执行一系列的操作，是最简单的一种结构，常用于比较简单、直观、按顺序操作的场合。

分支结构是程序设计中常用的结构之一，它有两分支和多分支两种形式。分支结构一般由条件转移指令构成的。编写分支程序可利用比较指令或其他影响状态标志的指令为转移指令提供测试条件，根据条件决定程序走向。对于完全分支结构，当分支汇合时，还需要使用无条件转移指令。

循环结构用来实现需要重复执行的操作。循环结构通常由初始化、循环处理、循环参数修改和循环控制 4 部分组成。循环控制方法主要有计数法、条件控制法和混合控制法。在实际应用中，循环结构可以简化程序的设计，提高程序的效率，故在大多数场合都会使用。

在程序设计过程中将重复使用的程序段定义成子程序，可以缩短程序的目标代码长度，进而节省存储空间。但使用子程序需要进行现场保护和恢复以及返回地址的保护和恢复，所以会有额外的时间开销。主程序和子程序之间需要传递参数，常用的参数传递方式有寄存器传递、堆栈传递和存储器传递，在子程序设计中要根据需要灵活运用。

以上 4 种程序设计的基本结构不仅可单独使用来解决一些简单的问题，还可将它们有机地结合起来解决一些复杂的实际问题，采用结构化程序清晰易读，也给修改和调试程序带来方便。

一、填空题

1．为减少书写代码的工作量可以将多次重复使用的程序段定义成__________或__________。

2．汇编语言的基本程序结构包括__________、__________、__________、__________。

3．循环结构程序的组成部分包括__________、__________、__________、__________。

4．子程序的参数传递方式主要包括__________、__________、__________。

5．给定以下程序段，在每条指令的右边写出指令的含义和操作功能，指出该程序段完成的功能及运行结果。

```
       MOV  AX,0          ;
       MOV  BX,1          ;
       MOV  CX,5          ;
   LP: ADD  AX,BX         ;
       ADD  BX,2          ;
       LOOP  LP           ;
```

（1）程序段完成的功能是____。

（2）程序运行后：(AX)=__________，(BX)=__________，(CX)=__________。

二、判断题

（　　）1．在编写程序过程中，流程图能够帮助理清思路。

（　　）2．顺序结构的程序更多的是作为其他结构程序的组成部分。

（　　）3．分支结构的程序不能实现循环。

（　　）4．LOOP 指令可以实现循环参数不固定的循环程序结构。

（　　）5．在循环程序中，循环体不可以为空。

（　　）6．子程序设计不能缩短程序的目标代码。

（　　）7．所谓参数传递就是指主程序将需要处理的数据传递给子程序。

（　　）8．现场保护和恢复只能在子程序内进行。

（　　）9．子程序的说明部分主要是为了增强可读性。

（　　）10．子程序调用语句和返回语句可以分别实现对返回地址的保护和恢复。

三、程序设计题

1．内存 BUF 单元中定义有 10 个字数据，找出其中的最大值和最小值，并将最大值和最小值存放到指定的存储单元 MAX 和 MIN 中，编程实现。

2．从键盘输入一系列字符，以回车符结束，编程统计其中非数字字符的个数。

3．编写程序计算下面函数的值。

$$s=\begin{cases}2x & (x<0)\\ 3x & (0\leqslant x\leqslant 10)\\ 4x & x>10\end{cases}$$

4．已知内存数据区 BLOCK 单元起存放有 20 个带符号字节数据，分别找出其中的正、负数放入指定单元保存，并统计正、负数的个数。

5．利用 DOS 系统功能调用从键盘输入一串字符，分别统计其中包括的字母、数字和其他字符的个数，并存入指定的内存单元中。

6．从键盘接收一个两位的十六进制数，将其转换为二进制数后在屏幕上输出结果，编程实现。

7．试定义一条宏指令，完成将一位十六进制数转换为 ASCII 码的操作，编程实现。

第 7 章　中断调用程序设计

本章介绍 DOS 系统功能调用及 BIOS 中断调用，讲解常用输入输出设备的中断调用程序的设计方法，通过具体实例说明中断调用程序的设计过程。

通过本章的学习，应重点理解和掌握以下内容：

- DOS 系统功能调用和 BIOS 中断调用的特点
- 键盘输入程序设计
- 显示器输出程序设计
- 输入输出应用程序设计

7.1　概述

7.1.1　DOS 系统功能调用和 BIOS 中断

磁盘操作系统 DOS（Disk Operating System）是 PC 机上最重要的操作系统，包括有近百个设备管理、内存管理、目录管理和文件管理程序，是一个功能齐全、使用方便的中断例行程序的集合。

在存储器系统中，内存高端 8K 的 ROM 中存放有基本输入输出系统（Basic Input/Output System，BIOS）例行程序。BIOS 给 PC 系列不同微处理器提供了兼容的系统加电自检、引导装入、主要 I/O 设备的处理程序以及接口控制等功能模块来处理所有的系统中断。

使用系统功能调用，给程序员编程带来了极大方便。程序员不必了解硬件的具体细节，可直接使用指令设置参数，并中断调用系统例行程序，所以利用系统功能调用编写的程序简洁，可读性好，而且易于移植。

DOS 模块和 ROM BIOS 的关系如图 7-1 所示。

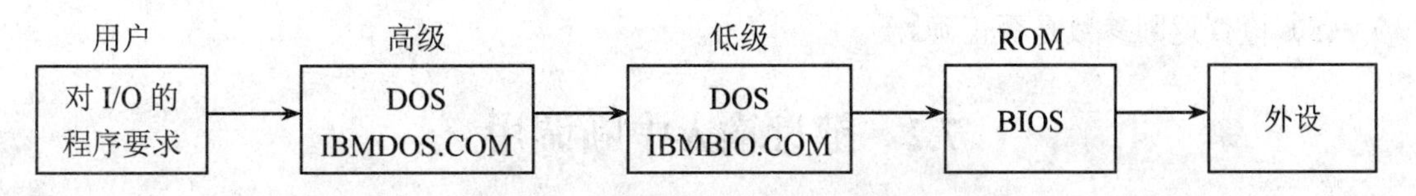

图 7-1　DOS 模块和 ROM BIOS 的关系

表 7.1 和表 7.2 列出了 IBM PC 系统的主要 DOS 中断类型和 BIOS 中断类型。

表 7.1　DOS 中断类型

功能调用号	功能说明	功能调用号	功能说明
20	程序终止	27	结束并驻留内存
21	功能调用	28	键盘忙循环
22	终止地址	29	快速写字符
23	Ctrl+C 中断向量	2A	网络接口
24	严重错误向量	2E	执行命令
25	绝对磁盘读	2F	多路转换接口
26	绝对磁盘写	30～3F	保留给 DOS

表 7.2　BIOS 中断类型

CPU 中断类型	8259 中断类型	BIOS 中断类型	用户应用程序和数据表指针
			用户应用程序
0　除法错	8　系统定时器（IRQ0）	10　显示器 I/O	1B　键盘终止地址（Ctrl+Break）
1　单步	9　键盘（IRQ1）	11　取设备信息	4A　报警（用户闹钟）
2　非屏蔽中断	A　彩色/图形接口（IRQ2）	12　取内存信息	1C　定时器
3　断点	B　COM2 控制器（IRQ3）	13　磁盘 I/O	
4　溢出	C　COM1 控制器（IRQ4）	14　RS-232 串口 I/O	
5　打印屏幕	D　LPT2 控制器（IRQ5）	15　磁带 I/O	数据表指针
6　保留	E　磁盘控制器（IRQ6）	16　键盘 I/O	1D　显示器参数表
7　保留	F　LPT1 控制器（IRQ7）	17　打印机 I/O	1E　软盘参数表
		18　ROM　BASIC	1F　图形字符扩展码
		19　引导装入程序	41　0#硬盘参数表
		1A　时钟	46　1#硬盘参数表
		40　软盘 BIOS	49　指向键盘增强服务变换表

7.1.2　DOS 和 BIOS 中断的使用方法

DOS 功能调用与 BIOS 功能都通过软件中断调用。在中断调用前需要把功能号装入 AH 寄存器，把子功能号装入 AL 寄存器，除此之外，还需要在 CPU 的寄存器中提供专门的调用参数。

一般来说，调用 DOS 或 BIOS 功能时，有以下几个步骤：

（1）将调用参数装入指定的寄存器。

（2）如需功能调用号，把它装入 AH。

（3）如需子功能调用号，把它装入 AL。

（4）按中断号调用 DOS 或 BIOS。

（5）检查返回参数是否正确。

7.2　键盘输入中断调用

7.2.1　ASCII 码与扫描码

键盘是计算机最基本的一种输入设备，用来输入信息，以达到人机对话的目的。

键盘主要由以下 3 种基本类型的按键组成：

（1）字符数字键：包括 26 个大写英文字母和 26 个小写英文字母、数字 0～9 以及%、$、#等常用字符。

（2）扩展功能键：如 Home、End、Backspace、Delete、Insert、PgUp、PgDown 以及功能键 F1～F10。

（3）和其他键组合使用的控制键：如 Alt、Ctrl、Shift 等。

字符数字键给计算机传送一个 ASCII 码字符，而扩展功能键产生一个动作，如按下 Home 键能把光标移到屏幕的左上角，End 键使光标移到屏幕上文本的末尾。

键盘可通过 5 芯电缆（电源线、地线、复位线、键盘数据线、键盘时钟线）或 USB 接口与计算机主机相连。

PC 机系列键盘触点电路按 16 行×8 列的矩阵来排列，用单片机 Intel 8048 来控制对键盘的扫描。

按键的识别采用行列扫描法，即根据对行线和列线的扫描结果来确定闭合键的位置，这个位置值称为按键的扫描码，通过数据线将 8 位扫描码送往主机。当在键盘上“按下”或“放开”一个键时，如果键盘中断是允许的（21H 端口的第一位等于 0），就会产生一个类型 9 的中断，并转入到 BIOS 的键盘中断处理程序。该处理程序从 8255A 可编程外围接口芯片的输入端口读取一个字节，这个字节的低 7 位是按键的扫描码。最高位为 0 或者为 1，分别表示键是“按下”状态还是“放开”状态。按下时，取得的字节称为通码，放开时取得的字节称为断码。如 ESC 键按下取得的通码为 01H（00000001B），放开 ESC 键时会产生一个断码 81H（10000001B）。

BIOS 键盘处理程序将取得的扫描码转换成相应的字符码，大部分的字符码是一个标准的 ASCII 码；没有相应 ASCII 码的键（如 Alt 和功能键 F1～F10）字符码为 0；还有一些非 ASCII 码键产生一个指定的操作。

我们可以采用 BIOS 中断也可以采用 DOS 中断进行键盘输入处理。

7.2.2 BIOS 键盘中断

在 BIOS 中断功能中，INT 16H 的类型中断提供了基本的键盘操作，其中断处理程序包括 3 个不同的功能，分别根据 AH 寄存器中的子功能号来确定。

1. 0 号功能

功能：从键盘读入一个字符。

入口参数：0 送 AH。

出口参数：AL 中的内容为字符码，AH 中的内容为扫描码。

2. 1 号功能

功能：读键盘缓冲区的字符

入口参数：1 送 AH

出口参数：如果 ZF=0，则 AL 中的内容为字符码，AH 中的内容为扫描码。

如果 ZF=1，则缓冲区为空。

3. 2 号功能

功能：读键盘状态字节。

入口参数：2 送 AH。

出口参数：AL 中的内容为键盘状态字节。

前面提到的 Shif、Ctrl、Alt、Num Lock、Scroll、Ins 和 Caps Lock 这些键不具有 ASCII 码，但按动了它们能改变其他键所产生的代码。BIOS 调用 INT 16H 中的 AH=02H 的功能，可以把表示这些键状态的字节——键盘状态字节（KB-FLAG）回送到 AL 寄存器中。

下图表示了各位的状态信息。其中高 4 位表示键盘方式（Ins、Caps Lock、Num Lock、Scroll）是 ON（1）还是 OFF（0）；低 4 位表示 Alt、Shift 和 Ctrl 键是否按动。这 8 个键有时又称为变换键。

KB-FLAG

D_7	D_6	D_5	D_4	D_3	D_2	D_1	D_0

D0=1，按下右 Shift 键　　D1=1，按下左 Shift 键

D2=1，按下控制键 Ctrl　　D3=1，按下 Alt 键

D4=1，Scroll Lock 键状态已改变　　D5=1，Num Lock 键状态已改变

D6=1，Caps Lock 键状态已改变　　D7=1，Insert 键状态已改变

【例 7.1】利用键盘 I/O 功能的程序实例。用 INT 16H（AH=0）调用实现键盘输入字符。

源程序设计如下：

```
DATA   SEGMENT
       BUFF    DB 100 DUP(?)
       MESS    DB 'NO CHARACTER!',0DH,0AH,'$'
DATA   ENDS
CODE   SEGMENT
       ASSUME CS:CODE,DS:DATA
START:MOV  AX,DATA
       MOV  DS,AX
       MOV  CX,100
       MOV  BX,OFFSET BUFF         ;设内存缓冲区首址
LOP1:  MOV  AH,1
       PUSH CX
       MOV  CX,0
       MOV  DX,0
       INT  1AH                    ;设置时间计数器值为 0
LOP2:  MOV  AH,0
       INT  1AH                    ;读时间计数值
       CMP  DL,100
       JNZ  LOP2                   ;定时时间未到，等待
       MOV  AH,1
       INT  16H                    ;判有无键入字符
       JZ   DONE                   ;无键输入，则结束
       MOV  AH,0
       INT  16H                    ;有键输入，则读出键的 ASCII 码
       MOV  [BX],AL                ;存入内存缓冲区
       INC  BX
```

```
        POP  CX
        LOOP LOP1                    ;100个未输完，转LOP1
        JMP  EN
  DONE: MOV  DX,OFFSET MESS
        MOV  AH, 09H
        INT  21H                     ;显示提示信息
  EN:   MOV  AH,4CH
        INT  21H
        CODE ENDS
        END  START
```

7.2.3 DOS 键盘中断

利用 DOS 系统功能调用实现键盘输入在第 4 章中已经作了讲解，在这里仅对 DOS 功能调用的键盘操作归纳总结如表 7.3 所示。

表 7.3　DOS 键盘操作（INT 21H）

AH	功能	调用参数	返回参数
1	从键盘输入一个字符并显示在屏幕上	无	(AL)=字符码
6	读键盘字符	(DL)=0FFH	若有字符可取，(AL)=字符码 ZF=0 若有字符可取，(AL)=0 ZF=1
7	从键盘输入一个字符不显示	无	(AL)=字符码
8	从键盘输入一个字符不显示 检测 Ctrl+Break	无	(AL)=字符码
A	输入字符到缓冲区	DS:BX=缓冲区首址	
B	读键盘状态	无	(AL)=0FFH，有键入 (AL)=00H，无键入
C	清除键盘缓冲区， 并调入一种键盘功能	(AL)=键盘功能号 （1、6、7、8 或 A）	

7.3　显示器输出中断调用

7.3.1 显示器基本概念

显示器通过显示适配器与 PC 机相连。显示器可简单地分为单色显示器和彩色显示器。随着显示技术的发展，显示器的种类也更加丰富，常见的显示器有阴极射线管（CRT）、存储管式显示器、光栅扫描显示器、液晶显示器、等离子显示器、场效发光显示器等。

目前广泛使用的是光栅扫描显示器，它的显示原理与电视机相似，是以光栅扫描的方式控制像素点阵的亮度来显示字符和图形的，它也分为单色显示器和彩色显示器。

本节只介绍与字符显示相关的 BIOS 和 DOS 功能调用。

7.3.2 BIOS 显示中断

INT 10H 中断调用为显示器中断，共有 17 种功能。下面列出几种主要功能的使用情况。

1. 设置显示方式（0 号功能）

功能：设置显示器的显示方式。

入口参数：(AH)=0，AL=设置方式（0～7）。

出口参数：无。

部分显示方式及对应的方式编号如表 7.4 所示。

表 7.4 部分显示方式

AL	显示方式
00	40×25 黑白文本方式
01	40×25 彩色文本方式
02	80×25 黑白文本方式
03	80×25 彩色文本方式
04	320×200 4 色图形方式
05	320×200 黑白图形方式
06	640×200 黑白图形方式
07	80×25 黑白文本方式（单色显示器）

【例 7.2】下面 3 条指令将显示器设置成 80×25 彩色文本方式。

```
MOV    AH,00H
MOV    AL,03H
INT    10H
```

2. 设置光标类型（1 号功能）

功能：根据 CX 给出光标的大小。

入口参数：(AH)=1，CH=光标开始行，CL=光标结束行。

出口参数：无。

3. 设置光标位置（2 号功能）

功能：根据 DX 设定光标位置。

入口参数：(AH)=2，(BH)=页号，(DH)=行号，(DL)=列号。

出口参数：无。

4. 读当前光标位置（3 号功能）

功能：读光标位置。

入口参数：(AH)=3，BH=页号。

出口参数：(DH)=行号，(DL)=列号，(CX)=光标大小。

5. 初始窗口或向上滚动（6 号功能）

功能：屏幕或窗口向上滚动若干行。

入口参数：(AH)=6，AL=上滚行数，(CX)=上滚窗口左上角的行列号，(DX)=上滚窗口右下角的行列号，(BH)=空白行的属性。

出口参数：无。

6. 初始窗口或向下滚动（7 号功能）

功能：屏幕或窗口向下滚动若干行。

入口参数：(AH)=7，(AL)=下滚行数，(CX)=下滚窗口左上角的行列号，(DX)=下滚窗口右下角的行列号，(BH)=空白行的属性。

出口参数：无。

7. 读当前光标位置的字符与属性（8 号功能）

功能：读取当前光标位置的字符值与属性。

入口参数：AH=08H，BH=页号。

出口参数：AL 为读出的字符，AH 为字符属性。

8. 在当前光标位置写字符和属性（9 号功能）

功能：在当前光标位置显示指定属性的字符。

入口参数：(AH)=9，(BH)=页号，(AL)=字符的 ASCII 码，(BL)=字符属性，(CX)=写入字符数。

出口参数：无。

属性字节具体描述如下：

D_7	D_6	D_5	D_4	D_3	D_2	D_1	D_0

D_7：表示显示闪烁　　　　D_3：表示辉度

D_6、D_5、D_4：表示背景颜色　　　　D_2、D_1、D_0：表示前景颜色

颜色值描述为：

数值	颜色	数值	颜色
000	黑	001	蓝
010	绿	011	青
100	红	101	绛
110	褐	111	浅灰

前景色与背景色可使用相同的颜色。对于单色显示器，3 位全为“0”时为黑色，3 位全为“1”时为白色。

9. 在当前光标位置写字符（10 号功能）

功能：在当前光标位置显示字符。

入口参数：(AH)=0AH，(BH)=页号，(AL)=字符的 ASCII 码，(CX)=写入字符数。

出口参数：无。

功能同 09 号，只是不设置属性。

10. 设置彩色组或背景颜色（11 号功能）

功能：设置背景颜色。

入口参数：(AH)=0BH，(BH)=0 或 1，BH 为 0 时，设置背景颜色。当 BH 为 1 时，可设置彩色组，即为显示的像素点确定颜色组。(BL)=背景颜色（0～15）或彩色组（0～1）。

色彩代码选择如下：

00H 为黑色	04H 为红色	08H 为灰色	0CH 为浅青色
01H 为蓝色	05H 为绛色	09H 为浅蓝色	0DH 为浅绛色
02H 为绿色	06H 为褐色	0AH 为浅绿色	0EH 为黄色
03H 为青色	07H 为浅灰	0BH 为浅青色	0FH 为白色

出口参数：无。

【例 7.3】设置彩色图形方式，在屏幕中央显示一个带条纹的矩形。背景颜色设置为黄色，矩形边框设置为红色，横条颜色为绿色。

源程序设计如下：

```
CODE   SEGMENT
       ASSUME  CS:CODE
START: MOV  AH,0
       MOV  AL,4                         ;设置 320×200 彩色图形方式
       INT  10H
       MOV  AH,0BH
       MOV  BH,0                         ;设置背景颜色为黄色
       MOV  BL,0EH
       INT  10H
       MOV  DX,50
       MOV  CX,80                        ;行号送 DX，列号送 CX
       CALL LINE1                        ;调 LINE1，显示矩形左边框
       MOV  DX,50
       MOV  CX,240                       ;修改行号，列号
       CALL LINE1                        ;调 LINE1，显示矩形右边框
       MOV  DX,50
       MOV  CX,81                        ;置行号、列号
       MOV  AL,2                         ;选择颜色为红色
       CALL LINE2                        ;调 LINE2，显示矩形上边框
       MOV  DX,150
       MOV  CX,81
       CALL LINE2                        ;调 LINE2，显示矩形下边框
       MOV  DX,60
LP3:   MOV  CX,81                        ;置矩形内横线初始位置
       MOV  AL,1                         ;选择横条颜色为绿色
       CALL LINE2                        ;调 LINE2，显示绿色横线
       ADD  DX,10
       CMP  DX,150
       JB   LP3                          ;若行号小于 150，转 LP3 继续显示横线
       MOV  AH,4CH
       INT  21H                          ;否则返回 DOS
LINE1  PROC NEAR                         ;画竖线子程序
LP1:   MOV  AH,0CH                       ;写点功能
       MOV  AL,2                         ;选择颜色为红色
```

```
        INT  10H
        INC  DX                    ;下一点行号增 1
        CMP  DX,150
        JBE  LP1                   ;若行号小于等于 150，则转 LP1 继续显示
        RET
LINE1   ENDP
LINE2   PROC NEAR                  ;画横线子程序
        MOV  AH,0CH
LP2:    INT  10H
        INC  CX                    ;下一点列号增 1
        CMP  CX,240
        JB   LP2                   ;若列号小于等于 240，则转 LP2 继续显示
        RET
LINE2   ENDP
CODE    ENDS
        END  START
```

11. 写像素（12 号功能）

功能：指定位置写像素值。

入口参数：(AH)=0CH，(DX)=行数，(CX)=列数，(AL)=彩色值（AL 的 D_7 为 1，则彩色值与当前点内容作“异或”运算）。

出口参数：无。

12. 读像素（13 号功能）

功能：读指定位置的色彩值。

入口参数：(AH)=0DH，(DX)=行数，(CX)=列数。

出口参数：AL=彩色值。

13. 写字符并移光标位置（14 号功能）

功能：在指定位置写字符并将光标后移。

入口参数：(AH)=0EH，(AL)=写入字符，(BH)=页号，(BL)=前景颜色（图形方式）。

出口参数：无。

14. 读当前显示状态（15 号功能）

功能：读显示的显示状态。

入口参数：(AH)=0FH。

出口参数：(AL)=当前显示方式，(BH)=页号，(AL)=屏幕上字符列数。

15. 显示字符串（19 号功能）

功能：在指定位置显示字符串。

入口参数：(AH)=13H，ES：BP=串地址，(CX)=串长度，(DX)=字符串起始位置（DH：行号，DL：列号）。

出口参数：无。

这个功能又分成 4 种（0、1、2、3）显示方式，方式号放入 AL 中。

若(AL)=0，则(BL)=字符串显示属性，串结构为：Char，char，…，char，光标返回起始位置。

若(AL)=1，则(BL)=字符串显示属性，串结构为：Char，char，…，char，光标跟随串移动。

若(AL)=2，串结构为：Char，attr，char，attr…，char，attr 光标返回起始位置。

若(AL)=3，串结构为：Char，attr，char，attr…，char，attr 光标跟随串移动。

即在 2、3 方式下在每个字符的后面必须定义字符的显示属性。

【例 7.4】在屏幕上以红底蓝字显示“WORLD”，然后分别以红底绿字和红底蓝字相间地显示“SCENERY”。

源程序设计如下：

```
DATA   SEGMENT
       STR1   DB  'WORLD'
       STR2   DB  'S',42H,'C',41H,'E',42H,'N',41H
              DB  'E',42H,'R',41H,'Y',42H
       LEN    EQU $-STR2
DATA   ENDS
CODE   SEGMENT
       ASSUME   CS:CODE,DS:DATA,ES:DATA
START: MOV  AX,DATA
       MOV  DS,AX
       MOV  ES,AX                        ;初始化
       MOV  AL,3
       MOV  AH,0                         ;设置 80×25 彩色文本方式
       INT  10H
       MOV  BP,SEG STR1
       MOV  ES,BP
       MOV  BP,OFFSET STR1               ;ES：BP 指向字符串首地址
       MOV  CX,STR2-STR1                 ;串长度送 CX
       MOV  DX,0                         ;设置显示的起始位置
       MOV  BL,41H                       ;设置显示属性
       MOV  AL,1                         ;设置显示方式
       MOV  AH,13H                       ;显示字符串
       INT  10H
       MOV  AH,3                         ;读当前光标位置
       INT  10H
       MOV  BP,OFFSET STR2               ;ES：BP 指向下一个串首地址
       MOV  CX,LEN                       ;长度送 CX
       MOV  AL,3                         ;设置显示方式
       MOV  AH,13H                       ;显示字符串
       INT  10H
       MOV  AH,4CH
       INT  21H                          ;返回 DOS
CODE   ENDS
       END  START                        ;汇编结束
```

【例 7.5】编写一程序，让字符“梅花”（ASCII 码为 06H）在屏幕的左上角至右下角之间划一条斜线。

该程序是单个字符显示程序，选择 80×25 黑白文本方式，在程序中用到了 INT 10H 的 4 种功能：AH=0，选择 80×25 黑白文本方式；AH=2，设置光标位置；AH=0AH，显示 1 个字符；AH=0FH，读显示页号。

源程序设计如下：

```
CODE   SEGMENT
       ASSUME   CS:CODE
START: MOV  AH, 0FH                   ;读当前显示状态页号送 BH
      INT  10H
       MOV  AH,0                      ;设置 80×25 黑白文本方式
       MOV  AL, 2
       INT  10H
       MOV  CX,1                      ;要写的字符个数送 CX
       MOV  DX,0                      ;光标初始位置（0，0）
REPT1: MOV  AH, 2
       INT  10H
       MOV  AL,06H                    ;梅花字符 ASCII 码送 AL
       MOV  AH,0AH                    ;写字符
       INT  10H
       INC  DH                        ;光标行号加 1
       ADD  DL, 3                     ;光标列号加 1
       CMP  DH, 25                    ;若行号不等于 25，则转到 REPT1
       JNZ  REPT1
       MOV  AH,4CH
       INT  21H                       ;返回 DOS
CODE   ENDS
       END  START                     ;汇编结束
```

7.3.3 DOS 显示中断

INT 21H 的显示操作共有 3 个，子功能号分别为 02H、06H 和 09H，在中断指令中已作过介绍。读者在使用过程中可参考相关资料。

7.4 输入输出应用程序设计

下面通过几个应用实例来分析有关数据输入和输出的程序设计。

【例 7.6】编程实现将键盘输入的小写字母转换为大写字母并在屏幕上显示出来。要求连续转换及输出，小写字母与大写字母大之间用“－”号间隔，每输出一行要换行到下一行再次输出。

分析：本例要求直接从键盘输入数据，经转换处理后在屏幕上显示出来。程序内要判断接收的是否是小写字母，即需要判断所输入字符是否在‘a’和‘z’的范围内，是则进行转换，否则不予转换，转换后将要显示字符的 ASCII 码放在 DL 中，通过 DOS 功能调用的 02H 子功能输出。为保证输出格式，每行显示完毕后加入回车换行功能，利用 DOS 功能调用实现。由于本例没有使用内存数据区，故在程序中直接设计代码段指令。

源程序设计如下：

```
CODE   SEGMENT
       ASSUME CS:CODE
 START:MOV  AH,01H                        ;采用 DOS 调用 01H 功能，从键盘输入字符
       INT  21H
       MOV  BL,AL                         ;保存在 BL 中
       MOV  DL,'-'                        ;送‘-’号到 DL
       MOV  AH,02H                        ;显示字符‘-’
       INT  21H
       MOV  AL,BL                         ;取回键盘输入字符
       CMP  AL,'a'                        ;AL 与字符‘a’比较
       JB  EXIT                           ;小于‘a’转 NEXT
       CMP AL,'z'                         ;AL 与字符‘z’比较
       JA EXIT                            ;大于‘z’转 NEXT
       SUB AL,20H                         ;减法处理，大小写字母 ASCII 码间相差 20H
       MOV DL,AL                          ;转换后字符的 ASCII 码送 DL
       MOV AH,02H                         ;DOS 调用 02H 功能，显示结果
       INT 21H
       MOV DL,0AH                         ;调换行 ASCII 码 0AH
       MOV AH,02H                         ;输出换行
       INT 21H
       MOV DL,0DH                         ;调回车的 ASCII 码 0DH
       MOV AH,02H                         ;输出回车
       INT 21H
       JMP START                          ;无条件转 START
 EXIT:MOV AH,4CH                          ;返回 DOS
       INT 21H
CODE  ENDS
       END  START
```

注意：AL 中存放输入字符的 ASCII 码，比较的时候也要用 ASCII 码，即用“a”或 61H、“z”或 7AH 来比较，而且是作为无符号数进行比较的。

本程序的运行结果如图 7-2 所示。

图 7-2　例 7.6 程序运行结果

【例 7.7】从键盘输入 10 个字符，然后以与键入相反的顺序将这 10 个字符输出到屏幕上，设计该程序。

分析：本题可采用堆栈处理，利用 INT 21H 的 01H 功能，从键盘输入 10 个字符依次压入堆栈，再用 02H 号功能从屏幕输出，将 10 个数据按照“后进先出”的规则从堆栈区域依次输出到屏幕上。

源程序设计如下：

```
STACK SEGMENT PARA STACK 'STACK'          ;定义堆栈区
      DW 10 DUP(?)
STACK ENDS
CODE SEGMENT
      ASSUME CS:CODE,SS:STACK
START:MOV CX,10                           ;设定计数器初值，10 个字符
      MOV SP,20                           ;设置堆栈指针，在堆栈区域占 20 个单元
LP1:MOV AH,01H                            ;从键盘输入单个字符
      INT 21H
      MOV AH,0                            ;清 AH
      PUSH AX                             ;保护现场(AL)
      LOOP LP1                            ;(CX)-1 不为 0 转 LP1
      MOV CX,10                           ;重新设定初始值
LP2:POP DX                                ;恢复现场(DL)
      MOV AH,02H                          ;输出单个字符
      INT 21H
      LOOP LP2                            ;(CX)-1 不为 0 转 LP2
      MOV AH,4CH
      INT 21H
CODE ENDS
      END START
```

本程序的运行结果如图 7-3 所示。

图 7-3　例 7.7 程序运行结果

【例 7.8】在屏幕上给出“输入一个字符串”的提示信息，要求从键盘输入相应字符串，并在屏幕上显示输出。

源程序设计如下：

```
DATA  SEGMENT
   STR  DB  'please input a string :$'        ;定义字符串
```

```
    BUF  DB  20
      DB  ?
      DB  20 DUP(?)
    CRLF DB  0AH,0DH,'$'                      ;回车及换行的ASCII码
  DATA  ENDS
  STACK  SEGMENT STACK                        ;定义堆栈区
      DB 20  DUP(?)
  STACK  ENDS
  CODE   SEGMENT
         ASSUME  DS:DATA,SS:STACK,CS:CODE
  START:MOV AX,DATA
        MOV DS,AX
        LEA DX,STR                            ;取字符串首地址
        MOV AH,09H                            ;DOS 调用显示字符串
        INT   21H
        MOV   AH,0AH                          ;DOS 调用输入字符串
        LEA   DX,BUF                          ;取内存预留字符串首地址
        INT   21H
        LEA   DX,CRLF                         ;调回车及换行
        MOV   AH,09H
        INT   21H
        MOV   CL,BUF+1                        ;取初始数据
        LEA   SI,BUF+2                        ;取地址
  NEXT:MOV  DL,[SI]                           ;取单个字符到 DL
        MOV  AH,02H                           ;输出单个字符
        INT  21H
        INC  SI                               ;地址加 1
        DEC  CL                               ;数据个数减 1
        JNZ  NEXT                             ;非 0 转 NEXT
        MOV  AH,4CH
        INT  21H
  CODE  ENDS
  END    START
```

本程序的运行结果如图 7-4 所示。

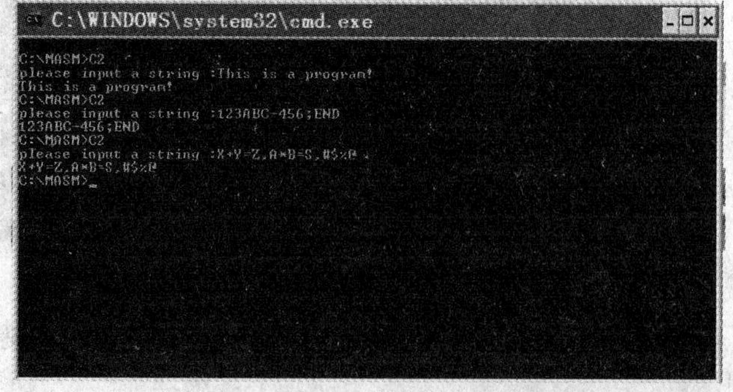

图 7-4　例 7.8 程序运行结果

【例 7.9】要求从键盘输入 3～9 之间的任意一个数字，用“*”号组成一个三角形的图案并在屏幕上输出。

分析：本题采用双重循环进行设计，外循环控制行数，内循环控制列数。程序中用到DOS功能调用指令INT 21H，其中01H实现从键盘输入一个字符并回显，02H实现在屏幕上显示一个字符。由于采用输入输出操作，对内存没有要求，故程序中直接设计代码段。

源程序设计如下：

```
CODE SEGMENT                          ;定义代码段
     ASSUME CS:CODE
START:MOV AH,01H                      ;DOS 功能调用，键盘输入 1 个数字至 AL
    INT 21H
    CMP  AL,33H                       ;与数字 3 的 ASCII 码比较
    JB  START                         ;低于转 START
    CMP  AL,39H                       ;与数字 9 的 ASCII 码比较
    JA   START                        ;高于转 START
    SUB  AL,30H                       ;将 ASCII 码转换为数字
    MOV  CL,AL                        ;数字保存至 AL 中
    MOV  CH,0                         ;CH 清零
    MOV  DL,0DH                       ;输出回车，CR 的 ASCII 码是 0DH
    MOV  AH,02H
    INT  21H
    MOV  DL,0AH                       ;输出换行，LF 的 ASCII 码是 0AH
    INT  21H
AA:PUSH CX                            ;压栈操作，保存循环次数
BB:MOV DL,'*'                         ;输出字符“*”
    MOV AH,02H
    INT 21H
    LOOP BB                           ;内循环跳转
    MOV DL,0DH                        ;输出回车
    INT 21H
    MOV DL,0AH                        ;输出换行
    INT 21H
    POP CX                            ;弹出堆栈，恢复现场
    LOOP AA                           ;外循环跳转
EXIT:MOV AH,4CH                       ;返回 DOS
     INT 21H
CODE ENDS
     END START                        ;汇编结束
```

本程序的运行结果如图7-5所示。

图7-5　例7.9程序运行结果

【例 7.10】实现一位数乘法程序设计。要求从键盘上输入两个一位的十进制数 X、Y，在程序中完成 X*Y=Z 的计算并显示输出结果。

分析：本题采用 X*Y=Z 的形式，从键盘分别输入两个一位的十进制数，由计算机完成数的乘积运算。由于乘积的结果会产生两位数，故在程序中要对乘积的个位数和十位数分别进行处理并显示输出。本例由于直接从键盘送数，不需要开辟内存空间，故在程序中只设代码段。

源程序设计如下：

```
CODE SEGMENT
    ASSUME CS:CODE
START:MOV AX,0                    ;将 AX 寄存器清 0
     MOV BX,0                     ;将 BX 寄存器清 0
     MOV AH,01H                   ;从键盘送第一个数，AL 保存 ASCII 码
     INT 21H
     MOV BL,AL                    ;暂存第一个数
     MOV DL,"*"                   ;输出*号
     MOV AH,02H
     INT 21H
     MOV AH,01H                   ;从键盘送第二个数，AL 保存 ASCII 码
     INT 21H
     MOV BH,AL                    ;暂存第二个数
     MOV DL,"="                   ;输出=号
     MOV AH,02H
     INT 21H
     SUB BL,30H                   ;将 ASCII 码还原为数值
     SUB BH,30H
     MOV AL,BH                    ;转存
     MUL BL                       ;进行乘法运算处理
     MOV BH,10                    ;将乘法的结果除以 10
     DIV BH
     ADD AX,3030H                 ;转为 ASCII 码
     MOV BX,AX
     MOV DL,BL                    ;输出乘积的十位数
     MOV AH,02H
     INT 21H
     MOV DL,BH                    ;输出乘积的个位数
     INT 21H
     MOV DL,0AH                   ;输出回车换行
     MOV AH,02H
     INT 21H
     MOV DL,0DH
     INT 21H
     JMP START
  CODE ENDS
     END START
```

本程序的运行结果如图 7-6 所示。

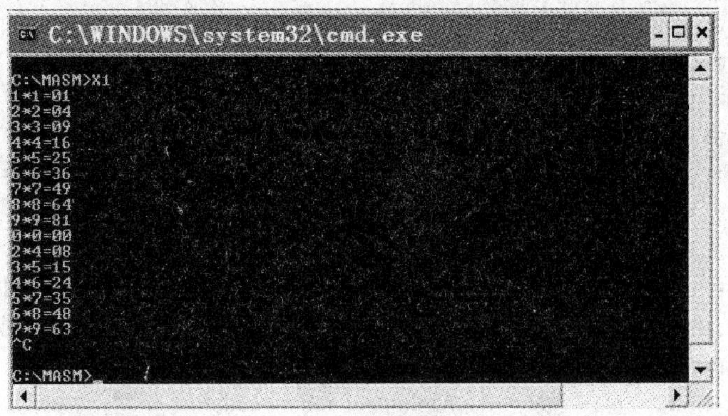

图 7-6　例 7.10 程序运行结果

【例 7.11】从键盘输入任意两个两位的十进制数，由计算机完成两位数的求和运算，系统在执行时给出提示，可输出三位数的求和结果。

分析：本题采用 X+Y=Z 的形式，按照表达式的提示分别输入两组两位的十进制数，让机器内部完成求和计算，然后输出和数，在屏幕上有运行时的相应提示。当输入错误时，系统给出提示，要求重新输入正确的数据。

源程序设计如下：

```
DATA  SEGMENT
   A11 DB 3                                    ;开辟相应数据存储区
   B11 DB ?
   X   DB 3 DUP(?)
   A22 DB 3
   B22 DB ?
   Y   DB 3 DUP(?)
   M1 DB 0DH,0AH,'please input value of x: $'       ;运行信息提示
   M2 DB 0DH,0AH,'please input value of Y: $'
   M3 DB 0DH,0AH,'x+y= $'
   M4 DB 0DH,0AH,'invalid input,try again. $'
DATA ENDS
CODE SEGMENT
        ASSUME CS: CODE,DS: DATA
START:MOV AX, DATA
       MOV DS,AX
       JMP NEXT1
NEXT:LEA DX,M4
       MOV AH,09H
       INT 21H
NEXT1:LEA DX,M1                                 ;输出字符串提示输入 X
        MOV AH,09H
        INT 21H
        LEA DX, A11                             ;输入第一个数 X
        MOV AH,0AH
        INT 21H
        LEA DX,M2                               ;输出字符串提示输入 Y
```

```
        MOV AH,09H
        INT 21h
        LEA DX, A22                 ;输入第二个数Y
        MOV AH,0AH
        INT 21H
        MOV AX,WORD PTR X           ;从内存中取出字数据
        MOV BX,WORD PTR Y
        CMP AH,30H                  ;判断X值是否在0～9之间
        JB NEXT
        CMP AH,39H
        JA NEXT
        CMP AL,30H
        JB NEXT
        CMP AL,39H
        JA NEXT
        CMP BH,30H                  ;判断Y值是否在0～9之间
        JB NEXT
        CMP BH,39H
        JA NEXT
        CMP BL,30H
        JB NEXT
        CMP BL,39H
        JA NEXT
        LEA DX,M3                   ;显示字符串"X+Y="
        MOV AH,09H
        INT 21H
        MOV AX,WORD PTR X           ;从内存中取出字数据
        MOV BX,WORD PTR Y
        XCHG AH,AL                  ;交换数据位置
        XCHG BH,BL
        SUB AX,3030H                ;将ASCII值还原为数据
        SUB BX,3030H
        ADD AX,BX                   ;两数求和运算
        AAA                         ;非组合BCD码加法调整
        MOV BX,AX                   ;结果转BX中保护
        MOV DL,0                    ;计算的结果无十位数时，其值为0
        CMP BH,9
        JBE NEXT2
        SUB BH,0AH
        MOV DL,31H                  ;计算结果有百位数时，其值为1
NEXT2:CMP DL,0
        JE NEXT3
        MOV AH,02H
        INT 21H
NEXT3:ADD BX,3030H                  ;将和值转为ASCII码
        MOV DL,BH                   ;输出结果的十位数
```

```
        MOV AH,02H
        INT 21H
        MOV DL,BL                           ;输出结果的个位数
        MOV AH,02H
        INT 21H
        JMP  NEXT1                          ;返回系统提示，继续运行
        MOV AH,4CH
        INT 21H
CODE ENDS
        END START
```

本程序的运行结果如图 7-7 所示。

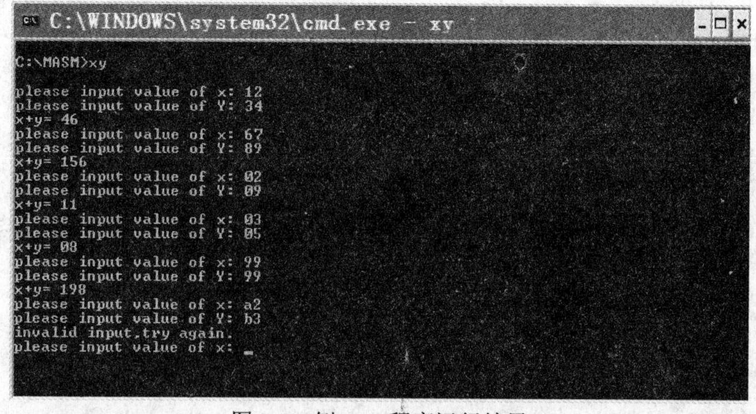

图 7-7　例 7.11 程序运行结果

在微型计算机系统中，外设是实现人机交互的硬件设备。计算机系统通过硬件接口以及 I/O 控制程序对外设进行控制，使用其完成输入/输出工作。汇编语言能直接控制硬件工作，因此成为编写高性能输入/输出程序最有效的程序设计语言。

本章在中断调用指令的基础上详细讲解了 BIOS 中断调用和 DOS 系统功能调用的使用方法，分别介绍了键盘、显示器的输入/输出方法，以及两种调用的区别，举例说明了常见的输入/输出程序编写方法。

系统功能调用是 DOS 为用户提供的常用子程序，可在汇编语言程序中直接调用。这些子程序的主要功能包括设备管理（如键盘、显示器、打印机、磁盘等的管理）、文件管理和目录操作、其他管理（如内存、时间、日期）等。这些子程序给用户编程带来很大方便，用户不必了解有关的设备、电路、接口等方面的问题，只需直接调用即可。

BIOS 是一组固化到微机主板上一个 ROM 芯片上的子程序，主要功能包括：驱动系统中所配置的常用外设（即驱动程序），如显示器、键盘、打印机、磁盘驱动器、通信接口等，开机自检，引导装入，提供时间、内存容量及设备配置情况等参数。使用 BIOS 中断调用与 DOS 系统功能调用类似，用户也无须了解相关设备的结构与组成细节，直接调用即可。

今后如果用到中断调用的其他功能可查看相关资料。

一、填空题

1．DOS 功能调用与 BIOS 中断调用都通过__________实现。在中断调用前需要把__________装入 AH 寄存器。

2. 键盘是计算机最基本的__________，用来__________。键盘主要由__________3 种基本类型按键组成。

3．显示器通过__________与 PC 机相连。常见的显示器有__________。目前广泛使用的是__________。

4. 在文本方式下，产生白底黑字字符的属性值是__________，产生蓝底红字字符的属性值是__________。

二、程序设计题

1．编写程序，设置显示方式为图形方式并选择背景为蓝色。

2．编写程序，以文本方式在屏幕中央显示 5 个红底绿字的笑脸符（ASCII 码值为 2）。

3．编写程序，使一个字符沿斜线移动。

4．编写程序，在彩色图形方式下在屏幕上显示一条红色斜线，斜线的起点为(50,50)，终点为(150,150)。

第 8 章　高级汇编技术

在 MASM 宏汇编软件平台上，可以进行更高一层的程序设计，使程序的功能更强，技巧更灵活，为解决复杂问题及程序设计提供了强大的支撑。本章主要讲解宏汇编、重复汇编、条件汇编等高级汇编技术。

通过本章的学习，应该重点理解和掌握以下内容：

- 宏汇编的基本概念
- 宏定义、宏调用、宏展开的特点和使用过程
- 重复汇编的基本概念和使用
- 条件汇编的特点和应用

8.1　宏汇编

汇编语言程序设计过程中，有些程序段需要多次重复使用，不同的只是参与操作的对象有变化。为减少编程工作量，通常采用子程序和宏指令两种方法来解决。

如前所述，子程序是将多次使用的程序段独立编写，使用时，用 CALL 语句对子程序进行调用。子程序执行完后，通过 RET 指令返回到主调用程序。使用子程序结构可以节省存储空间及程序设计所花费的时间、提供模块化程序设计的条件、便于程序的调试与修改等。但这种方法需要付出额外的开销，如转子及返回、保存与恢复寄存器内容、传递参数等都需要花费一定的机器时间和占用部分存储空间。

宏指令是在宏汇编中常用的方法，将需要多次使用的程序段定义为一条宏指令，可直接在程序中将宏指令（一段功能程序）当作一条指令一样引用。对源程序进行汇编时，汇编程序将宏指令对应的程序段目标代码嵌入到该宏指令处。宏指令本身并没有简化目标程序，也未缩短目标程序所占用的空间。但由于宏指令具有接收参量的能力，功能更灵活，对于那些程序较短的且要传送的参量较多的使用场合采用宏指令更为合理。

8.1.1　宏定义、宏调用和宏展开

宏指令是源程序中一段具有独立功能的程序代码，在源程序中只需定义一次，可以多次调用。因此，使用宏指令可以节省编程和查错的时间。

1. 宏定义

在宏汇编中，宏指令采用伪指令 MACRO/ENDM 来实现其功能定义。

其语句格式为：

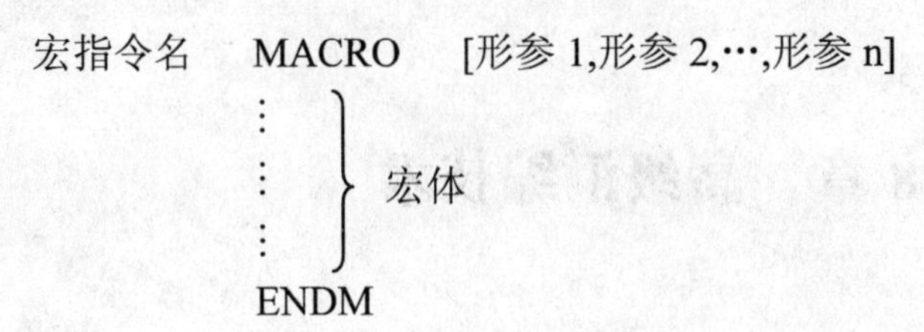

说明：

（1）宏指令名是该宏定义的名称。调用时使用宏指令名对该宏定义进行调用。

（2）要求宏指令符合标识符规定。宏指令名不能重复，但可以和源程序中的其他变量、标号、指令、伪指令名相同，在这种情况下宏指令的优先级最高。

（3）MACRO 必须与 ENDM 成对出现。MACRO 标识宏定义的开始，ENDM 标识宏定义的结束。MACRO 与 ENDM 之间的语句组成宏体，即一组有独立功能的程序代码。宏体除包含指令语句、伪指令语句外，还可以包含另一个宏定义或已定义的宏指令名，即可以宏嵌套。

（4）形式参数（简称形参）是可选项，宏可以不带参数；带参数时，多个形参间用逗号分隔。对形参的规定与对标识符的规定是一致的，形参的个数没有限制，但一行要在 132 个字符以内。

例如，若要多次实现在 BCD 码和 ASCII 码之间进行转换时，可以将 AL 中的内容左移或右移定义成宏指令。

假设左移 4 位，可以设定如下指令：

```
SHIFT   MACRO
  MOV    CL,4
  SAL    AL,CL
ENDM
```

其中，SHIFT 是宏指令名，它是调用时的依据，也是各个宏定义间区分的标志。在这个宏定义中没有形式参数。

2. 宏调用

经定义的宏指令可以在源程序中调用，称为宏调用。

宏调用格式为：

宏指令名 [实参 1,实参 2,…,实参 n]

需要注意以下几点：

（1）宏指令名必须先定义后调用。

（2）实参表中的多个实际参数用逗号分隔，汇编时实参将替换宏定义中相应位置的形参。实参和形参的个数可以不相等，若实参多于形参，多余的实参将被忽略；若实参少于形参，多余的形参将作“空”处理。

（3）实参可以是常数、寄存器名、变量名、地址表达式、指令助记符的部分字符等。宏展开得到的实参代替形参形成的语句应该是有效的，否则汇编时将出错。

例如，前面定义宏指令，当需要 AL 中的内容左移 4 位时，只要写一条宏调用语句即可完成。

```
  ⋮
SHIFT
  ⋮
```

3. 宏展开

宏展开就是将宏指令语句用宏定义中宏体的程序段目标代码替换。在汇编源程序时，宏汇编程序将对每条宏指令语句进行宏展开，取调用提供的实参替代相应的形参，对原有宏体目标代码作相应改变。

下面举例说明宏指令使用过程中的宏定义、宏调用和宏展开全过程。

【例 8.1】将两个用压缩 BCD 码表示的 4 位十进制数相加，结果存入 RESULT 单元中，将此功能定义为宏指令并进行调用。

程序设计如下：

```
;对两数相加功能进行宏定义
BCDADD MACRO  VARX,VARY,RESULT
       MOV  AL,VARX
       ADD  AL,VARY
       DAA                                 ;低位相加、调整
       MOV  RESULT,AL
       MOV  AL,VARX+1
       ADC  AL,VARY+1
       DAA                                 ;高位相加、调整
       MOV  RESULT+1,AL
       ENDM
DATA   SEGMENT
       A1  DB  30H,11H
       A2  DB  79H,47H
       A3  DB  2 DUP(?)
       B1  DB  32H,23H
       B2  DB  71H,62H
       B3  DB  2 DUP(?)
DATA   ENDS
CODE   SEGMENT
       ASSUME CS:CODE,DS:DATA
START: PUSH  DS
       MOV  AX,0
       PUSH  AX
       MOV   AX,DATA
       MOV   DS,AX
       BCDADD   A1,A2,A3                   ;宏调用
       BCDADD   B1,B2,B3                   ;再次宏调用
       RET
CODE   ENDS
       END  START
```

源程序中有两次宏调用，经宏展开后：

```
PUSH DS
MOV   AX,0
PUSH AX
MOV   AX,DATA
MOV   DS,AX
```

```
;对两数相加功能进行宏定义
1      MOV    AL,A1
1      ADD    AL,A2
1      DAA                                   ;低位相加、调整
1      MOV    A3,AL
1      MOV    AL,A1+1
1      ADC    AL,A2+1
1      DAA                                   ;高位相加、调整
1      MOV    A3+1,AL
;对两数相加功能进行宏定义
1      MOV    AL,B1
1      ADD    AL,B2
1      DAA                                   ;低位相加、调整
1      MOV    B3,AL
1      MOV    AL,B1+1
1      ADC    AL,B2+1
1      DAA                                   ;高位相加、调整
1      MOV    B3+1,AL
```

宏汇编程序在所展开的指令前标识以字符‘1’以示区别。由于宏指令可以带形参，调用时可以用实参取代，灵活地传递数据，避免了子程序中变量传送的麻烦。

宏定义可以嵌套。即在宏定义中可以再次使用宏调用，但使用前必须先定义这个宏调用。

【例 8.2】有如下宏定义：

```
DIF     MACRO N1,N2
        MOV   AX,N1
        SUB   AX,N2
        ENDM
DIFCAL  MACRO OPR1,OPR2,RESULT
        PUSH  DX
        PUSH  AX
        DIF   OPR1,OPR2
        MOV   RESULT,AX
        POP   AX
        POP   DX
        ENDM
```

宏调用：

```
DIFCAL  VAL1,VAL2,VAL3
```

经汇编后宏展开：

```
1        PUSH  DX
1        PUSH  AX
1        MOV   AX,VAL1
1        SUB   AX,VAL2
1        IMUL  AX
1        MOV   VAL3,AX
1        POP   AX
1        POP   DX
```

在宏展开的结果中，第三行和第四行为宏定义 DIFCAL 调用宏定义 DIF 的宏展开，若要成功调用 DIF，则 DIF 必须先定义。

宏定义中还可以进行宏定义，当然要想实现对内层宏定义的调用，必须先调用外层宏定义。

【例 8.3】有如下宏定义：

```
DIFML  MACRO  OPRAND,OPRAT
OPRAND MACRO  X,Y,Z
       PUSH   AX
       MOV    AX,X
       OPRAT  AX,Y
       MOV    Z,AX
       POP    AX
       ENDM
       ENDM
```

可以看出，OPRAND 是内层宏定义的名称，也是外层宏定义的形参，若对宏定义 DIFML 进行宏调用：

```
DIFML  ADDITION,ADD
```

经宏展开：

```
ADDITION MACRO  X,Y,Z
     PUSH AX
     MOV  AX,X
     ADD  AX,Y
     MOV  Z,AX
     POP  AX
     ENDM
```

为实现对 ADDITION 的调用，需要连续采用两条宏调用语句：

```
DIFML     ADDITION,ADD
ADDITION N1,N2,N3
```

宏指令与子程序的对比分析：两者都可以简化源程序。子程序不仅可以简化源程序的书写，还节省了存储空间。因为子程序的目标代码只有一组，不需要重复，当主程序中调用子程序时，程序转去执行一次子程序目标代码，然后再返回主程序继续执行。宏指令在书写源程序上也有简化，但在汇编过程中，汇编程序对宏指令的处理是把宏定义的目标代码插入到宏调用处，宏展开有多少次调用，在目标程序中就需要有同样次数的宏定义目标代码插入，所以宏指令并没有简化目标程序。此外，由于子程序在每一次调用中需要保护现场，返回主程序时要恢复现场，所以子程序的执行时间长、速度慢；而宏指令在调用时不存在保护现场问题，因而执行速度快。可以说宏指令是以占用内存来提高执行速度，而子程序是以降低速度来节省存储空间。通常，在多次调用较短的程序时使用宏指令，在多次调用较长的程序时使用子程序。

8.1.2 形参和实参

关于宏定义和宏调用中的参数问题，应注意以下几点：

（1）宏定义中可以不带任何形参。

宏调用时不需要提供实参（即使有实参，也会不予处理），宏展开后宏体中的所有指令不作修改，原样插入到宏调用的宏指令处。例如，对于完成移位操作的宏指令，允许像前面那样不带形参，也可以灵活地设置一个或多个参数。

【例 8.4】将寄存器内容移位的操作定义为宏指令并进行宏调用。

设一个参数时，移位次数为参数 CN：

```
SHIFT  MACRO  CN
       MOV  CL,CN
       SHL  AX,CL
       ENDM
```

宏调用时，根据需要提供相应的实参数值，实现移位：

```
SHIFT  CONST
```

设两个参数时，参数为寄存器和移位次数：

```
SHIFT  MACRO  CN,R
       MOV  CL,CN
       SHL  R,CL
       ENDM
```

宏调用时，提供移位次数和某一寄存器名：

```
SHIFT  CONST,REGISTER
```

（2）宏定义中形参可出现在宏体的任何位置。

形参可以是操作码或操作数。形参作为操作数的情况比较常见；而形参出现在操作码的位置可参见例 8.3 中的 OPRAT，宏展开后由加法指令 ADD 取代。

【例 8.5】有以下宏定义：

```
NEWDEF MACRO  OPRAT1
        OPRAT1  AX
        ENDM
```

当宏调用时：

```
NEWDEF INC
```

则宏展开为：

```
1         INC  AX
```

（3）形参可以是操作码或操作数的一部分。

在宏定义体中必须使用分隔符“&”，它在宏定义中可以作为形参的前缀，展开时可以把“&”前后的两个符号连接起来，形成操作码或操作数。“&”只能出现在宏定义中。

【例 8.6】有如下宏定义：

```
SHIFT  MARCO  X,Y,Z
        MOV    CL,X
        S&Z    Y,CL
        ENDM
```

形参 Z 代替操作码的一部分。在宏汇编中规定，若在宏定义体中的形参没有适当的分隔符，就不被当作形参，调用时也不会被实参代替。

本例被调用时：

```
SHIFT   4,AL,CL
SHIFT   6,BX,AR
```

宏展开时分别产生下列指令的目标代码：

```
1         MOV   CL,4
1         SAL   AL,CL
```

```
1       MOV   CL,6
1       SAR   BX,CL
```

【例 8.7】有如下宏定义：

```
MSGGEN  MACRO  LAB,NUM,XYZ
        LAB&NUM  DB  'MORNING MR.&XYZ'
```

宏调用为：

```
MSGGEN  MSG,1,GREEN
```

宏展开为：

```
1       MSG1   DB  'MORNING MR.GREEN'
```

（4）伪操作“%”不能出现在形参的前面。

伪操作“%”通常用在宏调用中，将跟在它后面的表达式的值转换成当前基数下的数，在宏展开时，用转换后的值代替形参。

【例 8.8】有如下宏定义：

```
MAKER   MACRO  COUNT,STR
        MAKER&COUNT  DB   STR
        ENDM
ERRMA   MACRO  TEXT
        CNTR=CNTR+1
        MAKER  %CNTR,TEXT
        ENDM
```

宏调用为：

```
CNTR=0
ERRMA   'SYNTAX ERROR'
⋮
ERRMA   'INVALID OPERAND'
⋮
```

宏展开为：

```
⋮
1       MAKER1  DB  'SYNTAX ERROR'
⋮
1       MAKER2  DB  'INVALID OPERAND'
⋮
```

（5）宏调用中的实参如果自身带有间隔符（如逗号、空格），必须使用文本操作符< >将它括起来，作为单一的完整的实参。

【例 8.9】程序设计中对堆栈段的定义语句基本相同，只是堆栈段的长度和初值不同。可以先定义一个宏（放在宏库中），供随时取用，为编程带来很大方便。

宏定义如下：

```
MSTACK  MACRO  XYZ
        STACK   SEGMENT   STACK
            DB  XYZ
        STACK   ENDS
        ENDM
```

宏调用时：

```
MSTACK  <100 DUP(?)>
```

宏展开为：

```
1        STACK   SEGMENT   STACK
1             DB  100 DUP(?)
1        STACK   ENDS
```

8.1.3 伪指令 PURGE

宏指令名可以和源程序中的其他变量名、标号、指令助记符、伪操作名相同，此时宏指令的优先级别最高，使其他同名的指令或伪操作无效。为了使这些指令或伪指令恢复功能，服从机器指令的定义，宏汇编程序提供了伪操作 PURGE，用来在适当的时候取消宏定义。

PURGE 伪指令一般格式为：

PURGE 宏定义名[,…]

方括号表示 PURGE 可以取消多个宏定义，宏名之间用逗号隔开。

用以下例子说明 PURGE 的用法。

宏定义：

```
SUB   MACRO  VARX,VARY,RESULT
      ⋮
      ENDM
```

宏调用：

```
      SUB    X,Y,Z
      PURGE  SUB
```

执行 PURGE 伪指令后 SUB 宏指令失效，不能再被宏调用，“PURGE SUB”语句后的 SUB 恢复减法功能。

8.1.4 伪指令 LOCAL

宏定义体内可以使用标号。对于使用了标号的宏定义，如果在源程序中多次调用，宏展开后势必产生相同标号的多重定义，汇编时就会出错。因为在汇编语言源程序中，标号必须是唯一的。解决这一问题可以使用伪指令 LOCAL。

其一般格式为：

LOCAL 局部标号 1,局部标号 2,…

LOCAL 是局部符号伪指令，将宏体中的标号定义为局部标号（标号间用逗号隔开）。在宏展开时，宏汇编程序将为这些标号分别生成格式为“??XXXX”的唯一的符号以代替各局部标号。XXXX 代表 4 位十六进制数 0000～FFFF。这样，在汇编源程序中，避免了多次宏调用时生成的标号重复。

注意：LOCAL 伪操作只能用在宏定义体内，而且必须是 MACRO 伪操作后的第一个语句，在 MACRO 与 LOCAL 不能出现注释和分号标志。

【例 8.10】定义取绝对值的宏指令如下：

```
ABS    MACRO  OPS
       LOCAL  PLUS
       CMP    OPS,0
       JGE    PLUS
       NEG    OPS
```

```
PLUS: MOV    AX,OPS
      ENDM
```

宏调用：

```
      ABS    CX
      MOV    BX,AX
      ABS    DX
```

宏展开后为：

```
1     CMP    CX,0
1     JGE    ??0000
1     NEG    CX
1??0000:MOV   AX,CX
      MOV    BX,AX
1     CMP    DX,0
1     JGE    ??0001
1     NEG    DX
1??0001: MOV  AX,DX
```

8.2 重复汇编

在编写汇编程序过程中，有时需要重复编写相同或几乎完全相同的一组代码，为避免重复编写的麻烦，可以使用重复汇编。

重复汇编伪指令用来实现重复汇编，它可出现在宏定义中，也可出现在源程序的任何位置上。宏汇编语言提供的重复伪指令有以下 3 组：

（1）REPT/ENDM：定重复伪指令，REPT 和 ENDM 两者之间的内容是要重复汇编的部分，汇编次数由表达式的值表示。

（2）IRP/ENDM：不定重复伪指令，可重复执行所包含的语句，重复次数由参数表中的参数个数决定。

（3）IRPC/ENDM：不定重复字符伪指令，可重复执行相应的语句，重复次数等于字符串中字符的个数。

8.2.1 定重复伪指令 REPT

一般格式为：

```
REPT     表达式
  ⋮ ⎫
  ⋮ ⎬ 重复块
  ⋮ ⎭
ENDM
```

其中，REPT 和 ENDM 必须成对出现，两者间的重复块是要重复汇编的部分。表达式的值用来表示重复块的重复汇编次数。定重复伪操作不一定要用在宏定义体内。

【例 8.11】有下列语句：

```
NUM=0
```

```
REPT   10
NUM=NUM+1
DB   NUM
ENDM
```

汇编后，将数据 1，2，3，…，10 分配给 10 个连续的字节单元：

```
1     DB   1
1     DB   2
1     DB   3
1     DB   4
      ⋮
1     DB   10
```

【例 8.12】将 A、B、C、D、E 5 个大写字母的 ASCII 值顺序放入到以符号名 ARRAY 为起始地址的字节表中。

```
CHAR=41H
TABLE   EQU   THIS   BYTE
REPT    5
        DB   CHAR
        CHAR=CHAR+1
ENDM
```

8.2.2 不定重复伪指令 IRP

一般格式为：

IRP　　形参,<参数 1,参数 2,…>
　　⋮　(重复块)
ENDM

此伪指令重复执行重复块中所包含的语句，重复的次数由参数表中的参数个数决定。重复汇编时，依次用参数表中的参数取代形参，直到表中的参数用完为止。参数表中的参数必须用两个三角号括起来，参数可以是常数、符号、字符串等，各参数间用逗号隔开。

【例 8.13】多次将 AX、BX、CX、DX 寄存器内容压栈，宏定义如下：

```
PUSHR  MACRO
       IRP    REG,<AX,BX,CX,DX>
       PUSH   REG
       ENDM
       ENDM
```

汇编后：

```
1      PUSH   AX
1      PUSH   BX
1      PUSH   CX
1      PUSH   DX
```

【例 8.14】利用宏定义对存储单元赋初值：

```
ASSIGN  MACRO
IRP  X,<2,4,6,8,10>
       DB  X
```

```
        ENDM
        ENDM
```

参数表中有 5 个参数，所以重复块重复执行 5 次。重复块中只有一条伪指令 DB X，第一次执行用 2 取代 X，第二次用 4 取代 X，依次执行，直到 X 被 10 代替后，5 个数字分配给连续的 5 个存储单元，展开如下：

```
1       DB   2
1       DB   4
             ⋮
1       DB   10
```

8.2.3 不定重复字符伪指令 IRPC

一般格式为：

IRPC　形参,字符串(或<字符串>)
⋮　(重复块)
ENDM

此伪指令重复执行重复块中的语句，重复汇编的次数等于字符串中字符的个数。每次重复执行时，依次用字符串中的一个字符取代形参，直到字符串结束。可见 IRPC 伪指令与 IRP 伪指令类似，只是 IRPC 用字符串（其三角括号可以有也可以无）代替了 IRP 伪指令中的参数表。

【例 8.15】如例 8.13 可用 IRPC 实现。

```
PUSHR  MACRO
        IRPC   REG,ABCD
        PUSH   REG&X
        ENDM
        ENDM
```

汇编后得到：

```
1      PUSH   AX
1      PUSH   BX
1      PUSH   CX
1      PUSH   DX
```

【例 8.16】在例 8.14 中对存储单元赋初值也可用 IRPC 实现。

```
ASSIGN  MACRO
IRP  X,02468
         DB  X+2
         ENDM
         ENDM
```

8.3 条件汇编

条件汇编是指汇编程序根据某条件对部分源程序有选择地进行汇编。条件汇编语句是一种说明性语句，其功能由汇编系统实现。一般情况下，使用条件汇编语句可使一个源文件产生几个不同的源程序，它们可有不同的功能。条件汇编语句通常在宏定义中使用。

8.3.1 条件汇编指令格式

条件汇编指令操作的一般格式为：

IF <表达式>

[语句序列 1]

[ELSE]

[语句序列 2]

ENDIF

格式中的表达式是条件，满足条件则汇编后面的语句序列 1，否则不汇编；表达式值为零时表示不满足条件，表达式值非零时表示满足条件；ELSE 命令可对另一语句序列 2 进行汇编。

说明：“条件”为 IF 伪指令说明符的一部分，ELSE 伪指令及其后面的语句序列 2 是可选部分，表示条件为假（不满足）时的情况。整个条件汇编最后必须用 ENDIF 伪指令来结束。语句序列 1 和语句序列 2 中的语句是任意的，也可为条件汇编语句。

以下 5 组条件汇编语句均可选用 ELSE，以便汇编条件为假时执行语句序列 2，但一个 IF 语句只能有一个 ELSE 与之对应。

1. 是否为 0 条件语句 IF 和 IFE

格式：IF　表达式

功能：表达式值非 0，则条件为真，执行语句序列 1。

格式：IFE　表达式

功能：表达式值为 0，则条件为真，执行语句序列 1。

2. 扫描是否为 1 条件语句 IF1 和 IF2

格式：IF1

功能：汇编处于第一次扫描时条件为真。

格式：IF2

功能：汇编处于第二次扫描时条件为真。

3. 符号是否有定义条件语句 IFDEF 和 IFNDEF

格式：IFDEF 符号

功能：符号已被定义或已由 EXTRN 伪指令说明，则条件为真。

格式：IFNDEF 符号

功能：符号未被定义或未由 EXTRN 伪指令说明，则条件为真。

4. 是否为空条件语句 IFB 和 IFNB

格式：IFB <参数>

功能：参数为空则条件为真。尖括号不能省略。

格式：IFNB <参数>

功能：参数不为空则条件为真。尖括号不能省略。

5. 字符串比较条件语句 IFIDN 和 IFDEF

格式：IFIDN <字符串 1>,<字符串 2>

功能：字符串 1 与字符串 2 相同，则条件为真。

格式：IFDEF <字符串 1>,<字符串 2>

功能：字符串 1 与字符串 2 不相同，则条件为真。

8.3.2 条件汇编指令的应用

【例 8.17】将键盘输入单个字符及屏幕显示输出单个字符的 DOS 功能调用放在一个宏定义中，通过判断参数为 0 还是非 0 来选择是执行输入还是输出字符。

所编制的程序中含有条件汇编的语句。

源程序设计如下：

```
INOUT  MACRO  X                  ;宏指令名为 INOUT
       IF X
       MOV AH,02H                ;输出单个字符
       INT  21H
         ELSE
         MOV  AH,01H
         INT  21H                ;输入单个字符
       ENDIF
      ENDM
```

当宏调用为 INOUT 0 时，表明传递给参数 X 的值为 0，此时 IF X 的条件为假，因此汇编程序只汇编 ELSE 与 ENDIF 之间的语句，这样，对该宏调用来说，实际上是执行下面的两条指令：

```
MOV  AH,01H
INT  21H
```

当宏调用为 INOUT 1 时，实际上执行下面两条指令：

```
MOV  AH,02H
INT  21H
```

【例 8.18】用条件汇编编写一宏定义，能完成多种 DOS 系统功能调用。

源程序设计如下：

```
DOSYS   MACRO  N,BUF                 ;定义宏指令 DOSYS
        IFE  N                       ;是否为 0 条件汇编指令
        EXITM                        ;退出宏体
        ENDIF                        ;条件汇编结束
        IFDEF  BUF                   ;字符串比较条件汇编指令
        LEA DX,BUF
        MOV AH,N
        INT 21H
        ELSE
        MOV  AH,N
        INT  21H
        ENDIF                        ;条件汇编结束
ENDM
DATA    SEGMENT                      ;定义数据段
        MSG  DB 'INPUT  STRING:$'
```

```
        BUF  DB 81,0,80 DUP(0)
DATA    ENDS
STACK   SEGMENT  STACK                  ;定义堆栈段
        DB  200  DUP(0)
STACK   ENDS
CODE    SEGMENT                         ;定义代码段
        ASSUME  DS:DATA,CS:CODE,SS:STACK
BEGIN:  MOV  AX,DATA
        MOV  DS,AX
        DOSYS 09H,MSG                   ;调用宏指令 DOSYS，输出字符串
        DOSYS 0AH,BUF                   ;调用宏指令 DOSYS，输入字符串
        DOSYS 4CH                       ;调用宏指令 DOSYS，返回 DOS
CODE  ENDS
END  START
```

以上三条宏指令展开后的语句为：

```
      ⋮
1  LEA      DX,MSG
1  MOV      AH,09H
1  INT      21H
1  LEA      DX,BUF
1  MOV      AH,0AH
1  INT      21H
1  MOV      AH,4CH
1  INT      21H
      ⋮
```

本章小结

“宏”是程序中一段具有独立功能的代码，汇编语言宏指令代表着一段源程序。宏指令具有接收参量的能力，功能灵活，对于较短且传送参量较多的功能段采用宏汇编更加合理。编写源程序的过程中，使用宏汇编和使用子程序一样，都能减少程序员的工作量，因而也能减少程序出错的可能性。

对于宏指令，要求先进行宏定义，然后经宏调用和宏展开进行使用，要理解参数的传递，并能正确地使用参数。另外，还应掌握一些常见的伪指令和常用的宏操作符及其正确使用。

汇编程序设计中，如果要连续重复相同的代码序列可采用重复伪指令，能够达到简化程序、提高执行速度的目的。宏汇编语言提供的重复伪指令有定重复伪指令 REPT/ENDM、不定重复伪指令 IRP/ENDM 和不定重复字符伪指令 IRPC/ENDM 三组形式。

条件汇编是指汇编程序根据某种特定条件对部分源程序有选择地进行汇编。使用条件汇编语句可使一个源文件产生几个不同的源程序，有不同的功能。

采用高级汇编技术能减少程序员的工作量，减少程序出错的可能性。熟悉各种高级汇编的编程技巧对程序设计有着积极的促进作用。

习题8

一、填空题

1．宏指令是__________，其使用过程分为__________三个阶段，使用宏指令的优点是__________。

2．宏指令中形式参数是指__________，多个形参之间需要采用__________分隔。

3．宏展开是指__________，其特点是__________。

4．宏汇编程序提供的伪操作 PURGE 用来实现__________，伪指令 LOCAL 的作用是__________。

5．重复汇编伪指令的作用是__________，常用的重复伪指令有__________三组。

6．条件汇编是指__________，通常在__________场合使用。

二、简答题

1．什么是宏指令？宏指令在程序中如何被调用？

2．宏指令中的参数有何用途，宏调用如何实现参数的传递？

3．子程序与宏指令在程序的使用中有何共性及不同特点？

4．重复汇编和条件汇编有哪些应用特点？

三、程序设计题

1．试定义将一位十六进制数转换为 ASCII 码的宏指令。

2．试编写一通用多字节数相加的宏定义（要求 3 个字节以上）。

3．定义一个宏 DISPLAY MACRO CHAR1 用来显示变量 CHAREC 中的以“$”结尾的字符串，并利用该宏编写程序，用来显示变量 CHAR2 中存放的字符串（变量自行定义）。

4．试定义一个字符串搜索宏指令，要求文本首地址和字符串首地址用形式参数。

5．编写一个定义堆栈段的宏。

第 9 章　汇编语言与高级语言的连接

汇编语言程序具备占用存储空间小、运行速度快、程序效率高、可直接控制硬件等特点，但编程及调试要复杂一些。高级语言编程方便迅速，但执行速度不如汇编语言。所以，经常将两者结合使用，取长补短。这样就涉及到汇编语言与高级语言的接口问题。本章主要介绍如何实现汇编语言与高级语言程序的连接。

通过本章的学习，应重点理解和掌握以下内容：

- 汇编程序与连接程序的应用特点
- 多个模块组合时的连接情况
- 多个模块之间的变量传送问题
- 汇编语言程序与高级语言程序的连接方法

9.1　连接程序及连接对程序设计的要求

9.1.1　连接程序的主要功能

连接程序的主要功能是连接分别产生的目标模块、解决外部交叉调用、产生一个可重定位的装入模块和可选的内存映像文件等。

因此，连接程序的主要工作是：

（1）找到要连接的所有目标模块。

（2）对所有要连接的目标模块中的所有段分配存储单元，即确定所有段地址值。

（3）确定所有汇编程序所不能确定的偏移地址值（包括浮动地址及外部符号所对应的地址）。

（4）构成装入模块，并把它装入存储器。

在多个模块相连接时，各模块的连接次序是由用户在调用连接程序时指定的，调用方式示意如下：

```
C:\>link↵
Object  Modeles [.OBJ]: 文件名[+文件名+…] ↵
Run  File [filename.EXE]: [文件名] ↵
List  File [NUL. MAP]: [文件名] ↵
Labraries [.LIB]: [[+]…] ↵
```

连接程序就按目标模块行中用户所键入文件名的次序来实行连接，装入模块即可执行 EXE 文件。

对于上述文件，用户可以指定文件名，如不指定则连接程序就用第一个目标模块名作为装入模块名。另外，在多个目标模块相连接的情况下，只有主模块在模块结束的 END 伪操作后可以带有启动地址，如 END START 等，而其他模块只能用 END 结尾，不应该再带有任何启动地址。

9.1.2 连接对程序设计的要求

在模块化程序中，主程序以及多个子程序可编制成不同的程序模块，各模块在明确各自的功能和相互间的连接约定以后，就可以独立编写并调试。各模块调试完后再把它们连接起来形成一个完整的程序，这样就产生了怎样处理各模块之间的连接问题。

1. 多个模块组合时的连接情况

多个程序模块相连接时，并不一定要把所有的代码段或数据段分别连接在一起形成一个大的代码段或数据段。在很多情况下，各程序模块仍然有各自的分段，只是通过模块之间的调用来进行工作。当这些模块连接起来并装入机器运行时，由于程序段数可能大大超过当前可用的由段寄存器确定的逻辑段数（仅 4 个），使程序运行极为不便。为此，如果将不同模块中相同性质的段使用相同的段名，则连接这些模块时就可以把同名的段按照指定的方式组合起来，既便于程序运行，又可以达到有效使用存储空间的目的。

SEGMENT 伪操作提供了如下几种组合方式：

（1）PUBLIC：把不同模块中的同名段在装入模块中连接而形成一个段，它们共用一个段地址。它们的连接次序按用户在调用 LINK 程序时指定的次序排列，每个段都从小段的边界开始，因此各模块原有的段之间可能存在小于 16 个字节的间隔。

（2）COMMON：把不同模块中的同名段重叠而形成一个段。公共段的长度取决于各模块原有段中长度最大的一个，重叠部分的内容取决于排列在最后一段的内容。

（3）STACK：把不同模块中的同名段组合而形成一个段，该段的长度为各原有段的总和，各原有段之间并无 PUBLIC 连接成段中的间隔，而且栈顶可自动指向连接后形成的大堆栈段的栈顶。

（4）MEMORY：使该段放在装入模块的最高区域。如果连接时不止一个段有 MEMORY 组合类型说明，则遇到的第一个段作为 MEMORY 处理，其他段作为 COMMON 处理。

（5）NONE：是默认方式。表示该段与其他模块中的段，不管段名是否相同，都不发生任何组合关系，连接时它将是一个独立的段。

图 9-1 所示为连接程序时不同模块的组合情况。

此外，SEGMENT 伪操作中的类别说明并不能把相同类别的段合并而形成一个段，但它能把同一类别的段的位置放在一起。

2. 多个模块之间的变量传送问题

多个模块的程序连接时，除段组合外还必然存在着变量传送问题。我们以前讨论过主程序和子程序之间的变量传送问题，在这里我们要解决的是如果调用程序和子程序不在同一个程序模块，将怎样来进行变量传送。

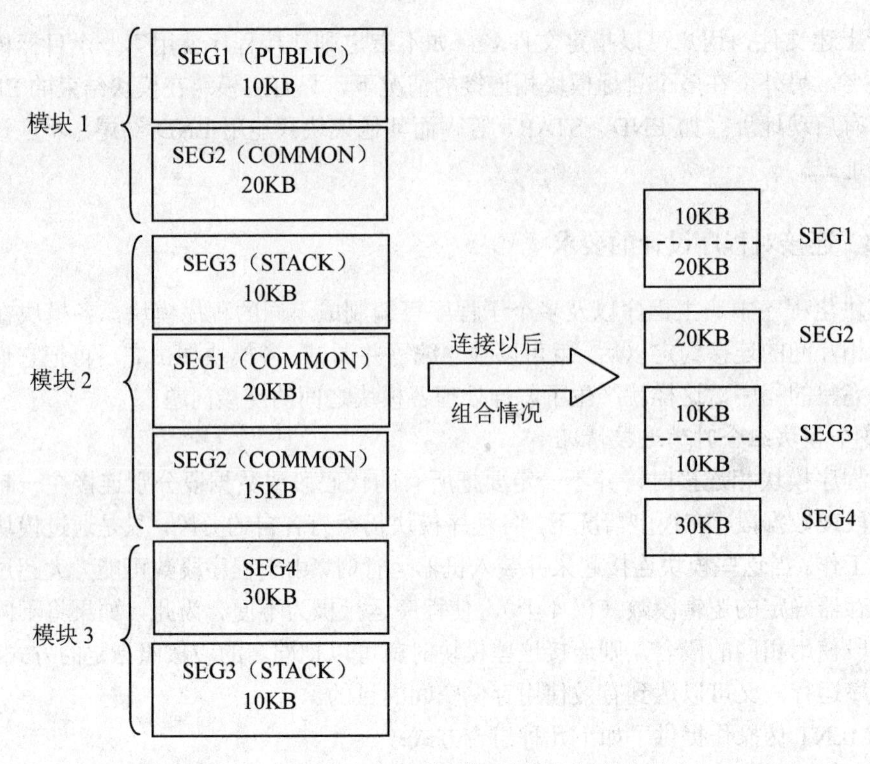

图 9-1　连接时对不同模块同名段的组合处理

（1）外部符号。

从连接的角度看，在源程序中用户定义的符号可分为局部符号和外部符号两种。在本模块中定义又在本模块中引用的符号称为局部符号；在某一个模块中定义又在另一个模块中引用的符号称为外部符号。

下面是两个与外部符号有关的伪操作。

PUBLIC 伪操作，其格式是：

```
PUBLIC      symbol [,…]
```

在一个模块中定义的符号（包括变量、标号、过程名等），在提供给其他模块使用时必须要用 PUBLIC 定义该符号为外部符号。

EXTRN 伪操作，其格式是：

```
EXTRN     symbol   name:type[,…]
```

在另一个模块中定义而要在本模块中使用的符号必须使用 EXTRN 伪操作。

如果符号为变量，则类型应为 Byte、Word 或 Dword；如果符号为标号或过程名，则类型应为 Near 或 Far。

有了 PUBLIC 和 EXTRN 伪操作就提供了模块间相互访问的可能性。这两个伪操作的使用必须匹配，连接程序的任务之一就是要检查每个模块中的 EXTRN 语句中的每个符号是否能和与其相连接的其他模块中的 PUBLIC 语句中的一个符号相匹配。如不匹配则给出出错信息，如匹配就给予确定值。

下面的例子说明了各模块中 PUBLIC 和 EXTRN 伪操作的匹配情况。

【例 9.1】三个源模块中的外部符号定义如下：

```
;模块 1
extrn   var2:word,lab2:far
public  var1,lab1
data1   segment
    var1  db  ?
    var3  dw  ?
    var4  dw  ?
data1   ends
code1   segment
    ⋮
lab1:
    ⋮
code1  ends
    ⋮

;模块 2
extrn   var1 : byte,var4 : word
public  var2
data2   segment
    var2  dw  0
    var3  db  5 dup(?)
data2   ends
    ⋮

;模块 3
extrn   lab1:far
public  lab2,lab3
    ⋮
lab2:
    ⋮
lab3:
    ⋮
```

连接程序能检查出 var4 是模块 2 需要使用的符号，但没有其他模块用 PUBLIC 来宣布其定义，因而连接将显示出错。

在这个例子中，模块 3 用 PUBLIC 宣布了 lab3 的外部定义，但其他模块均未使用该符号，这种不匹配情况由于不影响装入模块的建立，所以并不显示出错。

此外，模块 1 和模块 2 都定义了局部符号 var3，由于局部符号是在汇编时就确定了其二进制值，所以并不影响模块的连接，因而不同模块中的局部符号是允许重名的。但要连接模块的外部符号却不允许重名，如有重名，连接将显示出错。

连接程序需要对目标模块作两遍扫视，第一遍扫视应对所有段分配段地址，并建立一张外部符号表（外部符号在汇编时是不可能确定其值的，LST 清单中对外部符号记以 E）；第二遍扫视才能把与这些外部符号有关指令的机器语言值确定下来。连接完成后建立了装入模块，再由装入程序把该模块装入内存等待执行。

（2）多个模块之间的变量传送方法。

我们使用前面已经说明过的几种伪操作及其参数来解决变量传送问题。

【例 9.2】主程序和子程序不在同一程序模块中时变量的传送方法之一。

本例说明当主程序和子程序不在同一模块时的变量传送方法。

```
; 模块 1
extrn  proadd:far
;* * * * * * * * * * * * * * * * * * * * * * * * * * * * *
data   segment  common
   ary    dw   100  dup(?)
   count  dw   100
   sum    dw    ?
data   ends
;* * * * * * * * * * * * * * * * * * * * * * * * * * * * *
code1  segment
main   proc   far
       assume   cs:code1,ds:data
 start: push   ds
        sub    ax,ax
        push   ax
        mov    ax,data
        mov    ds,ax
             ⋮
        call   far  ptr  proadd
             ⋮
        ret
  main   endp
 code1  ends
;* * * * * * * * * * * * * * * * * * * * * * * * * * * * *
        end   start

;模块 2
 public   proadd
;* * * * * * * * * * * * * * * * * * * * * * * * * * * * *
 data    segment  common
      ary    dw   100 dup(?)
      count  dw   100
      sum    dw    ?
data   ends
;* * * * * * * * * * * * * * * * * * * * * * * * * * * * *
code2   segment
proadd  proc   far
     assume  cs:code2,ds:data
       mov    ax,data
       mov    ds,ax
       push   ax
       push   cx
       push   si
       lea    si,ary
```

```
        mov    cx,count
        xor    ax,ax
   next:    add    ax,[si]                   ;取array的元素
        add    si,2
        loop   next
        mov    sum,ax                        ;求所有元素的和
        pop    si
        pop    cx
        pop    ax
        ret
proadd  endp
code2   ends
;* * * * * * * * * * * * * * * * * * * * * * * * *
end
```

在本例中，data 段用 common 合并成为一个覆盖段，所以源模块 2 只引用了本模块中的变量，不必作特殊处理。整个程序的外部符号只有 proadd，处理比较简单。

注意：由于主程序和子程序已经不在同一程序模块中，所以过程定义及调用都应该是 FAR 类型，而不应使用原来的 NEAR 类型。如果以上两个模块的 code 段都使用同一段名并加上 PUBLIC 说明，这样连接时它们就可以合并为一个段，此时过程和调用仍可使用 NEAR 属性。

使用公共数据段并不是唯一的办法，可以把变量也定义为外部符号，这样就允许其他模块引用在某一模块中定义的变量名。必须注意，我们在引用本模块中的局部变量前，在程序的一开始就用以下两条指令：

```
MOV  AX,DATA_SEG
MOV  DS,AX
```

把数据段地址放入 DS 寄存器中，这样才能保证对局部变量的正确引用。在引用外部符号时也必须把相应的段地址放入段寄存器中。如果程序中要访问的变量处于不同段时，就应动态地改变段寄存器的内容。

【例 9.3】主程序和子程序不在同一程序模块中时变量的传送方法之二。

有三个源模块如下：

```
;模块 1
;* * * * * * * * * * * * * * * * * * * * * * * * *
extrn    var1:word,output:far
extrn    var2:word
public   exit
;* * * * * * * * * * * * * * * * * * * * * * * * *
local_data   segment
     var   dw   5
           ⋮
local_data   ends
;* * * * * * * * * * * * * * * * * * * * * * * * *
code    segment
  main    proc   far
     assume    cs:code,ds:local_data
start: push   ds
```

```
        sub    ax,ax
        push   ax
        mov    ax,local_data
        mov    ds,ax
               ⋮
        mov    bx,var
        mov    ax,seg  var1
        mov    es,ax
        add    bx,es: var1
               ⋮
        mov    ax,seg  var2
        mov    es,ax
        sub    es:var2,50
               ⋮
        jmp   output
               ⋮
exit:  ret
main   endp
code   ends
;* * * * * * * * * * * * * * * * * * * * * * * *
end  start

;模块 2
;* * * * * * * * * * * * * * * * * * * * * * * *
public   var1
;* * * * * * * * * * * * * * * * * * * * * * * *
extdata1  segment
   var1  dw  10
          ⋮
extdata1  ends
          ⋮
end

;模块 3
;* * * * * * * * * * * * * * * * * * * * * * * *
public   var2
extrn    exit: far
;* * * * * * * * * * * * * * * * * * * * * * * *
extdata2  segment
    var2  dw   3
          ⋮
extdata2  ends
;* * * * * * * * * * * * * * * * * * * * * * * *
public   output
;
prognam   segment
```

```
    assume   cs:prognam,ds:extdata2
                  ⋮
output:  jmp   exit
                  ⋮
prognam  ends
;* * * * * * * * * * * * * * * * * * * * * * * * *
end
```

其中模块 1 本身的局部变量都在 DS 段中，而外部变量则在 ES 段中，在程序中动态地改变 ES 寄存器的内容，以达到正确访问各外部变量的目的。

如果源模块 l 本身使用 ES 段，或者外部变量较多，为避免动态改变段地址易产生的错误，也可以用下例所使用的方法。

【例 9.4】主程序和子程序不在同一程序模块中时变量的传送方法之三。

```
;模块 1
;* * * * * * * * * * * * * * * * * * * * * * * * *
global   segment  public
   extrn   var1:word,var2:word
global  ends
;* * * * * * * * * * * * * * * * * * * * * * * * *
local_data   segment
                 ⋮
local_data   ends
;* * * * * * * * * * * * * * * * * * * * * * * * *
code   segment
   main   proc  far
       assume   cs:code,ds:local_data,es:global
start: push   ds
       sub    ax,ax
       push   ax
       mov    ax,local_data
       mov    ds,ax
       mov    ax,global
       mov    es,ax
              ⋮
       mov    bx,es:var1
       add    es:var2,bx
              ⋮
       ret
   main  endp
 code   ends
;* * * * * * * * * * * * * * * * * * * * * * * * *
end    start

;模块 2
;* * * * * * * * * * * * * * * * * * * * * * * * *
 global   segment  public
```

```
        public  var1,var2
        var1    dw    ?
        var2    dw    ?
                 ⋮
      global    ends
    ;* * * * * * * * * * * * * * * * * * * * * * * * *
                 ⋮
    ;* * * * * * * * * * * * * * * * * * * * * * * * *
    end
```

从以上几个例子可以看出，在掌握了有关外部符号的伪操作及 SEGMENT 伪操作的参数使用方法的情况下，读者可以灵活使用这些工具以编制出较好的程序模块来。

9.2 汇编语言程序与高级语言程序的连接

9.2.1 概述

高级语言编程方便迅速，而且编写及调试汇编语言程序比高级语言要复杂，所以高级语言比汇编语言的使用更为广泛。但由于汇编语言具有占用存储空间小、运行速度快、程序运行效率高、可以直接控制硬件等特点，因而在有些场合汇编语言是不可缺少的。

经常会有这种情况：程序的大部分是用高级语言编写的，但在某些部分，如程序的关键点、运行次数很多的部分、运行速度要求很高的部分、要求直接访问计算机硬件的部分等，则需要采用汇编语言编写，两者的结合使用可以取长补短。

高级语言与汇编语言联合使用的方式有多种，如一些高级语言（C 语言、PASCAL 语言等）都可以嵌入汇编语句；汇编语言源程序可调用某些高级语言的函数；许多高级语言可调用汇编语言的目标程序（*.OBJ 文件）。这样就产生了汇编语言与高级语言的连接问题。

通常情况下，连接中要解决以下三个问题：

（1）存储器分配问题。

一般高级语言经编译后产生.OBJ 文件，而汇编语言经汇编后也产生.OBJ 文件，然后由连接程序把它们连接而形成可执行文件.EXE，并把其装入内存等待执行。因此，存储器的分配是由连接程序解决的，不必由用户考虑。

（2）两种语言之间的控制传送问题。

汇编语言程序一般作为高级语言的外部过程，由高级语言通过函数或过程来调用汇编语言程序。

（3）变量传送问题。

高级语言和汇编语言程序之间也必然存在变量传送问题，这些变量一般用数值或地址的形式来表示，连接时必须解决这一问题。

9.2.2 C 语言程序与汇编语言程序的连接

为提高 C 语言程序中某些特定部分的执行速度和效率，或涉及到 C 语言中无法做到的机器语言操作时，使用汇编语言程序是很明智的。汇编语言虽然在编程、调试方面比较复杂，但某些情况下其执行效率远远高于用 C 语言编写的子程序，如浮点数计算软件包。

下面介绍 C 语言与汇编语言接口的基本技术以及 C 语言与汇编语言接口的实例分析。

1. Microsoft C 语言调用汇编语言过程的约定

（1）有关名字的约定。

C 语言程序主要用小写字母表示，它的外部名字可以大小写混合使用。每个外部名字隐含地使用一个下划线作前缀，因而外部名字在汇编语言程序中要用下划线作前缀。例如，C 语言可用下列调用语句：

```
myproc(int a,int b)
```

相应汇编过程的名字则为_myproc。汇编时，对此名字必须使用选项 MX(MASM 5.0)或/CX(MASM 6.0)，以便使 MASM 保持公用名字中的字母不转换为大写，而对连接命令则要使用选项/N，使 LINK 不忽略字母的大小写。

（2）有关近调用或远调用的约定。

C 语言在小内存模式和压缩内存模式下使用近调用，其他模式下使用远调用。按约定相应的汇编过程定义成近过程或远过程。

（3）关于寄存器保存的约定。

汇编过程不能破坏寄存器 DS、ES、SS、SP、SI 及 DI 的内容，若用到上述寄存器，可先将其内容压入栈中再使用，返回前再弹出它们的内容。

（4）关于参数传递的约定。

参数传递分传递值和传递指针两种。传递值是把参数值直接压入栈中；传递指针则是把参数的地址压入栈中，而且还要区别是近指针还是远指针。近指针的地址为偏移值，只占 2 个字节；远指针的地址为段值及偏移值，占 4 个字节。

C 语言中非数组的变量传递值，数组变量使用关键字 NEAR 时传递近指针，使用关键字 FAR 时传递远指针，还可用“&变量”表示变量的地址，用“*指针变量”表示值。

C 语言中，参数入栈的顺序是按照调用语句中参数出现的顺序从右到左压入的。

例如，有下列 C 语言调用语句：

```
CPROC(int a,intb):
```

先压入参数 b，再压入参数 a。

参数的访问可通过 BP 寄存器间接存取。为了不破坏 BP 寄存器，可用下列语句：

```
PUSH   BP
MOV    BP,SP
```

注意，主程序调用总是先压入参数后再压入返回地址。近调用返回地址占 2 个字节，故第 1 个参数地址为[BP+4]，远调用返回地址占 4 个字节，故第 1 个参数地址为[BP+6]。

（5）局部变量的约定。

汇编过程的局部变量可在堆栈中开辟。如使用 2 个变量，可使(SP)-4→SP（开辟栈空间），这样两个局部变量的地址则为[BP-2]和[BP-4]。这个方法对于多个局部变量也适用，只要多开辟栈空间即可。

（6）过程结束处理的约定。

汇编过程结束时要返回运算结果及恢复堆栈空间。运算结果可以传送到主程序提供的参数中，也可以传送到寄存器中。当运算结果传送到寄存器中时，若结果为字节数据，则传送到 AL

中，若结果为字数据则传送到 AX 中。传送地址时，近指针在 AX 中，远指针在 DX:AX 中。

对于多于 1 个字的结果，在 C 语言为主程序时可放在汇编的数据空间中，然后将地址作为远指针（对远程数据段）或近指针（对近程数据段）返回；在其他高级语言为主程序时，结果返回在堆栈中，其在堆栈的最大偏移地址（由主程序提供）在第 1 个参数中，但在汇编过程结束前要将这些参数的指针 SS:[BP+6]（假设是远调用）送入寄存器 DX:AX 中，即 SS→DX,((BP)+6)→AX 中。

返回时堆栈空间的恢复也不同，对 C 语言而言只要执行以下 3 条语句即可：

```
MOV   SP,BP
POP   BP
RET
```

2. Turbo C 语言调用汇编语言过程的约定

Turbo C 语言与 Microsoft 的 C 语言的约定基本一致，其参数在堆栈中的内容及长度如表 9.1 所示，返回值不多于 16 位的放入 AX 中，大于字长而不超过双字长的放入 DX 与 AX（存放低位）中，双精度浮点数放入 80X87 浮点栈顶，近指针放入 AX 中，远指针放入 DX:AX 中。

表 9.1 堆栈中参数的内容及长度

类型	内容	长度（字节数）	类型	内容	长度（字节数）
int	值	2	unsigned char	值	2
signed int	值	2	long	值	2
unsigned int	值	2	unsigned long	值	4
char	值	2	float	值	4
short	值	2	double	值	8
signed char	值	2	(near) point	值	2
Signed short	值	2	(far) point	值	4
unsigned short	值	2			

3. C 语言与汇编语言程序连接的编程环境

（1）参数的传递。

将 C 语言程序中的参数传递到汇编程序是通过堆栈操作进行的。

C 源程序中的参数按其出现顺序的相反顺序被压入堆栈中。如 ADD_NUM(x,y,z)子例程，参数 z 先入栈，y 其次，x 最后入栈，位于栈顶。进栈的地址变化是向下增长的，最后一个进入堆栈的参数总在内存的低端，它的地址=BP+偏移量。其中偏移量在小或紧凑模式下是 4 字节，在中、大或巨模式下是 6 字节。

C 语言程序传递到汇编的参数若是基本数据类型之一，则该参数实际值被拷贝到堆栈中（数组是传送地址），C 语言函数执行时．将从堆栈中取出其参数值。

（2）值的返回。

经汇编程序处理的结果，通过 AX 和 DX 寄存器返值给 C 主程序。一般情况下只需通过 AX 寄存器即可将汇编程序的返回值传递给 C 语言程序，否则还需要使用 DX 寄存器。至于结构变量、浮点数、双精度数，则存放在一块静态存储区内，在 AX 中返回指向它们的指针。如

表 9.2 所示是返回值与寄存器的对应关系。

表 9.2　返回值与寄存器的对应关系

C 程序中的数据类型	汇编语言返回值存储单元
整型/字符型/NEAR 指针	AX
长整型	高字节在 DX 中，低字节在 AX 中
远程指针	段值在 DX 中，偏移量在 AX 中

（3）段与组。

内存中 64KB 的一块区域叫做“段”，段不能从绝对存储器空间的任意字节上开始，只能从叫做节的每 16 字节的边界开始。

处理器中包含 4 个段寄存器，每当处理器为某种目的而访问存储器时，不论是取指令、读写数据还是把数据压入堆栈，总是使用 4 个段寄存器中的一个，其中 CS 用于读取指令，DS 用于数据存取，ES 用作扩充的 DS，SS 是堆栈所在地。

（4）C 语言调用汇编语言的一般格式。

正文段描述;
段模式;
组描述;
进栈;
分配局部数据存储区（可省）;
保存寄存器值;
程序主体;
送返回值到 C 语言程序;
恢复寄存器值;
退栈;
正文段结束;

正文段描述一般按如下形式给出：

```
subname(可省)    _TEXT  SEGMENT  BYTE  PUBLIC  'CODE'
subname(可省)    _TEXT  ENDS
```

段描述一般按如下形式给出：

```
DATA    SEGMENT  WORD  PUBLIC  'DATA'
_DATA   ENDS
CONST   SEGMENT  WORD  PUBLIC  'CONST'
CONST   ENDS
_BBS    SEGMENT  WORD  PUBLIC  'BBS'
_BBS    ENDS
```

组描述按如下形式给出：

```
DGROUP   GROUP DATA,CONST,BBS
```

进栈为：

```
PUSH  BP
MOV   BP,SP
```

分配局部数据存储区可根据实际例子的需要设置，不一定是必需的，通常使用堆栈段来实现。

保留寄存器的值主要是保留在子程序体中被破坏了值的寄存器，如 SI、DI 和 DS，只需要在子程序体之前加上 PUSH 寄存器名指令即可。

送返回值是自动的，唯一需要做的是把要返回的值放在适合该值返回的寄存器中，如果需要返回一个整数，则只需要将其存入 AX 寄存器中。

恢复寄存器的值需要将在子程序体前保留的那些寄存器的值弹出，若保留了局部数据空间，则可以使用指令 MOV SP,BP 来恢复。

9.2.3 C 语言程序与汇编接口的实例分析

下面的 C 主程序通过调用汇编子程序在屏幕上点(25,20)的位置显示一个“*”字符。C 主程序传递一个字符型常量参数到汇编子程序中，汇编子程序接收该值并利用 INT 10H 的 09 号子功能显示它。该程序在小模式下编译、连接通过。

编译、连接的过程如下：

（1）MASM SHOW.ASM，编译后生成一个 SHOW.OBJ 的目标文件。

（2）选择 Turbo C/Turbo C++/Borland C++集成开发环境 project 项的 project name 子项。写入一个.PRJ 的项目文件，本例设为 linkshow.prj，其中的内容如下：

```
linkshow.C（假设C主程序名为 linkshow）
show.obj
```

（3）用 F9 键可对主程序进行编译，编译后自动与被调用的汇编模块 show.obj 进行连接，并生成一个 linkshow.exe 的可执行文件。

（4）编译连接时，最好关闭 options/1inker 中的大小写敏感开关。

（5）options/compiler 中的编译模式为小模式。

程序的源代码如下，其中 C 主程序为：

```
#include<stdio.h>
void show(int);
int main(void)
{  show(97);   /*调用汇编子程序显示*/
   return 0;
}
```

汇编子程序为：

```
_test segment byte public 'code'          ;正文段
_test ends
_data segment                             ;段描述
_data ends
_bss segment word public 'bss'
_bss ends
dgroup group _data,_bss                   ;组描述
        assume cs:_test,ds:dgroup
_test  segment
        public _show
```

```
    _show proc far
    push bp
    mov  bp,sp
    push ds
    mov  ax,0
    push ax
    mov  ah,2                              ;置光标位置
    mov  bh,0                              ;选 0 页
    mov  dh,20                             ;Y=20
    mov  dl,25                             ;X=25
    int  10h
    mov  ah,9                              ;显示字符
    mov  al,byte ptr[bp+4]                 ;C 所传递的参数是所写字符
    mov  bh,0                              ;选 0 页
    mov  bl,7                              ;正常显示方式
    mov  cx,1                              ;字符计数
    int  10h
    pop  ax
    pop  ds
    mov  sp,bp
    pop  bp
    ret
_show  endp
_test  ends
    end
```

本章小结

汇编程序是系统提供的一个重要软件工具，它可以把汇编语言源程序模块转换为二进制的目标模块，其输入是汇编语言源程序文件（*.ASM），而输出是目标程序文件（*.OBJ）和列表文件（*.LST），要注意“向前引用”和浮动地址问题。

连接程序是汇编语言程序设计的另一个重要步骤，它按目标模块行中用户所键入文件名的次序来实行连接，装入模块即可执行的 EXE 文件，即在汇编程序生成目标程序文件（*.OBJ）的基础上来进一步生成可执行文件（*.EXE）。连接时要注意多个模块组合时的情况，不同的选项会产生不同的连接效果，而且多个模块连接时的变量传送问题也要引起注意，本章讨论了3 种常用的变量传送方法。

在高级语言程序与汇编语言程序连接时，通常主模块是高级语言程序，部分子模块是汇编语言程序，它们统一使用高级语言程序中的堆栈。主模块与子模块间采用近调用和远调用来实现程序转移，相应的汇编语言程序设计成近过程和远过程，且不设置堆栈。模块间的参数传递多数使用堆栈方法，有时也用寄存器返回运算结果。不同的高级语言与汇编语言之间有自己的约定和编程环境要求。

一、填空题

1．连接程序的主要功能是__________，连接程序的主要工作是__________。

2．多个模块的程序连接时，SEGMENT 伪操作提供了__________5 种组合方式。

3．从连接的角度看，在源程序中用户定义的符号可分为__________两种，与外部符号有关的两个伪操作是__________。

4．汇编语言与高级语言的连接中要解决__________三个问题。

5．C 语言调用汇编语言的一般格式为__________。

二、简答题

1．以下一组代码，试说明其中哪些段地址和偏移地址是由汇编程序确定的，哪些是由连接程序确定的，为什么？

```
extrn   cost:word,routine:far
public  begin
data_l  segment
   total  dw   50 dup(?)
   num    dw   ?
data_l  ends
data_2  segment
   part   dw    100 dup(?)
data_2  ends
code    segment
      :
  mov   ax,data_1
  mov   ds,ax
      :
  mov   ax,seg cost
  mov   es,ax
  mov   ax,total
  add   ax,es:cost
      :
  mov   ax,data_2
  mov   es,ax
  inc   es:part[si]
  mov   cx,num
  cmp   total[di],cx
  je    next
  jmp   far ptr routine
next:  :
  ret
code    ends
end
```

2．假定一个名为 MAINPRO 的程序要调用子程序 SUBPRO，试问：

（1）MAINPRO 中的什么指令告诉汇编程序 SUBPRO 是在外部定义的？

（2）SUBPRO 怎么知道 MAINPRO 要调用它？

3．假定程序 MAINPRO 和 SUBPRO 不在同一模块中，MAINPRO 中定义字节变量 QTY 和字变量 VALUE 和 PRICE。SUBPRO 程序要把 VALUE 除以 QTY，并把商存在 PRICE 中。

试问：

（1）MAINPRO 怎么告诉汇编程序外部子程序要调用这三个变量？

（2）SUBPRO 怎么告诉汇编程序这三个变量是在另一个汇编语言程序中定义的？

4．假设：

（1）在模块 1 中定义了双字变量 VARl、首地址为 VAR2 的字节数组和 NEAR 标号 LABl，它们将由模块 2 和模块 3 所使用。

（2）在模块 2 中定义了字变量 VAR3 和 FAR 标号 LAB2，而模块 1 中要用到 VAR3，模块 3 中要用到 LAB2。

（3）在模块 3 中定义了 FAR 标号 LAB3，而模块 2 中要用到它。

试对每个源模块给出必要的 EXTRN 和 PUBLIC 说明。

三、程序设计题

1．试编写一个执行 R←X+Y-3 计算的子程序 COMPUTE。

其中 X、Y 及 R 均为字数组。假设 COMPUTE 与其调用程序都在同一代码段中，数据段 D_SEG 中包含 X 和 Y 数组，数据段 E_SEG 中包含 R 数组，同时写出主程序调用 COMPUTE 过程的部分。

（1）如果主程序和 COMPUTE 在同一程序模块中，但不在同一代码段中，程序应如何修改？

（2）如果主程序和 COMPUTE 不在同一程序模块中，程序应如何修改？

2．编程实现：主程序通过调用子程序把变量 NUM 的值加 1 并输出 NUM 的值。其中，主程序使用 C 语言编写，子程序使用汇编语言编写。

附录 A　8086 指令系统

表 A.1　指令符号说明

符号	说明
r8	任意一个 8 位通用寄存器 AH、AL、BH、BL、CH、CL、DH、DL
r16	任意一个 16 位通用寄存器 AX、BX、CX、DX、SI、DI、BP、SP
reg	代表 r8、r16
seg	段寄存器 CS、DS、ES、SS
m8	一个 8 位存储器操作数单元
m16	一个 16 位存储器操作数单元
mem	代表 m8、m16
i8	一个 8 位立即数
i16	一个 16 位立即数
imm	代表 i8、i16
dest	目的操作数
src	源操作数
label	标号

表 A.2　指令汇编格式

指令类型	指令汇编格式	指令功能简介
传送指令	MOV　reg/mem,imm MOV　reg/mem/seg,reg MOV　reg/seg,mem MOV　reg/mem,seg	dest←src
交换指令	XCHG　reg,reg/mem XCHG　reg/mem,reg	Reg ⟷ reg/mem
转换指令	XLAT　label XLAT	AL←[BX+AL]
堆栈指令	PUSH　rl6/m16/seg POP　rl6/m16/seg	寄存器/存储器入栈 寄存器/存储器出栈
标志传送	CLC STC CMC CLD STD	CF←0 CF←1 CF←～CF DF←0 DF←1
标志传送	CLI STI LAHF	IF←0 IF←1 AH←FLAG 低字节

续表

指令类型	指令汇编格式	指令功能简介
	SAHF PUSHF POPF	FLAG 低字节←AH FLAG 入栈 FLAG 出栈
地址传送	LEA r16,mem LDS r16,mem LES r16,mem	r16←16 位有效地址 DS：r16←32 位远指针 ES：r16←32 位远指针
输入	IN AL/AX,i8/DX	AL/AX←I/O 端口 i8/DX
输出	OUT i8/DX,AL/AX	I/O 端口 i8/DX←AL/AX

加法运算	ADD reg,imm/reg/mem
	ADD mem,imm/reg
	ADC reg,imm/reg/mem
	ADC mem,imm/reg
	INC reg/mem
		dest←dest+src
		
		dest←dest+src+CF
		
		reg/mem←reg/mem+1

减法运算	SUB reg,imm/reg/mem
	SUB mem,imm/reg
	SBB reg,imm/reg/mem
	SBB mem,imm/reg
	DEC reg/mem
	NEG reg/mem
	CMP reg,imm/reg/mem
	CMP mem,imm/reg
		dest←dest-src
		
		dest←dest-src-CF
		
		Reg/mem←reg/mem-1
		Reg/mem←0-reg/mem
		dest-src

乘法运算	MUL reg/mem IMUL reg/mem	无符号数值乘法 有符号数值乘法
除法运算	DIV reg/mem IDIV reg/mem	无符号数值除法 有符号数值除法
符号扩展	CBW CWD	把 AL 符号扩展为 AX 把 AX 符号扩展为 DX.AX
十进制调整	DAA DAS AAA AAS	将 AL 中的加和调整为压缩 BCD 码 将 AL 中的减差调整为压缩 BCD 码 将 AL 中的加和调整为非压缩 BCD 将 AL 中的减差调整为非压缩 BCD
十进制调整	AAM AAD	将 AX 中的乘积调整为非压缩 BCD 将 AX 中的非压缩 BCD 码扩展成二进制数
逻辑运算	AND reg,imm/reg/mem AND mem,imm/reg OR reg,imm/reg/mem OR mem,imm/reg XOR reg,imm/reg/mem XOR mem,imm/reg TEST reg,imm/reg/mem TEST mem,imm/reg NOT reg/mem	dest←dest AND src dest←dest OR src dest←dest XOR src dest AND src reg/mem←NOT reg/mem

续表

指令类型	指令汇编格式	指令功能简介
移位	SAL reg/mem,1/CL SAR reg/mem,1/CL SHL reg/mem,1/CL RCR reg/mem,1/CL	算术左移 1/CL 指定的次数 算术右移 1/CL 指定的次数 逻辑左移 1/CL 指定的次数 带进位循环右移 1/CL 指定的次数
串操作	MOVS[B/W] LODS[B/W] STOS[B/W] CMPS[B/W] SCAS[B/W] REP REPZ/REPE REPNZ/REPNE	串传送 串读取 串存储 串比较 串扫描 重复前缀 相等重复前缀 不等重复前缀
控制转移	JMP label JMP rl6/m16 JCC label	无条件直接转移 无条件间接转移 条件转移
循环	LOOP label LOOPZ/LOOPE label LOOPNZ/LOOPNE label JCXZ label	CX←CX-1；若 CX≠0，循环 CX←CX-1；若 CX≠0 且 ZF=1，循环 CX←CX-1；若 CX≠0 且 ZF=0，循环 CX=0，循环
子程序	CALL label CALL rl6/m16 RET RETil6	直接调用 间接调用 无参数返回 有参数返回
中断	INTi8 IRET INTO	中断调用 中断返回 溢出中断调用
处理器控制	NOP SEG: HLT LOCK WAIT ESCi8,reg/mem	空操作指令 段超越前缀 停机指令 封锁前缀 等待指令 交给浮点处理器的浮点指令

表 A.3 状态符号说明

符号	说明
—	标志位不受影响（没有改变）
0	标志位复位（置 0）
1	标志位置位（置 1）
x	标志位按定义功能改变
#	标志位按指令的特定说明改变（参见第 2 章和第 3 章的指令说明）
u	标志位不确定（可能为 0，也可能为 1）

表 A.4 指令对状态标志的影响（未列出的指令不影响标志）

指令	OF	SF	ZF	AF	PF	CF0
SAHF	—	#	#	#	#	#
POPF/IRET	#	#	#	#	#	#
ADD/ADC/SUB/SBB/CMP/NEG/CMPS/SCAS	x	x	x	x	x	x
INC/DEC	x	x	x	x	x	—
MUL/IMUL	#	u	u	u	u	#
DIV/IDIV	u	u	u	u	u	u
DAA/DAS	u	x	x	x	x	x
AAA/AAS	u	u	u	x	u	x
AAM/AAD	u	x	x	u	x	u
AND/OR/XOR/TEST	0	x	x	u	x	0
SAL/SAR/SHL/SHR	#	x	x	u	x	#
ROL/ROR/RCL/RCR	#	—	—	—	—	#
CLC/STC/CMC	—	—	—	—	—	#

附录B　DOS系统功能调用（INT 21H）

AH	功能	调用参数	返回参数
00	程序终止（同INT 21H）	CS=程序段前缀PSP	
01	键盘输入并回显		AL=输入字符
02	显示输出	DL=输出字符	
03	辅助设备（COM1）输入		AL=输入数据
04	辅助设备（COM1）输出	DL=输出字符	
05	打印机输出	DL=输出字符	
06	直接控制台I/O	DL=FF（输入） DL=字符（输出）	AL=输入字符
07	键盘输入（无回显）		AL=输入字符
08	键盘输入（无回显） 检测Ctrl-Break或Ctrl-C		AL=输入字符
09	显示字符串	DS:DX=串地址 字符串以‘$’结尾	
0A	键盘输入到缓冲区	DS:DX=缓冲区首址 (DS:DX)=缓冲区最大字符数 (DS:DX+1)=实际输入字符数	
0B	检验键盘状态		AL=00 有输入 AL=FF 无输入
0C	清除缓冲区并请求指定的输入功能	AL=输入功能号(1,6,7,8)	
0D	磁盘复位		清除文件缓冲区
0E	指定当前默认的磁盘驱动器	DL=驱动器号 (0=A,1=B,…)	AL=系统中的驱动器数
0F	打开文件（FCB）	DS:DX=FCB首地址	AL=00 文件找到 AL=FF 文件未找到
10	关闭文件（FCB）	DS:DX=FCB首地址	AL=00 目录修改成功 AL=FF 目录中未找到文件
11	查找第一个目录项（FCB）	DS:DX=FCB首地址	AL=00 找到匹配的目录项 AL=FF 未找到匹配的目录项
12	查找下一个目录项（FCB） 使用通配符进行目录项查找	DS:DX=FCB首地址	AL=00 找到匹配的目录项 AL=FF 未找到匹配的目录项
13	删除文件（FCB）	DS:DX=FCB首地址	AL=00 删除成功 AL=FF 文件未删除
14	顺序读文件（FCB）	DS:DX=FCB首地址	AL=00 读成功 AL=01 文件结束，未读到数据 AL=02 DTA边界错误 AL=03 文件结束，记录不完整

续表

AH	功能	调用参数	返回参数
15	顺序写文件（FCB）	DS:DX=FCB 首地址	AL=00 写成功 AL=01 磁盘满或是只读文件 AL=02 DTA 边界错误
16	建文件（FCB）	DS:DX=FCB 首地址	AL=00 建文件成功 AL=FF 磁盘操作有错
17	文件改名（FCB）	DS:DX=FCB 首地址	AL=00 文件被改名 AL=FF 文件未改名
19	取当前默认磁盘驱动器 0=A，1=B，2=C，…	AL=00 默认的驱动器号	
1A	设置 DTA 地址	DS:DX=DTA 地址	
lB	取默认驱动器 FAT 信息		AL=每簇的扇区数 DS：BX=指向介质说明的指针 CX=物理扇区的字节数 DX=每磁盘簇数
lC	取指定驱动器 FAT 信息		同上
1F	取默认磁盘参数块		AL=00 无错 AL=FF 出错 DS：BX=磁盘参数块地址
21	随机读文件（FCB）	DS:DX=FCB 首地址	AL=00 读成功 AL=0l 文件结束 AL=02 DAT 边界错误 AL=03 读部分记录
22	随机写文件（FCB）	DS:DX=FCB 首地址	AL=00 写成功 AL=0l 磁盘满或是只读文件 AL=02 DAT 边界错误
23	测文件大小（FCB）	DS:DX=FCB 首地址	AL=00 成功，记录数填如 FCB AL=FF 未找到匹配的文件
24	设置随即记录号	DS:DX=FCB 首地址	
25	设置中断向量	DS:DX=中断向量 AL=中断类型号	
26	建立程序段前缀 PSP	DX=新 PSP 段地址	
27	随即分块读（FCB）	DS:DX=FCB 首地址 CX=记录数	AL=00 读成功 AL=01 文件结束 AL=02 DTA 边界错误 AL=03 读入部分记录 CX=读取的记录数
28	随即分块写（FCB）	DS:DX=FCB 首地址 CX=记录数	AL=00 写成功 AL=0l 磁盘满或是只读文件 AL=02DAT 边界错误

续表

AH	功能	调用参数	返回参数
29	分析文件名字符串（FCB）	ES:DI=FCB 首地址 DS:SI=ASCIIZ 串	AL=00 标准文件 AL=01 多义文件 AL=02 DAT 边界错误
2A	取系统日期		CX=年（1980～2099） DH=月（1～12）DL=日（1～31） AL=星期（0～6）
2B	置系统日期	CX=年（1980～2099） DH=月（1～12） DL=日（1～31）	AL=00 成功 AL =FF 无效
2C	取系统时间		CH:CL=时:分 DH:DL=秒:1/100 秒
2D	置系统时间	CH:CL=时:分 DH:DL=秒:1/100 秒	AL=00 成功 AL =FF 无效
2E	设置磁盘检验标志	AL=00 关闭检验 AL =FF 打开检验	
2F	取 DAT 地址		ES:BX=DAT 首地址
30	取 DOS 版本号		AL=版本号　AH=发行号 BH=DOS 版本标志 BL:CX=序号（24 位）
31	结束并驻留	AL=返回号夹 DX=驻留区大小	
32	取驱动器参数块	DL=驱动器号	AL=FF 驱动器无效 DS:BX=驱动器参数块地址
33	Ctrl-Break 检测	AL=00 取标志状态	DL=00 关闭检测 DL=01 打开检测
35	取中断向量	AL=中断类型号	ES:BX=驱动器参数块地址
36	取空闲磁盘空间	DL=驱动器号 0=默认，1=A，2=B，…	成功：AX=每簇扇区数 BX=可用扇区数 CX=每扇区字节数 DX=磁盘总扇区数
39	建立子目录	DS:DX=ASCII Z 串	AX=错误代码
3A	删除子目录	DS:DX=ASCII Z 串	AX=错误代码
3B	设置目录	DS:DX=ASCII Z 串	AX=错误代码
3C	建立文件	DS:DX=ASCII Z 串 CX=文件属性	成功：AX=文件代号 失败：AX=错误代码
3D	打开文件	DS:DX=ASCII Z 串 AL=访问和文件的共享方式 0=读，1=写，2=读/写	成功：AX=文件代号 失败：AX=错误代码
3E	关闭文件	BX=文件代号	失败：AX=错误代码

续表

AH	功能	调用参数	返回参数
3F	读文件或设备	DS:DX=ASCII Z 串 BX=文件代号 CX=读取的字节数	成功：AX=实际读入的字节数 AX=0 已到文件末尾 失败：AX=错误代码
40	写文件或设备	DS:DX=ASCII Z 串 BX=文件代号 CX=写入的字节数	成功：AX=实际写入的字节数 失败：AX=错误代码
41	删除文件	DS:DX=ASCII Z 串	成功：AX=00 失败：AX=错误代码
42	移动文件指针	BX=文件代号 CX:DX=位移量 AL=移动方式	成功：DX:AX=新指针位置 失败：AX=错误码
43	置/取文件属性	DS：DX=ASCII Z 串地址 AL=00 取文件属性 AL=01 置文件属性 CX=文件属性	成功：CX=文件属性 失败：AX=错误码
44	设备驱动程序控制	BX=文件代号 AL=设备子功能代码（0～11H） 0=取设备息 1=置设备信息 2=读字符设备 3=写字符设备 4=读块设备 5=写块设备 6=取输入状态 7=取输出状态，… BL=驱动器代码 CX=读/写的字节数	成功：DX=设备信息 AX=传送的字节数 失败：AX=错误码
45	复制文件代号	BX=文件代号 1	成功：AX=文件代号 2 失败：AX=错误码
46	强行复制文件代号	BX=文件代号 1 CX=文件代号 2	失败：AX=错误码
47	取当前目录路径名	DL=驱动器号 DS:SI=ASCII Z 串地址 （从根目录开始的路径名）	成功：DS:SI=当前 ASCII Z 串地址 失败：AX=错误码
48	分配内存空间	BX=申请内存字节数	成功：AX=分配内存的初始段地址 失败：AX=错误码 BX=最大可用空间
49	释放已分配内存	ES=内存起始段地址	失败：AX=错误码
4A	修改内存分配	ES=原内存起始段地址 BX=新申请内存字节数	失败：AX=错误码 BX=最大可用空间

续表

AH	功能	调用参数	返回参数
4B	装入/执行程序	DS:DX=ASCII Z 串地址 ES:BX=参数区首地址 AL=00 装入并执行程序 AL=0l 装入程序，但不执行	失败：AX=错误码
4C	带返回码终止	AL=返回码	
4D	取返回代码		AL=子出口代码 AH=返回代码 00=正常终止 01=用 Ctrl+C 终止 02=严重设备错误终止 03=用功能调用 31H 终上
4E	查找第一个匹配文件	DS:DX=ASCII Z 串地址 CX=属性	失败：AX=错误码
4F	查找下一个匹配文件	DTA 保留 4EH 的原始信息	失败：AX=错误码
50	置 PSP 段地址	BX=新 PSP 段地址	
51	取 PSP 段地址		BX=当前运行进程的 PSP
52	取磁盘参数块		ES:BX=参数块链表指针
53	把 BIOS 参数块（BPB）转换为 DOS 的驱动器参数块（DPB）	DS:SI=BPB 的指针 ES:BP=DPB 的指针	
54	取写盘后读盘的检验标志		AL=00 检验关闭 AL=01 检验打开
55	建立 PSP	DX=建立 PSP 的段地址	
56	文件改名	DS:DX=当前 ASCII Z 串地址 ES:DI=新 ASCII Z 串地址	失败：AX=错误码
57	置/取文件日期和时间	BX=文件代号 AL=00 读取日期和时间 AL=0l 设置日期和时间 (DX:CX)=日期:时间	失败：AX=错误码
58	取/置内存分配策略	AL=00 取策略代码 AL=01 置策略代码 BX=策略代码	成功：AX=策略代码 失败：AX=错误码
59	取扩充错误码	BX=00	AX=扩充错误码 BH=错误类型 BL=建议的操作 CH=出错设备代码
5A	建立临时文件	CX=文件属性 DS:DX=ASCII Z 串（以\结束）地址	成功：AX=文件代号 DS:DX=ASCII Z 串地址 失败：AX:错误代码

续表

AH	功能	调用参数	返回参数
5B	建立新文件	CX=文件属性 DS:DX=ASCII Z 串地址	成功：AX=文件代号 失败：AX=错误代码
5C	锁定文件存取	AL=00 锁定文件指定的区域 AL=01 开锁 BX=文件代号 CX:DX=文件区域偏移值 SI:DI=文件区域的长度	失败：AX=错误代码
5D	取/置严重错误标志的地址	AL=06 取严重错误标志地址 AL=0A 置 ERROR 结构指针	DS：SI=严重错误标志的地址
60	扩展为全路径名	DS:SI=ASCII Z 串的地址 ES:DI=工作缓冲区地址	失败：AX=错误代码
62	取程序段前缀地址		BX=PSP 地址
68	刷新缓冲区数据到磁盘	AL=文件代号	失败：AX=错误代码
6C	扩充的文件打开/建立	AL=访问权限 BX=打开方式 CX=文件属性 DS:SI=ASCII Z 串地址	成功：AX=文件代号 CX：采取的动作 失败：AX=错误代码

附录 C　BIOS 功能调用

INT	AH	功能	调用参数	返回参数
10	0	设置显示方式	AL=00　40×25　黑白文本，16 级灰度 =01　40×25　16 色文本 =02　80×25　黑白文本，16 级灰度 =03　80×25　16 色文本 =04　320×200　4 色图形 =05　320×200　黑白图形，4 级灰度 =06　640×200　黑白图形 =07　80×25　黑白文本 =08　160×200　16 色图形（MCGA） =09　320×200　16 色图形（MCGA） =0A　640×200　4 色图形（MCGA） =0D　320×200　16 色图形 =0E　640×200　16 色图形 =0F　640×350　单色图形 =10　640×350　16 色图形 =11　640×480　黑白图形（VGA） =12　640×480　16 色图形（VGA） =13　320×200　256 色图形（VGA）	
10	1	置光标类型	$(CH)_{0\sim3}$=光标起始行 $(CL)_{0\sim3}$=光标结束行	
10	2	置光标位置	BH=页号 DH/DL=行/列	
10	3	读光标位置	BH=页号	CH=光标起始行 CL=光标结束行 DH/DL=行/列
10	4	读光笔位置		AH =0 光笔未触发 =1 光笔触发 CH/BX=像素行/列 DH/DL=字符行/列
10	5	置当前显示页	AL=页号	
10	6	屏幕初始化或上卷	AL=0　初始化窗口 AL=上卷行数　BH=卷入行属性 CH/CL=左上角行/列号 DH/DI=右上角行/列	
10	7	屏幕初始化或下卷	AL=0　初始化窗口 AL=下卷行数 BH=卷入行属性 CH/CL=左上角行/列号 DH/DL：右上角行/列	

续表

INT	AH	功能	调用参数	返回参数
10	8	读光标位置的字符和属性	BH=显示页	AH/AL=字符/属性
10	9	在光标位置显示字符和属性	BH=显示页 AL/BL=字符/属性 CX=字符重复次数	
10	A	在光标位置显示字符	BH=显示页 AL=字符 CX=字符重复次数	
10	B	置彩色调色板	BH=彩色调色板 ID BL=和 ID 配套使用的颜色	
10	C	写像素	AL=颜色值　BH=页号 DX/CX=像素行/列	
10	D	读像素	BH=页号 DX/CX=像素行/列	AL=像素的颜色值
10	E	显示字符（光标前移）	AL=字符 BH=页号　BL=前景色	
10	0F	取当前显示方式		BH=页号 AH=字符列数 AL=显示方式
10	10	置调色板寄存器	AL=0　BL=调色板号　BH=颜色值	
10	11	装入字符发生器（EGA/VGA）	AL=0～4　全部或部分装入字符点阵集 AL=20～24　置图形方式显示字符集 AL=30　读当前字符集信息	ES：BP=字符集位置
10	12	返回当前适配器设置的信息（EGA/VGA）	BL=10H（子功能）	BH=0 单色方式 =l 彩色方式 BL=VRAM 容量 CH=特征位设置 CL=EGA 的开关设置
10	13	显示字符串	ES:BP=字符串地址 AL=写方式（0～3） CX=字符串长度 DH/DI=起始行/列 BH/DI/=页号/属性	
11		取设备信息		AX=返回值（位映像） 0=设备未安装 1=设备未安装
12		取内存容量		AX=字节数（KB）
13	0	磁盘复位	DL=驱动器号 （00，01 为软盘，80h、…为硬盘）	失败：AH=错误码
13	1	读磁盘驱动器状态		AH=状态字节

续表

INT	AH	功能	调用参数	返回参数
13	2	读磁盘扇区	AL=扇区数 $(CL)_{6\sim7}(CH)_{0\sim7}$=磁道号 $(CL)_{0\sim7}$=扇区号 DH/DL=磁头号/驱动器号 ES:BX=数据缓冲区地址	读成功：AH=0 AL=读取的扇区数 读失败： AH=错误码
13	3	写磁盘扇区	同上	写成功：AH=0 AL=写入的扇区数 写失败：AH=错误码
13	4	检验磁盘扇区	AL=扇区数 $(CL)_{6\sim7}(CH)_{0\sim7}$=磁道号 $(CL)_{0\sim5}$=扇区号 DH/DI=磁头号/驱动器号	成功：AH=0 AL=检验的扇区数 失败：AH=错误码
13	5	格式化盘磁道	AL=扇区数 $(CL)_{6\sim7}(CH)_{0\sim7}$=磁道号 $(CL)_{0\sim5}$=扇区号 DH/DL=磁头号/驱动器号 ES:BX=格式化参数表指针	成功：AH=0 失败：AH=错误码
14	0	初始化串行口	AL=初始化参数 DX=串行口号	AH=通信口状态 AL=调制解调器状态
14	1	向通信口写字符	AL=字符 DX=通信口号	写成功：(AH)=0 写失败：(AH)=1 $(AH)_{0\sim6}$=通信口状态
14	2	从通信口读字符	DX=通信口号	读成功：(AH)=0 (AL)=字符 读失败：$(AH)_7$=1
14	3	取通信口状态	DX=通信口号	AH=通信口状态 AL=调制解调器状态
14	4	初始化扩展 COM		
14	5	扩展 COM 控制		
15	0	启动盒式磁带机		
15	1	停止盒式磁带机		
15	2	磁带分块读	ES:BX=数据传输区地址 CX=字节数	AH=状态字节 =00 读成功 =01 冗余检验错 =02 无数据传输 =04 无引导 =80 非法命令
15	3	磁带分块读	DS:BX=数据传输区地址 CX=字节数	AH=状态字节 （同上）
16	0	从键盘读字符		AL=字符码 AH=扫描码

续表

INT	AH	功能	调用参数	返回参数
16	1	取键盘缓冲 状态		ZF=0　AL=字符码 AH=扫描码 ZF=l　缓冲区无按键等待
16	2	取键盘标志字节	AL=键盘标志字节	
17	0	打印字符 回送状态字节	AL=字符	AH=打印机状态字节 DX=打印机号
17	1	初始化打印机 回送状态字节	DX=打印机号	AH=打印机状态字节
17	2	取打印机状态	DX=打印机号	AH=打印机状态字节
18		ROMBASIC 语言		
19		引导装入程序		
lA	0	读时钟		CH:CL=时:分 DH:DL=秒:1/100 秒
1A	1	置时钟	CH:CL=时:分 DH:DL=秒:l/100 秒	

附录D　80X86中断向量

表D.1　80X86中断向量

I/O地址	中断类型	功能
0～3	0	除法溢出中断
4～7	1	单步（用于DEBUG）
8～B	2	非屏蔽中断（NMI）
C～F	3	断点中断（用于DEBUG）
10～13	4	溢出中断
14～17	5	打印屏幕
18～1F	6、7	保留

表D.2　8259中断向量

I/O地址	中断类型	功能
20～23	8	定时器（IRQ0）
24～27	9	键盘（IRQ1）
28～2B	A	彩色/图形（IRQ2）
2C～2F	B	串行通信COM2（IRQ3）
30～33	C	串行通信COM1（IRQ4）
34～37	D	LPT2控制器中断（IRQ5）
38～3B	E	键盘控制器中断（IRQ6）
3C～3F	F	LPT1控制器中断（IRQ7）

表D.3　BIOS中断

I/O地址	中断类型	功能
40～43	10	视频显示I/O
44～47	11	设备检验
48～4B	12	测定存储器容量
4C～4F	13	磁盘I/O
50～53	14	RS-232串行口I/O
54～57	15	系统描述表指针
58～5B	16	键盘I/O
5C～5F	17	打印机I/O
60～63	18	ROM BASIC 入口代码
64～67	19	引导装入程序
68～6B	1A	日时钟

表 D.4　提供给用户的中断

I/O 地址	中断类型	功能
6C～6F	1B	Ctrl+Break 控制的软中断
70～73	1C	定时器控制的软中断

表 D.5　参数表指针

I/O 地址	中断类型	功能
74～77	1D	视频参数块
78～7B	1E	软盘参数块
7C～7F	1F	图形字符扩展码

表 D.6　DOS 中断

I/O 地址	中断类型	功能
80～83	20	DOS 中断返回
84～87	21	DOS 系统功能调用
88～8B	22	程序终止时 DOS 返回地址（用户不能直接调用）
8C～8F	23	Ctrl-Break 处理地址（用户不能直接调用）
90～93	24	严重错误处理（用户不能直接调用）
94～97	25	绝对磁盘读功能
98～9B	26	绝对磁盘写功能
9C～9F	27	终止并驻留程序
A0～A3	28	DOS 安全使用
A4～A7	29	快速写字符
A8～AB	2A	Microsoft 网络接口
B8～BB	2E	基本 SHELL 程序装入
BC～BF	2F	多路服务中断
CC～CF	33	鼠标中断
104～107	41	硬盘参数块
118～11B	46	第二硬盘参数表
11C～3FF	47～FF	BASIC 中断

参考文献

[1] 杨立．微型计算机原理与汇编语言程序设计．北京：中国水利水电出版社，2003．

[2] 钱晓捷，陈涛．16/32 位微机原理、汇编语言及接口技术（第 2 版）．北京：机械工业出版社，2006．

[3] 潘名莲，马争，丁庆生．微型计算机原理（第 2 版）．北京：电子工业出版社，2003．

[4] 余春暄等．80X86/Pentium 微机原理及接口技术（第 2 版）．北京：机械工业出版社，2008．

[5] 余朝琨．IBM-PC 汇编语言程序设计．北京：机械工业出版社，2008．

[6] 张增年等．新概念汇编语言教程．北京：科学出版社，2004．

[7] 王成耀．80X86 汇编语言程序设计（第 2 版）．北京：人民邮电出版社，2008．

[8] 沈美明，温冬婵．IBM-PC 汇编语言程序设计（第 2 版）．北京：清华大学出版社，2003．

[9] 王保恒等．汇编语言程序设计及应用（第 2 版）．北京：高等教育出版社，2010．

[10] 钱晓捷．32 位汇编语言程序设计．北京：机械工业出版社，2011．